普通高等教育“十一五”国家级规划教材

石油和化工行业“十四五”规划教材

化工基础实验

第三版

郭翠梨　张金利　胡瑞杰　主编

化学工业出版社

·北京·

内容简介

《化工基础实验》（第三版）系统地介绍了化工基础实验的技术和方法。在编写过程中，注重理论联系实际，强调对学生工程实践能力和分析问题、解决问题能力的培养。全书共6章，包括实验误差的估算与分析、实验数据处理、试验设计方法、化工实验参数测量方法、化工单元操作实验和化工原理演示实验。为方便教学和自学，实验装置流程及实验操作方法配有动画视频，读者可扫码观看。

本书可作为高等院校化工及相关专业化工原理实验课的实验教材或教学参考书，也可供有关部门从事科研、设计及生产的技术人员参考。

图书在版编目（CIP）数据

化工基础实验/郭翠梨，张金利，胡瑞杰主编. —3版. —北京：化学工业出版社，2023.2（2024.10重印）
普通高等教育“十一五”国家级规划教材
ISBN 978-7-122-42484-6

Ⅰ. ①化… Ⅱ. ①郭… ②张… ③胡… Ⅲ. ①化学工程-化学实验-高等学校-教材 Ⅳ. ①TQ016

中国版本图书馆CIP数据核字（2022）第206557号

责任编辑：徐雅妮　孙凤英　　装帧设计：王晓宇
责任校对：杜杏然

出版发行：化学工业出版社（北京市东城区青年湖南街13号　邮政编码100011）
印　　刷：三河市航远印刷有限公司
装　　订：三河市宇新装订厂
787mm×1092mm　1/16　印张15　字数348千字　2024年10月北京第3版第2次印刷

购书咨询：010-64518888　　售后服务：010-64518899
网　　址：http：//www.cip.com.cn
凡购买本书，如有缺损质量问题，本社销售中心负责调换。

定　　价：49.00元

第三版前言

化工基础实验是化学工程与工艺专业及相关专业的一门专业基础课程，是以化工单元操作和设备为主的实践性课程，是培养国家科技与工业发展所需人才的重要基础课程。党的二十大报告指出“科技是第一生产力、人才是第一资源、创新是第一动力，”通过化工基础实验教学，使学生深入理解化工原理的基础理论，熟悉化工单元操作设备的构造、操作方法以及化工参数的测量方法和技术，掌握专业实验技能和实验研究方法，培养学生分析问题和解决工程实际问题的能力，培养学生的创新意识。同时，通过本课程的学习，可以让学生体会实践对知识、能力提升的重要性，努力做到知行合一，注重在实践中学真知、悟真谛，加强磨练、增长本领。

为了满足高校培养高素质复合型人才的需要，天津大学化工基础实验中心在化工实验教学改革和实验室建设方面做了大量工作，也取得了一些成绩。2005 年被评为首批国家级化学化工实验教学示范中心。2013 年被评为首批国家级虚拟仿真实验中心。“化工原理及实验”是首批国家精品课程，该课程 2014 年升级为国家级精品资源共享课。2017 年，天津大学化工基础实验中心承办了首届全国大学生化工实验大赛总决赛，该赛事激发了学生学习的热情，提高了学生的实践能力和综合素质。2018 年，“精馏综合拓展 3D 虚拟仿真实验”被评为首批国家级虚拟仿真实验教学项目，“吸收单元操作综合 3D 仿真实验”被评为天津市虚拟仿真实验教学建设项目。2023 年，线上线下混合式课程“化工技术基础实验”，获批国家级一流本科课程。

天津大学的《化工基础实验》教材于 2000 年出版，并于 2006 年修订再版。在第二版出版后的 16 年间，化工原理实验课程进行了大量改革，实验教学理念、实验教学内容、实验教学设备都发生了变化，原来的实验教材已不能满足当前的实验教学需求。因此，需要对教材进行修订。

此次主要进行了如下修订：第 1～4 章保留原来的内容，对文字中的一些疏漏和不一致的说法进行了修正；第 5～7 章进行了比较大的调整，变成了两章，第 5 章改为化工单元操作实验，第 6 章为化工原理演示实验。在化工单元操作实验中，除了保留实验目的、实验内容这些小节，增加了实验原理、实验装置流程、实验方法、实验注意事项、思考题等；实验装置流程有所改进，如传热综合实验，原先只有普通套管换热器、强化套管换热器，现在增加了列管换热器；实验内容有所扩展，如干燥实验保留了洞道干燥实验装置测定干燥速率的内容，又增加了气流干燥、流化床干燥、转筒干燥实验。化工原理演示实验是新增内容，包括雷诺、伯努利方程、边界层分离、离心泵气蚀、气-固分离、板式塔流体力学性能等演示实验。每个实验更加详细、完整，更加贴近工程实际，有助于工程实践能力和理论联系实际能力的培养。另外，为第 4～6 章配套制作了测量仪表的测量原理、测量仪表的结构、实验装置流程、实验操作步骤等动画、视频，读者可扫码观看。

全书共分 6 章，由郭翠梨、张金利、胡瑞杰主编。各章执笔者为：绪论、第 2 章，张金利；第 1 章，第 3 章，第 5 章 5.4、5.8，郭翠梨；第 4 章 4.1、4.2，黄群武；第 4 章 4.3～4.5，冯炜、程景耀；第 5 章 5.1～5.3、5.5～5.7、5.11～5.14，胡瑞杰；第 5 章 5.9、5.10，第 6 章 6.1～6.3，胡彤宇；第 6 章 6.4～6.6，范江洋。动画脚本，范江洋、郭翠梨、胡彤宇；动画制作，北京欧倍尔软件陈波等。

在本书的编写过程中得到了天津大学化工学院化工基础实验中心教师的大力支持，得到了北京欧倍尔软件的大力支持，也参考了其他院校的有关教材，在此对给予热心帮助和支持的同志、有关教材的作者表示衷心感谢。

鉴于编者学识有限，书中难免有不妥之处，衷心希望读者给予指教，帮助本教材日臻完善。

编者

2023 年 3 月

第一版前言

本书是在1989年以来公开出版的《化工基础实验技术》教材的基础上，经过近10年教学实践，进一步拓宽加深，引入新思路、新技术，为满足21世纪“化学工程与工艺”专业培养目标及新时期社会对人才培养所提出的新要求而编写的。

本书为化工类技术基础课的实验教材，强调实验研究全过程的多种能力和素质的培养与训练，增强创新意识，因此教材内容的涉及面比较广泛。着重介绍了科学安排实验和定量评价实验结果的方法（第1章~第3章）；正确掌握和运用传统的和现代的实验方法和测试技术与技巧（第4章、第5章）；化工单元操作实验研究中的一些共性问题和疑难问题的处理方法以及一些通用的实验流程（第6章、第7章）。编写中力求概念清晰，层次分明，阐述简洁、易懂，使教材便于自学，使读者学会自我开拓获取知识和技能的本领；强调化工基础实验中的共性问题，拓宽基础，有较强的通用性，既可作为各高等院校的教材，又是科研和实验工作者较易学懂的参考书籍；选材中注意严谨和实事求是的态度，书中各章举例尽量采用经过核实的数据和自编通用程序，使本书更具实用性和可读性。

本书在组织编写人员上注意新老结合。这种组合可各自发挥优势，有利于新知识和新技术与多年从事实验工作所积累的经验或教训相结合，使教材更具生命力，编写内容更具新意。

本书由天津大学冯亚云主编，冯朝伍、张金利为副主编；由华东理工大学方图南教授、北京化工大学杨祖荣教授主审。全书共7章，各章执笔者：绪论冯朝伍、冯亚云；第1章郭翠梨、冯朝伍；第2章郭翠梨、张吕鸿；第3章张秀英、冯朝伍；第4章张金利、张秀英；第5章张吕鸿、张金利；第6章张金利；第7章胡瑞杰、冯朝伍；附录郭翠梨、冯朝伍。冯炜、胡彤宇老师进行了大部分文字和插图的打印工作，在此，对本书主审和在编写过程中给予热心帮助和支持的同志表示衷心感谢。

本书由于编写时间仓促，很多内容是作者的经验和见解，不妥之处，衷心地希望读者给予指教，使本教材日臻完善。

编者

1999年2月

第二版前言

本书是在2000年出版的面向21世纪课程教材《化工基础实验》的基础上，经过5年多的教学实践，进一步将实验教学对象与内容拓宽加深，引进实验教学改革的新成果，为满足21世纪过程工业特别是化学工业对人才培养所提出的新要求而编写的。

本书为化工、化学、材料、环境、轻工类技术基础课的实验教材，强调对学生进行实验研究全过程的多种能力和素质的培养与训练，突出实验教学应具有的实践性和工程性；力求通过实验培养学生掌握综合运用理论知识，解决实际问题和正确表达实验结果的方法；开拓学生的实验思路，掌握新的实验技术和方法，增强创新意识。因此，教材内容的涉及面比较广泛。主要介绍了科学安排实验和定量评价实验结果的方法（第1章～第3章）；正确掌握和运用传统的和现代的、新的实验方法和测试技术与技巧（第4章、第5章）；化工单元操作实验研究中的一些共性问题和疑难问题的处理方法以及一些通用的实验流程（第6章、第7章）。本书编写中力求概念清晰，层次分明，阐述简洁、易懂，使教材便于自学，让学生学会自我开拓获取知识和技能的本领；强调化工基础实验中的共性问题，拓宽基础，有较强的通用性，既可作为相关高等院校的教材，又是科研和实验工作者一本较易学懂的参考书籍；选材中注意严谨和实事求是的态度，书中各章举例采用天津大学化工基础实验中已获得的经过核实的数据和自编通用程序，以减少错误，使本书更具有实用性和可读性。

本书在第一版基础上修订完成。第一版主编冯亚云教授因退休未参加第二版的编写工作，但她为此书编写做出了重要贡献，在此向冯亚云教授及其他编审者表示谢意。

全书共7章，由张金利、郭翠梨主编。各章执笔者：绪论张金利；第1章郭翠梨；第2章李韡；第3章郭翠梨；第4章的4.1黄群武，4.2、4.4冯炜，4.3、4.5程景耀，4.6张吕鸿；第5章的5.1黄群武、胡彤宇，5.2张吕鸿；第6章的6.1胡彤宇，6.2张金利，6.3、6.4李韡；第7章胡瑞杰；附录郭翠梨、张金利。

在编写过程中得到了天津大学化工学院化工基础实验中心的教师与实验技术人员的大力支持，多所高校的教师在使用本教材第一版的过程中也提出了许多宝贵的意见，在此一并对这些给予热心帮助和支持的同志表示衷心感谢。

虽然经过近两年的编写，但由于实验教学涉及的内容繁多，且可供借鉴的资料有限，又加上作者的水平有限，本书难免存在不妥之处，衷心地希望读者给予指教，帮助本教材日臻完善。

编者

2006年2月于天津大学

目录

绪论 / 1

第1章 实验误差的估算与分析 / 7

第 2 章
实验数据处理 / 32

第 3 章
试验设计方法 / 58

第 4 章
化工实验参数测量方法 / 92

第5章 化工单元操作实验 / 144

第6章 化工原理演示实验 / 199

附录 / 212

参考文献 / 229

绪 论

21 世纪的化学工业一方面要从技术与工艺上进行创新，树立绿色生产的观念，在原子经济性、溶剂无害化和新型催化剂的研制上寻找突破口，进而解决全球污染和资源短缺的问题。另一方面将全面实行化学品全生命期的安全评价，改善化学产品售后服务，保证化学产品从原料、生产、加工、储运、销售、使用和废弃物的处理各环节对人身和环境的安全。因此，可持续发展是 21 世纪化学工业的主旋律。化学工业行业多，产品品种繁多，但是其生产工艺过程基本上都可以由单元操作和化学反应来描述。在 21 世纪，化学反应与单元操作技术都必须用跨学科的战略进行多学科研究。比如化学工程与生物技术的结合产生了生物化工，利用该学科的知识可以使化学反应变得更为温和，生产过程更为环境友好。多学科的科技进步是 21 世纪化学工业发展的源泉。21 世纪化学工业的发展趋势，对新世纪化学工业人才提出了新的要求：①综合素质高，基础扎实，知识面要宽，全面发展；②具有环保意识和可持续发展的观念；③具有一定的人文、管理知识和良好的合作精神；④具有较强的创新能力。

科学研究离不开科学实验，实验是培养高级人才创新能力不可缺少的环节，同时在实验过程中培养的发散的创造性思维能力是影响创造能力的核心因素。因此，必须将实验教学和理论教学同样重视与建设。在教学、指导过程中要以学生为主体，调动学生的主动性和积极性，以创新教育为中心，讲究教学方法和教学艺术，指导学生思维训练。善于引导学生根据现象与实验情况进行总结，完成事物及现象从特殊到一般的过程，进而启发和提倡学生进行发散思维，寻找其他的实验和设计方法，在实验过程中培养学生的创造力。

利用实验来研究一个化工过程，通常按图 0-1 所示的步骤来进行。

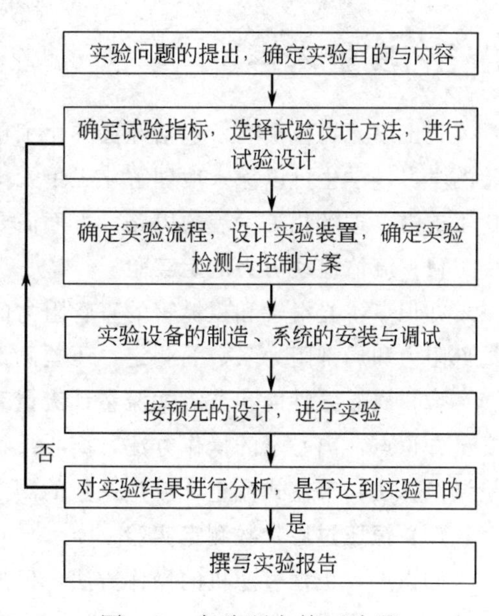

图 0-1　实验研究简要步骤

从图 0-1 中可知：完成一个实验研究需要的主要知识为化工过程特性知识、试验设计方法、化工机械基础、化工测试技术、化工控制技术、实验数据处理与分析方法、实验论文写作知识、化工过程分析与合成、技术经济知识等。按照现有的化工类人才培养方案，化工过程特性知识、化工机械基础、化工控制技术、化工过程分析与合成、技术经济知识化工等已有专门的课程传授，因此，本课程重点讲授：试验设计方法、化工测试技术、实验数据处理与分析方法、实验论文写作知识以及化工单元操作实验。

在此基础上形成了如下的本课程的教学体系。

0.1 课程定位

化工基础实验的教学应该以实验设计方法、设计思路、实验手段的合理运用等教学内容为主，充分发挥学生的主观能动性，因材施教，在实验教学过程中培养学生的实验技能和科学研究能力，引导学生利用化工过程技术与设备、实验方法学、现代测控原理等理论知识，分析和设计化工过程单元操作的实验并独立完成，进而全面提高学生的创新能力。

本课程的适用对象为化工、制药、材料、化学、环境、生物、过程装备与控制工程等专业本科生三年级学生，前续课程为：化工流体流动与传热、化工传质与分离过程、物理化学、电工基础等。

本课程为 48 到 64 学时，其中理论知识讲授 16 学时，实验部分 32 到 48 学时；建议课外学时按 2～3 倍课内学时配置。

0.2 理论知识

实验误差的估算与分析　主要内容：①进行误差估算与分析的必要性；②实验数据的误差；③实验数据的有效数字；④直接测量值的误差估算；⑤间接测量值的误差估算与分析。

实验数据处理　主要内容：①列表法；②图示法；③实验数据的回归分析法。

试验设计方法　主要内容：介绍试验设计的意义和试验设计方法在化工基础实验中的应用，重点介绍正交试验设计方法、均匀试验设计方法，简略介绍序贯试验设计方法。

化工实验参数测量技术　主要内容：①测量技术基础知识；②压力差测量；③流量测量技术；④温度测量技术；⑤液位测量技术。

0.3 实验内容

化工单元操作实验，包括经典的化工单元操作实验和一些化工新技术实验。通过这类实验的学习，学生可以深入地理解化工单元操作的基本原理，掌握一些先进的测量技术，接近化工前沿，理解化工发展的思路。下面简要介绍各个实验的知识点。

（1）流体流动阻力测定实验

知识点：光滑管和粗糙管的直管阻力的测定，摩擦系数随 Re、相对粗糙度的变化规律，局部阻力和局部阻力系数的测定，压差测量技术。

（2）离心泵性能和节流式流量计流量系数测定实验

知识点：离心泵的操作方法，离心泵特性曲线的测定，管路特性曲线的测定，离心泵流量调节方法，节流式流量计流量系数的测定，流量系数的影响因素，流量测量技术。

（3）恒压过滤常数测定实验

知识点：板框过滤机的操作方法，恒压过滤常数 K、q_e 的测定方法，过滤常数 K、q_e 的主要影响因素，滤饼的压缩性指数 s 和物料常数 k 的测定方法。

(4) 正交试验法在过滤研究中的应用实验

知识点：真空吸滤装置的操作方法，恒压过滤常数 K、q_e 的测定，过滤常数 K、q_e 的主要影响因素，正交表的选用和表头设计，正交试验结果的分析方法。

(5) 传热综合实验

知识点：对流传热系数 α_i 的测定方法及影响因素，$Nu=ARe^m Pr^{0.4}$ 的回归分析，总传热系数 K 的测定方法及影响因素，强化传热的工程途径，温度测量技术。

(6) 筛板精馏塔操作和全塔效率测定实验

知识点：板式精馏塔的结构和精馏的流程，精馏塔的操作方法，板式精馏塔全塔效率的测定及影响因素，回流比、进料量等对精馏塔性能的影响，回流比、进料量等的调控方法。

(7) 填料塔流体力学性能和吸收传质系数测定实验

知识点：填料塔的结构和吸收的流程，吸收塔的操作方法，填料塔液泛气速的测定及影响因素，吸收总传质系数的测定方法及影响因素，气、液相流量变化对吸收效果的影响，液膜阻力与气膜阻力。

(8) 液-液萃取实验

知识点：液-液萃取塔的结构和萃取的流程，液-液萃取塔的操作方法，萃取塔油-水界面的调控方法，液-液萃取总传质系数的测定及影响因素，外加能量对液-液萃取分离效果的影响。

(9) 干燥速率曲线测定实验

知识点：洞道式干燥器的结构，干燥速率曲线的测定方法及干燥各阶段的干燥机理和影响因素，临界含水量的影响因素，恒速干燥阶段物料与空气之间对流传热系数的测定，干燥操作条件对干燥速率曲线、临界含水量的影响。

(10) 气流干燥、流化床干燥、转筒干燥实验

知识点：气流干燥、流化床干燥、转筒干燥装置的结构和流程，气流干燥、流化床干燥、转筒干燥的操作方法，干燥过程水分蒸发量、空气消耗量、干燥产品量的计算，干燥系统的热量衡算和热效率的计算。

(11) 多相搅拌实验

知识点：搅拌设备的结构和搅拌器的结构，搅拌功率的测定方法和影响因素，液相、气-液相功率因数 ϕ 随 Re 的变化规律。

(12) 多功能膜分离实验

知识点：超滤、纳滤、反渗透膜分离技术的基本原理，膜分离流程、设备组成及结构特点，超滤、纳滤和反渗透膜分离性能的测定方法及影响膜分离的因素。

(13) 溶液结晶实验

知识点：溶液结晶提纯原理和影响结晶的因素，冷却结晶器的结构，降温速率、晶种等对溶液结晶产品纯度和产率的影响。

(14) 变压吸附实验

知识点：变压吸附过程的基本原理和流程，影响变压吸附效果的主要因素，吸附床穿透曲线的测定方法，测定吸附床穿透曲线的工程意义。

0.4 课程的特点

本实验课程不附属于某一门理论课，因此不以印证和学好某一门理论课程为主要目的，而以培养高等化工科技人才应具有的一些能力和素质为主要目的，将能力和素质培养贯穿于实验课的全过程。

课程内容强调实践、注意工程观念，做到以下几个结合。①验证《化工过程与设备》课程中最基本的理论与培养学生掌握实验研究方法、提高分析和解决实际问题的能力相结合。②单一验证性实验与综合性、设计性实验相结合，以便训练学生的独立思考、综合分析处理问题的能力。③理论与实践密切结合，在教材各章节的举例时尽量采用化工基础实验中的实测结果，这样做便于学生自学教材内容，并将所学的理论知识立即用于做实验之中，引导学生举一反三，为毕业实践和今后工作中处理工程实际问题打下基础。④传统的与近代的实验方法、测试手段及数据处理技术相结合。⑤注重当前与发展相结合，将完成实验教学基本内容与因材施教、拓宽加深实验教学内容和方法、培养创新精神相结合。⑥引入新的化工技术和科学的实验技术与当今化工研究热点内容相结合，使学生尽早适应21世纪化工发展的要求。

0.5 实验课教学的几个问题

0.5.1 实验预习

预习好实验是做好实验的前提，因此实验前一定要预习实验内容，具体要求如下。

① 认真阅读实验指导书，弄清实验的目的与内容及注意事项。

② 根据实验的具体任务，研究实验的做法及其理论根据，分析应该测取哪些数据，并估计实验数据的变化规律。

③ 在现场结合实验指导书，仔细查看设备流程，主要设备的构造，仪表种类，安装位置；了解它们的启动和使用方法以及设备流程的特点。

④ 拟定实验方案、操作顺序，操作条件如何？设备的启动程序怎样？如何调整操作条件？实验数据应如何布点？

⑤ 列出实验需在实验室得到的全部原始数据和操作现象观察项目的清单，并画出便于记录的原始数据表格。

0.5.2 实验数据的记录

实验数据记录最重要的意义是使学生懂得并养成科学研究工作所必需的良好习惯。在正规的科学研究工作中，实验数据的记录本不仅是写作报告和出版作品的原始资料，而且也是许多年以后可供查阅的永久记录。把与实验有关的每件事（数据、实验过程中的计算、情况说明、对于实验中出现的一些问题的看法等）直接记录在编有页码的本子内，是实验室研究工作的标准做法。这种良好习惯是高素质的一种表现。需要重复强调的原则是：直接把所有数据记录在记录本中，具体要求如下。

① 每个学生都应有一个完整的原始数据记录表，在表格中应记下各项物理量的名称、

表示符号和单位。要保证数据完整，除了记录测取的数据外，还应将装置设备的有关尺寸、大气条件等数据记录下来。

② 实验时，每改变一次条件，一定要等到系统和仪表示数稳定后才可开始读取数据。

③ 同一条件下至少要读取两次数据，而且只有当两次读数相近时才能改变操作条件。

④ 每个数据记录后，应该立即复核，以免发生读错或写错数字等事故。

⑤ 数据记录必须真实地反映仪表的精度，一般要记录至仪表上最小分度以下一位数。

⑥ 实验中如果出现不正常情况，以及数据有明显误差时，应在备注栏中加以注明。

0.5.3 实验报告

按照一定的格式和要求，表达实验过程和结果的文字材料，称为实验报告。它是实验工作的全面总结和系统概括，是实验工作不可缺少的一个环节。

写实验报告的过程，就是对所测取的数据加以处理，对所观察的现象加以分析，从中找出客观规律和内在联系的过程。如果做了实验而不写出报告，就等于有始无终，半途而废。因此，进行实验并写出报告，对于理工科大学生来讲，是一种必不可少的基础训练。理工科大学生在校期间学会对所做的实验写成一份完整的实验报告，也可认为是一种正式科技论文书写的训练。因此，本课程的实验报告中，提倡在正式报告前写摘要，目的是强化书写科技论文的意识，训练学生综合分析、概括问题的能力。

完整的实验报告一般应包括以下几方面的内容。

(1) 实验名称

每篇实验报告都应有名称，又称标题，列在报告的最前面。实验名称应简洁、鲜明、准确。简洁，就是字数要尽量少；鲜明，就是让人一目了然；准确，就是能恰当反映实验的内容。如《填料塔流体力学性能和吸收传质系数测定实验》。

(2) 实验目的

简明扼要地说明为什么要进行这个实验，本实验要解决什么问题，常常是列出几条。例如，《填料塔流体力学性能和吸收传质系数测定实验》中实验目的是这样写的："①了解填料塔的基本结构、填料吸收装置的基本流程及操作方法；②掌握填料塔流体力学性能的测定方法，掌握液泛气速的确定方法，了解测定液泛气速的工程意义；③掌握总体积吸收系数的测定方法并分析影响因素，了解吸收剂流量、气体流量对塔性能的影响，了解测定总体积吸收系数的工程意义。"

(3) 实验的理论依据（实验原理）

简要说明实验所依据的基本原理，包括实验涉及的主要概念，实验依据的重要定律、公式及据此推算的重要结果。要求准确、充分。

(4) 实验装置的流程示意图和测试点的位置，主要设备、仪表的名称

要将实验装置流程简单地画出，标出设备、仪器仪表及调节阀等的标号，并标注出测试点的位置，在流程图的下面写出图名及与标号相对应的设备仪器等的名称。

(5) 实验操作方法和注意事项

根据实际操作程序，按时间的先后划分为几个步骤，并在前面加上序数 1. 2. 3. …，以使条理更为清晰。实验步骤的划分一般多以改变某一组因素（参数）作为一个步骤。对于操作过程的说明，要简单、明了。

对于容易引起危险、损坏仪器仪表或设备以及一些对实验结果影响比较大的操作，一般应在注意事项中作以提示，以引起人们的注意。

（6）数据记录

实验数据是实验过程中从测量仪表所读取的数值，要根据仪表的精度决定实验数据的有效数字位数。读取数据的方法要正确，记录数据要准确。一般是先记录在原始数据记录表格里。数据较多时，此表格宜作为附录放在报告的后面。

（7）数据整理表或作图

数据整理表或作图是实验报告的重点内容之一，要求把实验数据整理、加工成图或表格的形式。数据整理时应根据有效数字的运算规则进行。一般将主要的中间计算值和最后计算结果列在数据整理表格中，表格要精心设计，使其易于显示数据的变化规律及各参数的相关性。有时为了更直观地表达变量间的相互关系，采用作图法，即用相对应的各组数据确定出若干坐标点，然后依点画出相关曲线。数据整理表或作图应按照第 2 章列表法和图示法的要求去做。实验数据不经重复实验不得修改，更不得伪造。

（8）数据整理计算过程举例

以某一组原始数据为例，把各项计算过程列出，从而说明数据整理表中的结果是如何得到的。

（9）对实验结果的分析与讨论

实验结果的分析与讨论是实验者理论水平的具体体现，也是对实验方法和结果进行的综合分析研究。讨论范围应只限于与本实验有关的内容。讨论的内容包括：

① 从理论上对实验所得结果进行分析和解释，说明其必然性；

② 对实验中的异常现象进行分析讨论；

③ 分析误差的大小和原因，如何提高测量精度；

④ 本实验结果在生产实践中的价值和意义；

⑤ 由实验结果提出进一步的研究方向或对实验方法及装置提出改进建议等。

有时将（7）和（9）两部分合并在一起，写为“结果与讨论”，这有两个原因：一是讨论的内容少，无须另列一部分；二是实验的几项结果独立性大，内容多，需要逐项讨论，说明一项结果，紧接着进行分析讨论，然后再说明一项结果，再进行分析讨论，条理更清楚。

（10）实验结论

结论是根据实验结果所作出的最后判断，得出的结论要从实际出发，要有理论根据。

0.5.4 化工实验室的安全问题

实验室的安全应当是实验教学中最首要让学生重视的问题。化工基础实验与前期实验课程不同，每一个实验相当于一个小型单元生产流程，电器、仪表和机械传动设备等组合为一体，学生又是初次见到和操作这类实验装置，所以进该类实验室做实验更应了解防火、用电等安全知识（详见附录 1）。

第1章

实验误差的估算与分析

通过实验测量所得的大批数据是实验的主要成果，但在实验中，由于测量仪表和人的观察等方面的原因，实验数据总存在一些误差，由于误差在一定程度上会歪曲客观事物的规律，所以希望得到没有误差的测量结果，然而这是不可能的，误差的存在是必然的，具有普遍性的。因此研究误差的来源及其规律性，减小和尽可能地消除误差，以得到准确的实验结果，对于科学技术的发展和创新是非常重要的。

误差分析的目的就是评定实验数据的准确性或误差，通过误差分析，可以认清误差的来源及其影响，以确定导致实验总误差的最大组成因素，从而在准备实验方案和研究过程中，努力细心操作，集中精力消除或减少产生误差的来源，提高实验的质量。

应该指出，目前误差应用和理论涉及内容非常广泛，本章只就化工基础实验中常遇到的一些误差基本概念与估算方法作扼要介绍。

1.1 实验数据的误差

1.1.1 直接测量和间接测量

根据获得测量结果的方法不同，可以分为直接测量和间接测量。可以用仪器、仪表直接读出数据的测量称为直接测量。例如：用米尺测量长度，用秒表计时间，用温度计、压力表测量温度和压强等。凡是基于直接测量值得出的数据再按一定函数关系式，通过计算才能求得测量结果的测量称为间接测量。例如：测定圆柱体体积时，先测量直径 D 和高度 H，再用公式 $V=\frac{\pi D^2 H}{4}$ 计算出体积 V，此时 V 就属于间接测量的物理量。化工基础实验中多数测量均属间接测量。

1.1.2 实验数据的真值

真值是指某物理量客观存在的确定值。对其进行测量时，由于测量仪器、测量方法、环境、人员及测量程序等都不可能完美无缺，实验误差难于避免，故真值是无法测得的，是一个理想值。在分析实验测定误差时，一般用如下值替代真值。

① 理论真值　是可以通过理论证实而知的值。如平面三角形内角之和为 180°；又如计量学中经国际计量大会决议的值，像热力学温度单位——绝对零度等于－273.15K；以及一些理论公式表达值等。

② 相对真值　在某些过程中，常使用高精度等级标准仪器的测量值代替普通测量仪器测量值的真值，称为相对真值。例如：用高精度的涡轮流量计测量的流量值相对于普通流量计测定的流量值而言是真值。

③ 平均值　是指对某物理量经多次测量算出的平均结果，用其替代真值。当然测量次数无限多时，算出的平均值应该是非常接近真值的。实际上，测量次数是有限的（比如10次），所得的平均值只能说是近似地接近真值。

1.1.3 误差的定义及分类

1.1.3.1 误差的定义

误差是实验测量值（包括直接和间接测量值）与真值（客观存在的准确值）之差。可表示为

$$误差=测量值-真值$$

1.1.3.2 误差的分类

根据误差的性质及产生的原因，可将误差分为系统误差、随机误差和粗大误差三种。

(1) 系统误差

系统误差由某些固定不变的因素引起的。在相同条件下进行多次测量，其误差数值的大小和正负保持恒定，或误差随条件改变按一定规律变化。即有的系统误差随时间呈线性、非线性或周期性变化，有的不随测量时间变化。

产生系统误差的原因：①测量仪器方面的因素（仪器设计上的缺点，零件制造不标准，安装不正确，未经校准等）；②环境因素（外界温度、湿度及压力变化引起的误差）；③测量方法因素（近似的测量方法或近似的计算公式等引起的误差）；④测量人员的习惯偏向等。

总之，系统误差有固定的偏向和确定的规律，一般可按具体原因采取相应措施给以校正或用修正公式加以消除。

(2) 随机误差

随机误差是由某些不易控制的因素造成的。在相同条件下做多次测量，其误差数值和符号是不确定的，即时大时小，时正时负，无固定大小和偏向。随机误差服从统计规律，其误差与测量次数有关。随着测量次数的增加，平均值的随机误差可以减小，但不会消除。因此，多次测量值的算术平均值接近于真值。研究随机误差可采用概率统计方法。

(3) 粗大误差

粗大误差是与实际明显不符的误差，主要是由于实验人员粗心大意，如读数错误、记录错误或操作失败所致。这类误差往往与正常值相差很大，应在整理数据时依据常用的准则加以剔除。

必须指出，上述三种误差之间，在一定条件下可以相互转化。例如：尺子刻度划分有误差，对制造尺子者来说是随机误差；一旦用它进行测量时，这尺子的分度对测量结果将形成系统误差。随机误差和系统误差间并不存在绝对的界限。同样，对于粗大误差，有时也难以和随机误差相区别，从而当作随机误差来处理。

1.1.4　误差的表示方法

1.1.4.1　绝对误差和相对误差

测量（给出）值（x）与真值（A）之差的绝对值称为绝对误差［$D(x)$］，即

$$D(x)=|x-A| \tag{1-1}$$

在工程计算中，真值常用平均值（$\overline{x}$）或相对真值代替，则式（1-1）可写为

$$D(x)=|x-\overline{x}| \tag{1-2}$$

另外，常借用于最大绝对误差 $D(x)_{max}$ 的提法。测量值的绝对误差必小于或等于最大绝对误差，即 $D(x)\leqslant D(x)_{max}$，且真值 A 必满足下列不等式

$$x_1=x+D(x)_{max}>A>x-D(x)_{max}=x_2$$

如果某物理量的最大测量值 x_1 和最小测量值 x_2 已知，则可通过式（1-3）求出最大绝对误差 $D(x)_{max}$。

$$\overline{x}=\frac{x_1+x_2}{2},\quad D(x)_{max}=\frac{x_1-x_2}{2} \tag{1-3}$$

例 1-1　已知炉中的温度不高于1150℃，不低于1140℃，试求其最大绝对误差$D(T)_{max}$ 与平均值。

解　由式（1-3）可得，平均温度

$$\overline{T}=\frac{1150+1140}{2}=1145℃$$

最大绝对误差

$$D(T)_{max}=\frac{1150-1140}{2}=5℃$$

绝对误差虽很重要，但仅用它还不足以说明测量的准确程度。换句话说，它还不能给出测量准确与否的完整概念。此外，有时测量得到相同的绝对误差可能导致准确度完全不同的结果。例如，要判别称量的好坏，单单知道最大绝对误差等于1g是不够的。因为如果所称量物体本身的质量有几十千克，那么，绝对误差1g，表明此次称量的质量是高的；同样，如果所称量的物质本身仅有2～3g，那么，这又表明此次称量的结果毫无用处。

显而易见，为了判断测量的准确度，必须将绝对误差与所测量值的真值相比较，即求出其相对误差，才能说明问题。

绝对误差 $D(x)$ 与真值的绝对值之比，称为相对误差，它的表达式为

$$E_r(x)=\frac{D(x)}{|A|} \tag{1-4}$$

相对误差和绝对误差一样，通常也是不可能求得的，实际上常用最大相对误差$E_r(x)_{max}$，即

$$E_r(x)_{max}=\frac{D(x)_{max}}{|A|} \tag{1-5}$$

或用平均值替代真值（$\overline{x}\approx A$），即相对误差表达式为

$$E_r(x)\approx\frac{D(x)}{|\overline{x}|}=\frac{|x-\overline{x}|}{|\overline{x}|} \tag{1-6}$$

测量值表达式为 $$x=\bar{x}[1\pm E_r(x)] \tag{1-7}$$

需要注意，绝对误差是有量纲的值，相对误差是无量纲的真分数。在化工实验中，相对误差通常以百分数（%）表示。

例 1-2 若已测得某恒温系统的温度 $T=(4.2\pm0.1)$℃，试求相对误差。

解 求温度的相对误差时，必须注意所用的温标，不同的温标将有不同的数值。因日常书写中常将［K］和［℃］混用，如果指的是 SI 制系统，则

$$E_r(T)=\frac{0.1}{277.35}\approx0.04\%$$

1.1.4.2 算术平均误差 $\boldsymbol{\delta}$ 与标准误差 $\boldsymbol{\sigma}$

① n 次测量值的算术平均误差为

$$\delta=\frac{\sum_{i=1}^{n}|x_i-\bar{x}|}{n} \tag{1-8}$$

上式应取绝对值，否则，在一组测量值中，$(x_i-\bar{x})$ 值的代数和必为零。

② n 次测量值的标准误差（亦称均方根误差）为

$$\sigma=\sqrt{\frac{\sum_{i=1}^{n}(x_i-\bar{x})^2}{n-1}} \tag{1-9}$$

③ 算术平均误差与标准误差的联系和差别。n 次测量值的重复性（亦称重现性）愈差，n 次测量值的离散程度和随机误差愈大，则 δ 值和 σ 值均愈大。因此，可以用 δ 值和 σ 值来衡量 n 次测量值的重复性、离散程度和随机误差。但算术平均误差的缺点是无法表示出各次测量值之间彼此符合的程度。因为，偏差彼此相近的一组测量值的算术平均误差，可能与偏差有大、中、小三种情况的另一组测量值的相同。而标准误差对一组测量值中的较大偏差或较小偏差很敏感，能较好地表明数据的离散程度。

例 1-3 某次测量得到下列两组数据（单位为 cm）：

A 组　2.3　2.4　2.2　2.1　2.0

B 组　1.9　2.2　2.2　2.5　2.2

求各组的算术平均误差与标准误差值。

解 算术平均值为

$$\bar{x}_A=\frac{2.3+2.4+2.2+2.1+2.0}{5}=2.2$$

$$\bar{x}_B=\frac{1.9+2.2+2.2+2.5+2.2}{5}=2.2$$

算术平均误差为

$$\delta_A=\frac{0.1+0.2+0.0+0.1+0.2}{5}=0.12$$

$$\delta_B=\frac{0.3+0.0+0.0+0.3+0.0}{5}=0.12$$

标准误差为

$$\sigma_{\mathrm{A}}=\sqrt{\frac{0.1^2+0.2^2+0.1^2+0.2^2}{5-1}}=0.16$$

$$\sigma_{\mathrm{B}}=\sqrt{\frac{0.3^2+0.3^2}{5-1}}=0.21$$

由上例可见，尽管两组数据的算术平均值相同，但它们的离散程度明显不同。由计算结果可知，只有标准误差能反映出数据的离散程度。实验愈准确，其标准误差愈小，因此标准误差通常被作为评定 n 次测量值随机误差大小的标准，在化工实验中得到广泛应用。

④ 标准误差和绝对误差的联系。n 次测量值的算术平均值 $\overline{x}$ 的绝对误差为

$$D(\overline{x})=\frac{\sigma}{\sqrt{n}} \tag{1-10}$$

算术平均值 $\overline{x}$ 的相对误差为

$$E_{\mathrm{r}}(\overline{x})=\frac{D(\overline{x})}{|\overline{x}|} \tag{1-11}$$

由上面的公式可见，n 次测量值的标准误差 σ 愈小，测量的次数 n 愈多，则其算术平均值的绝对误差 $D(\overline{x})$ 愈小。因此增加测量次数 n，以其算术平均值作为测量结果，是减小数据随机误差的有效方法之一。

1.1.5　精密度、正确度和准确度

测量的质量和水平，可用误差概念来描述，也可用准确度等概念来描述。为了指明误差的来源和性质，通常用以下三个概念。

精密度　可以衡量某物理量几次测量值之间的一致性，即重复性。它可以反映随机误差的影响程度，精密度高指随机误差小。如果实验数据的相对误差为 0.01%，且误差纯由随机误差引起，则可认为精密度为 1.0×10^{-4}。

正确度　是指在规定条件下，测量中所有系统误差的综合。正确度高，表示系统误差小。如果实验数据的相对误差为 0.01%，且误差纯由系统误差引起，则可认为正确度为 1.0×10^{-4}。

准确度（或称精确度）　表示测量中所有系统误差和随机误差的综合。因此，准确度表示测量结果与真值的逼近程度。如果实验数据的相对误差为 0.01%，且误差由系统误差和随机误差共同引起，则可认为准确度为 1.0×10^{-4}。

对于实验或测量来说，精密度高，正确度不一定高。正确度高，精密度也不一定高。但准确度高，必然是精密度与正确度都高。如图 1-1 所示，(a) 的系统误差小而随机误差大，即正确度高而精密度低；(b) 的系统误差大而随机误差小，即正确度低而精密度高；(c) 的系统误差与随机误差都小，表示正确度和精密度都高，即准确度高。

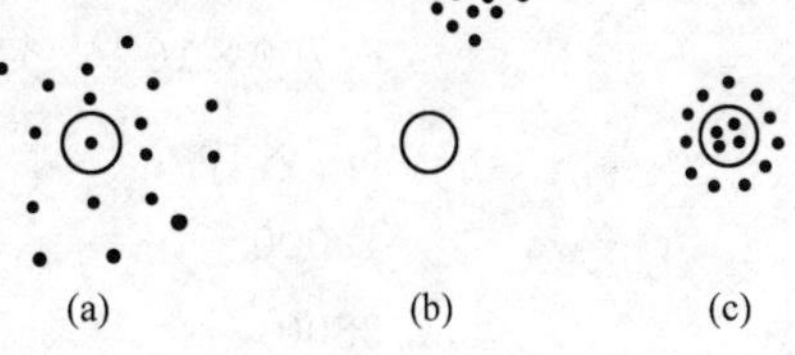

图 1-1　精密度、正确度、准确度含义的示意图

○ 待测值；• 实测值

目前，国内外文献中所用的名词术语颇不统一，各文献中同一名词的含义不尽相同。例如不少书中使用的精确度一词，可能是指系统误差与随机误差两者

的合成，也可能单指系统误差或随机误差。

在很多书刊中，还常常见到精度一词。因为精度一词无严格的明确定义，所以各处出现的精度含义不尽相同。少数地方精度一词指的是精密度。多数地方使用精度一词实际上是为了说明误差的大小。如说某数据的测量精度很高时，实指该数据测量的误差很小。此误差的大小是随机误差和系统误差共同作用的总结果。在这种场合，精度一词与准确度完全是一回事。

1.2 实验数据的有效数字和记数法

1.2.1 有效数字

在实验中无论是直接测量的数据或是计算结果，以几位有效数字来表示，这是一项很重要的事。有人认为，小数点后面的数字越多就越准确，或者运算结果保留位数越多越准确。其实这是错误的想法，因为：其一，数据中小数点的位置在前或在后仅与所用的测量单位有关。例如 762.5mm、76.25cm、0.7625m 这三个数据，其准确度相同，但小数点的位置不同。其二，在实验测量中所使用的仪器仪表只能达到一定的准确度，因此，测量或计算的结果不可能也不应该超越仪器仪表所允许的准确度范围。如上述的长度测量中，若标尺的最小分度为 1mm，其读数可以读到 0.1mm(估计值)，故数据的有效数字是四位。

实验数据（包括计算结果）的准确度取决于有效数字的位数，而有效数字的位数又由仪器仪表的准确度来决定。换言之，实验数据的有效数字位数必须反映仪表的准确度和存在疑问的数字位置。

在判别一个已知数有几位有效数字时，应注意非零数字前面的零不是有效数字，例如长度为 0.00234m，前面的三个零不是有效数字，它与所用单位有关，若用 mm 为单位，则为 2.34mm，其有效数字为 3 位。非零数字后面用于定位的零也不一定是有效数字。如 1010 是四位还是三位有效数字，取决于最后面的零是否用于定位。为了明确地读出有效数字位数，应该用科学记数法，写成一个小数与相应的 10 的幂的乘积。若 1010 的有效数字为 4 位，则可写成 1.010×10^3。有效数字为三位的数 360000 可写成 3.60×10^5，0.000388 可写成 3.88×10^{-4}。这种记数法的特点是小数点前面永远是一位非零数字，“×”乘号前面的数字都为有效数字。这种科学记数法表示的有效数字，位数就一目了然了。

例 1-4

数	有效数字位数
0.0044	2
0.004400	4
8.700×10^3	4
8.7×10^3	2
1.000	4
3800	可能是 2 位，也可能是 3 位或 4 位

1.2.2 数字舍入规则

对于位数很多的近似数，当有效位数确定后，其后面多余的数字应予舍去，而保留的有效数字最末一位数字应按以下的舍入规则进行凑整：

① 若舍去部分的数值，大于保留部分的末位的半个单位，则末位加1；

② 若舍去部分的数值，小于保留部分的末位的半个单位，则末位不变；

③ 若舍去部分的数值，等于保留部分的末位的半个单位，则末位凑成偶数。换言之，当末位为偶数时，则末位不变；当末位为奇数时，则末位加1。

例 1-5 将下面左侧的数据保留四位有效数字

3.14159→3.142　　5.6235→5.624

2.71729→2.717　　6.378501→6.379

2.51050→2.510　　7.691499→7.691

3.21567→3.216

由于数字取舍而引起的误差称为舍入误差。按上述规则进行数字舍入，其舍入误差皆不超过保留数字最末位的半个单位。必须指出，这种舍入规则的第③条明确规定，被舍去的数字，不是逢5就入，有一半的机会舍掉，而有一半的机会进入，所有舍入机会相等而不会造成偏大的趋势，因而在理论上更加合理。在大量运算时，这种舍入误差的均值趋于零。它较传统的四舍五入方法优越。四舍五入方法见5就入，易使所得的数有偏大的趋势。

1.2.3 直接测量值的有效数字

直接测量值的有效数字主要取决于读数时可读到哪一位。如一支50ml的滴定管，它的最小刻度是0.1ml，因读数只能读到小数点后第2位，如30.24ml时，有效数字是四位。若管内液面正好位于30.2ml刻度上，则数据应记为30.20ml，仍然是四位有效数字（不能记为30.2ml）。在此，所记录的有效数字中，必须有一位而且只能是最后一位是在一个最小刻度范围内估计读出的，而其余的几位数是从刻度上准确读出的。由此可知，在记录直接测量值时，所记录的数字应该是有效数字，其中应保留且只能保留一位是估计读出的数字。

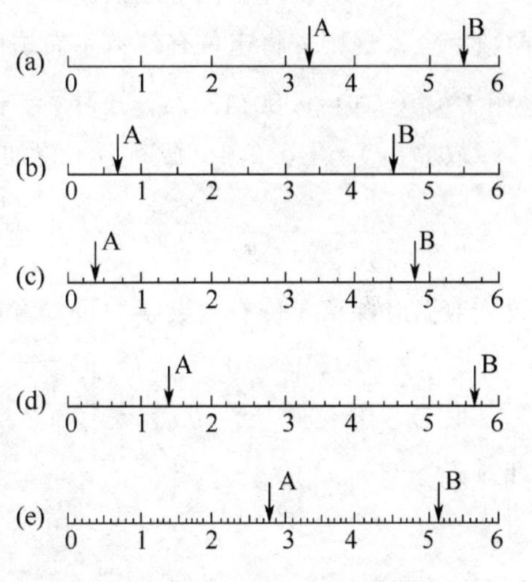

图 1-2　不同坐标分度的读数情况

如果最小刻度不是1(或 $1\times10^{\pm n}$) 个单位，如图1-2(a)～(e)所示，其读数方法可按下面的方法来读。

	读数 R_A	读数 R_B	绝对误差 $D(R)$	有效数字位数
(a)	3.3	5.5	0.5	2
(b)	0.6	4.5	0.25(0.3)	1～2
(c)	0.3	4.75(4.8)	0.2	1～2
(d)	1.4	5.7	0.1	2
(e)	2.80	5.11	0.05	3

由此可见，为了读数方便，在作坐标分度时，应尽力避开（b）、（c）两种情况。

1.2.4 非直接测量值的有效数字

① 参加运算的常数 π、e 的数值以及某些因子如$\sqrt{2}$、1/3 等的有效数字，取几位为宜，原则上取决于计算所用的原始数据的有效数字的位数。假设参与计算的原始数据中，位数最多的有效数字是 n 位，则引用上述常数时宜取 $n+2$ 位，目的是避免常数的引入造成更大的误差。工程上，在大多数情况下，对于上述常数可取 5～6 位有效数字。

② 在数据运算过程中，为兼顾结果的精度和运算的方便，所有的中间运算结果，工程上，一般宜取 5～6 位有效数字。

③ 表示误差大小的数据一般宜取 1(或 2) 位有效数字，必要时还可多取几位。由于误差是用来为数据提供准确程度的信息，为避免过于乐观，并提供必要的保险，故在确定误差的有效数字时，也用截断的办法，然后将保留数字末位加 1，以使给出的误差值大一些，而无须考虑前面所说的数字舍入规则。如误差为 0.2412，可写成 0.3 或 0.25。

④ 作为最后实验结果的数据是间接测量值时，在误差未知的情况下，间接测量值的有效数字一般保留 3～4 位有效数字。在误差已知的情况下，间接测量值的有效数字位数的确定方法如下：先对其绝对误差的数值按上述先截断后保留数字末位加 1 的原则进行处理，保留 1～2 位有效数字，然后令待定位的数据与绝对误差值以小数点为基准相互对齐。待定位数据中，与绝对误差首位有效数字对齐的数字，即所得有效数字位数的末位。最后按前面讲的数字舍入规则，将末位有效数字右边的数字舍去。

例 1-6 ① $y=9.80113824$，$D(y)=\pm0.004536$(单位暂略)

取 $D(y)=\pm0.0046$(截断后末位加 1，取 2 位有效数字)，以小数点为基准对齐

$$9.801 \vdots 13824$$
$$0.004 \vdots$$

故该数据应保留 4 位有效数字。按本章讲的数字舍入原则，该数据 $y=9.801$。

② $y=6.3250\times10^{-8}$， $D(y)=\pm0.8\times10^{-9}$(单位暂略)

取 $D(y)=\pm0.8\times10^{-9}=\pm0.08\times10^{-8}$[使 $D(y)$ 和 y 都乘以 10^{-8}]，以小数点为基准对齐

$$6.32 \vdots 50\times10^{-8}$$
$$0.08 \vdots \quad \times10^{-8}$$

可见该数据应保留 3 位有效数字。经舍入处理后，该数据 $y=6.32\times10^{-8}$。

1.3 随机误差的正态分布

1.3.1 误差的正态分布

实验与理论均证明，随机误差的分布服从正态分布又称高斯（Gauss）误差分布，其分布曲线如图 1-3 所示。图中横坐标为随机误差 x，纵坐标为概率密度函数 y。

$$y=\frac{\mathrm{d}P}{\mathrm{d}x} \tag{1-12}$$

$$dP=\frac{m}{n} \tag{1-13}$$

式中　dP——在 $x\sim(x+dx)$ 范围内误差的相对出现次数，称为相对频率或概率；

m——在 $x\sim(x+dx)$ 范围内误差值出现的次数；

n——总测量次数。

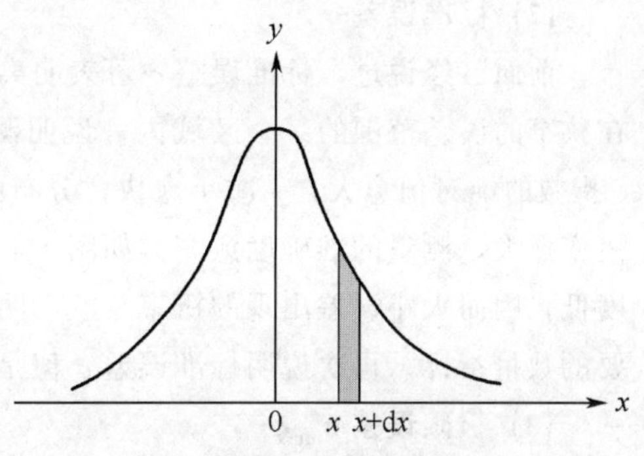

图 1-3　误差正态分布的概率密度曲线

正态分布具有以下特性。

① 绝对值相等的正负误差出现的概率相等，纵轴左右对称，称为误差的对称性。

② 绝对值小的误差比绝对值大的误差出现的概率大，曲线的形状是中间高两边低，称为误差的单峰性。

③ 在一定的测量条件下，随机误差的绝对值不会超过一定界限，称为误差的有界性。

④ 随着测量次数的增加，随机误差的算术平均值趋于零，称为误差的抵偿性。抵偿性是随机误差最本质的统计特性，换言之，凡具有抵偿性的误差，原则上均按随机误差处理。

1.3.2　概率密度分布函数

高斯（Gauss）于 1795 年提出了误差正态分布的概率密度函数

$$y(x)=\frac{1}{\sqrt{2\pi}\sigma}e^{-\frac{x^2}{2\sigma^2}} \tag{1-14}$$

式中　σ——标准误差，$\sigma>0$；

x——随机误差（测量值减平均值）；

y——概率密度函数。

以上称为高斯误差分布定律。根据式（1-14）画出图 1-3 中的曲线，称为随机误差的概率密度分布曲线。

$\sigma=1$ 时，式（1-14）变为

$$y(\sigma=1)=\frac{1}{\sqrt{2\pi}}e^{-\frac{x^2}{2}} \tag{1-15}$$

式（1-15）所描述的分布称为标准正态分布。

1.3.3　正态分布的特征值

(1) 算术平均值

设 $x_1,x_2,\cdots,x_n$ 为 n 次测量所得的值，则算术平均值为

$$\overline{x}=\frac{1}{n}\sum_{i=1}^{n}x_i \tag{1-16}$$

这样求得的算术平均值与测量值的真值最为接近。显然，若测量次数无限增加时，其算术平均值 $\overline{x}$ 必然趋近于真值 A。

（2）标准误差 σ

前面已经说过，标准误差 σ 可表明离散程度。当 σ 较小时，实验数据分布较密，即密集在狭窄的误差范围的某个区域内，说明测量的质量很高。从式（1-14）也可看出，σ 愈小，e 指数的绝对值愈大，y 减小愈快，分布曲线斜率愈陡，数据愈集中，小的随机误差出现的概率愈大，测量的准确度愈高。如图 1-4 所示，σ 愈大，曲线变得愈平坦，意味着实验准确度低，因而大小误差出现的概率相差不明显。因此 σ 是决定误差曲线幅度大小的因子，是重要的数量指标。再次说明标准误差 σ 值是评定实验质量的一种有效的指标。

（3）极限误差 σ_{max}

常取 3σ 为极限误差，所对应的置信度为 99.7%，这说明真值几乎总是落在极限误差为半径的区间内，落在此区间以外的可能性只有 0.3%。如图 1-5 所示。对于概率很小的所谓小概率事件，在事件的总个数不是很多的情况下，实际上可认为是不可能出现的。若万一出现，例如一旦某一实验点的随机误差的绝对值大于 3σ，应该有 99.7%的把握说，该实验点有严重的异常情况，应该单独对其进行认真的分析和处理。

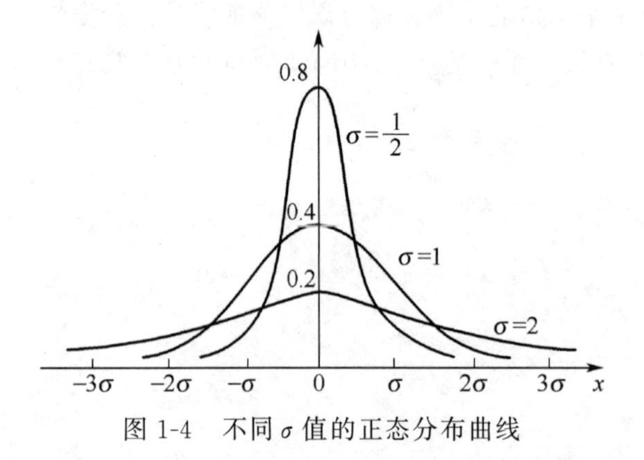

图 1-4　不同 σ 值的正态分布曲线

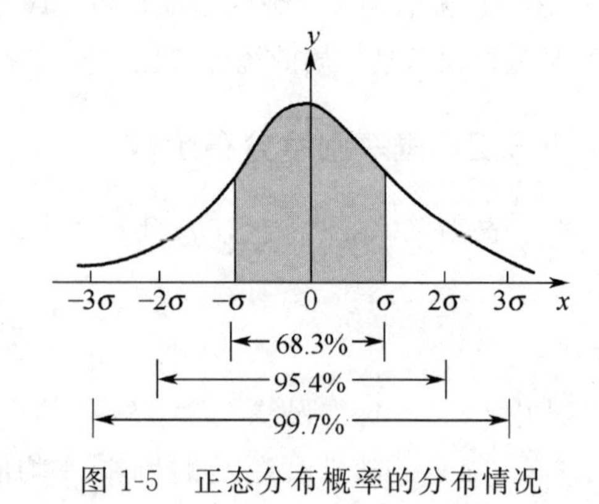

图 1-5　正态分布概率的分布情况

1.4　粗大误差的判别与剔除

1.4.1　粗大误差的判别准则

当着手整理实验数据时，还必须解决一个重要问题，那就是数据的取舍问题。在整理实验研究结果时，往往会遇到这种情况，即在一组很好的实验数据里，发现少数几个偏差特别大的数据。若保留它，会降低实验的准确度；舍之，又无明显的理由。对于此类数据的保留与舍弃，其逻辑根据在于随机误差理论的应用，也需用比较客观的可靠判据作为依据。判别粗大误差常用的准则有以下几个。

1.4.1.1　3σ 准则

该准则又称拉依达准则。它是常用的也是判别粗大误差最简单的准则。但它是以测量次数充分多为前提的，在一般情况下，测量次数都比较少，因此，3σ 准则只能是一个近似准则。

对于某个测量列 $x_i(i=1\sim n)$，若各测量值 x_i 只含有随机误差，根据随机误差正态分布规律，其偏差 d_i 落在 $\pm3\sigma$ 以外的概率约为 0.3%。如果在测量列中发现某测量值的偏差

大于 3σ，亦即

$$|d_i|>3\sigma$$

则可认为它含有粗大误差，应该剔除。

当使用拉依达的 3σ 准则时，允许一次将偏差大于 3σ 的所有数据剔除，然后，再将剩余各个数据重新计算 σ，并再次用 3σ 判据继续剔除超差数据。

拉依达的 3σ 准则偏于保守。在测量次数 n 较小时，粗大误差出现的次数极少。由于测量次数 n 不大，粗大误差在求方差平均值过程中将会是举足轻重的，会使标准差估值显著增大。也就是说，在此情况下，有个别粗大误差也不一定能判断出来。

1.4.1.2　t 检验准则

当测量次数较少时，按 t 分布的实际误差分布范围来判别粗大误差较为合理。t 检验准则的特点是首先剔除一个可疑测量值，然后按 t 分布检验被剔除的测量值是否含有粗大误差。

设对某物理量作多次测量，得测量列 $x_i(i=1\sim n)$，若认为其中测量值 x_j 为可疑数据，将它剔除后计算平均值为（计算时不包括 x_j）

$$\overline{x}=\frac{1}{n-1}\sum_{\substack{i=1\\i\neq j}}^{n}x_i$$

并求得测量列的标准误差 σ（不包括 $d_j=x_j-\overline{x}$）

$$\sigma=\sqrt{\frac{1}{n-2}\sum_{\substack{i=1\\i\neq j}}^{n}d_i^2}$$

根据测量次数 n 和选取的显著性水平 α，即可由表 1-1 中查得 t 检验系数 $K(n,\alpha)$，若

$$|x_j-\overline{x}|>K(n,\alpha)\sigma \tag{1-17}$$

则认为测量值 x_j 含有粗大误差，剔除 x_j 是正确的。否则，就认为 x_j 不含有粗大误差，应当保留。

表 1-1　t 检验系数 $K(n,\alpha)$ 值

n	显著性水平 α		n	显著性水平 α		n	显著性水平 α	
	0.05	0.01		0.05	0.01		0.05	0.01
4	4.97	11.46	13	2.29	3.23	22	2.14	2.91
5	3.56	6.53	14	2.26	3.17	23	2.13	2.90
6	3.04	5.04	15	2.24	3.12	24	2.12	2.88
7	2.78	4.36	16	2.22	3.08	25	2.11	2.86
8	2.62	3.96	17	2.20	3.04	26	2.10	2.85
9	2.51	3.71	18	2.18	3.01	27	2.10	2.84
10	2.43	3.54	19	2.17	3.00	28	2.09	2.83
11	2.37	3.41	20	2.16	2.95	29	2.09	2.82
12	2.33	3.31	21	2.15	2.93	30	2.08	2.81

1.4.1.3　格拉布斯（Grubbs）准则

设对某量作多次独立测量，得一组测量列 $x_i(i=1\sim n)$，当 x_i 服从正态分布时，计算

可得

$$\bar{x}=\frac{1}{n}\sum_{i=1}^{n}x_i$$

$$\sigma=\sqrt{\frac{1}{n-1}\sum_{i=1}^{n}(x_i-\bar{x})^2}$$

为了检验数列 $x_i(i=1\sim n)$ 中是否存在粗大误差，将 x_i 按大小顺序排列成顺序统计量，即

$$x_{(1)}\leqslant x_{(2)}\leqslant\cdots\leqslant x_{(n)}$$

若认为 $x_{(n)}$ 可疑，则有

$$g_{(n)}=\frac{x_{(n)}-\bar{x}}{\sigma} \tag{1-18}$$

若认为 $x_{(1)}$ 可疑，则有

$$g_{(1)}=\frac{\bar{x}-x_{(1)}}{\sigma} \tag{1-19}$$

取显著性水平 $\alpha=0.05$、0.025、0.01，可得表 1-2 的格拉布斯判据的临界值 $g_0(n,\alpha)$。

表 1-2　格拉布斯判据 $g_0(n,\alpha)$ 临界值

n	显著性水平 α			n	显著性水平 α		
	0.05	0.025	0.01		0.05	0.025	0.01
3	1.15	1.15	1.15	20	2.56	2.71	2.88
4	1.46	1.48	1.49	21	2.58	2.73	2.91
5	1.67	1.71	1.75	22	2.60	2.76	2.94
6	1.82	1.89	1.94	23	2.62	2.78	2.96
7	1.94	2.02	2.10	24	2.64	2.80	2.99
8	2.03	2.13	2.22	25	2.66	2.82	3.01
9	2.11	2.21	2.32	30	2.75	2.91	3.10
10	2.18	2.29	2.41	35	2.82	2.98	3.18
11	2.23	2.36	2.48	40	2.87	3.04	3.24
12	2.29	2.41	2.55	45	2.92	3.09	3.29
13	2.33	2.46	2.61	50	2.96	3.13	3.34
14	2.37	2.51	2.66	60	3.03	3.20	3.39
15	2.41	2.55	2.71	70	3.09	3.26	3.44
16	2.44	2.59	2.75	80	3.14	3.31	3.49
17	2.47	2.62	2.79	90	3.18	3.35	3.54
18	2.50	2.65	2.82	100	3.21	3.38	3.59
19	2.53	2.68	2.85				

在取定显著水平 α 后，若随机变量 $g_{(n)}$ 和 $g_{(1)}$ 大于或者等于该随机变量临界值 $g_0(n,\alpha)$ 时，即

$$g_{(i)}\geqslant g_0(n,\alpha) \tag{1-20}$$

即判别该测量值含粗大误差，应当剔除。

例 1-7 对某物理量进行 15 次测量，测得的值列于表 1-3。若设这些值已消除了系统误差，试分别用 3σ 准则、t 检验准则和格拉布斯准则来判别该测量列中，是否含有粗大误差的测量值。

表 1-3　测量值及算术平均值与偏差计算结果

序　号	x	d	d^2	d'	d'^2
1	0.42	0.016	0.000256	0.009	0.000081
2	0.43	0.026	0.000676	0.019	0.000361
3	0.40	−0.004	0.000016	−0.011	0.000121
4	0.43	0.026	0.000676	0.019	0.000361
5	0.42	0.016	0.000256	0.009	0.000081
6	0.43	0.026	0.000676	0.019	0.000361
7	0.39	−0.014	0.000196	−0.021	0.000441
8	0.30	−0.104	0.010816	—	—
9	0.40	−0.004	0.000016	−0.011	0.000121
10	0.43	0.026	0.000676	0.019	0.000361
11	0.42	0.016	0.000256	0.009	0.000081
12	0.41	0.006	0.000036	−0.001	0.000001
13	0.39	−0.014	0.000196	−0.021	0.000441
14	0.39	−0.014	0.000196	−0.021	0.000441
15	0.40	0.004	0.000016	−0.011	0.000121
计算结果	$\overline{x}=0.404$ $\overline{x}'=0.411$	$\sum d_i=0$	$\sum d_i^2=0.01496$	$\sum d'_i=-0.006$	$\sum d'^2=0.003374$

解　在这几种判别准则中，都需要计算算术平均值 $\overline{x}$ 和标准误差 σ，现将中间计算结果也列于表 1-3 中。

(1) 按 3σ 准则判别

由表 1-3 可算出算术平均值 $\overline{x}$ 和标准误差 σ，分别为

$$\overline{x}=\frac{\sum_{i=1}^{15}x_i}{n}=\frac{\sum_{i=1}^{15}x_i}{15}=0.404,\quad \sigma=\sqrt{\frac{\sum_{i=1}^{n}d_i^2}{n-1}}=\sqrt{\frac{0.01496}{15-1}}=0.033$$

于是

$$3\sigma=3\times0.033=0.099$$

根据 3σ 准则，第八个测得值的偏差为

$$|d_8|=0.104>3\sigma=0.099$$

则测量值 x_8 含有粗大误差，故应将此数据剔除。再将剩余的 14 个测得值重新计算，得

$$\overline{x}'=\frac{\sum_{i=1}^{n'}x_i}{n'}=\frac{\sum_{i=1}^{14}x_i}{14}=0.411$$

$$\sigma'=\sqrt{\frac{\sum_{i=1}^{n'}d_i'^2}{n'-1}}=\sqrt{\frac{0.003374}{14-1}}=0.016$$

由于

$$3\sigma'=3\times0.016=0.048$$

由表 1-3 可知，剩余的 14 个测得值的偏差 d'_i 均满足

$$|d'_i| < 3\sigma'$$

故可以认为这些剩下的测量值不再含有粗大误差。

(2) 按 *t* 检验准则判别

根据 t 检验准则，首先怀疑第八个测得值含有粗大误差，将其剔除。然后再将剩下的 14 个测量值分别算出其算术平均值和标准误差为

$$\overline{x}' = 0.411$$

$$\sigma' = 0.016$$

若选取显著性水平 $\alpha = 0.05$，已知 $n = 15$，查表 1-1，得 $K(15, 0.05) = 2.24$，则有

$$K(15, 0.05)\sigma' = 2.24 \times 0.016 = 0.036$$

由表 1-3 知 $x_8 = 0.30$，于是

$$|x_8 - \overline{x}'| = |0.30 - 0.411| = 0.111 > 0.036$$

故第八个测量值含有粗大误差，应该剔除。

然后，以同样的方法，对剩余的 14 个测量值进行判别，最后可得知这些测量值不再含有粗大误差。

(3) 按格拉布斯准则判别

根据格拉布斯准则，按测量值的大小，作顺序排列可得

$$x_{(1)} = 0.30, \quad x_{(15)} = 0.43$$

此两个测量值 $x_{(1)}$，$x_{(15)}$ 都应列为可疑对象，但

$$\overline{x} - x_{(1)} = 0.404 - 0.30 = 0.104$$

$$x_{(15)} - \overline{x} = 0.43 - 0.404 = 0.026$$

故应首先怀疑 $x_{(1)}$ 是否含有粗大误差。根据式 (1-19)，并代入相应数据得

$$g_{(1)} = \frac{0.404 - 0.30}{0.033} = 3.15$$

选取显著性水平 $\alpha = 0.05$，且由于 $n = 15$，查表 1-2 得

$$g_0(15, 0.05) = 2.41$$

由于 $$g_{(1)} = 3.15 > g_0(15, 0.05) = 2.41$$

故第八个测量值 x_8 含有粗大误差，应该剔除。

剩下 14 个数据，再重复以上步骤，判别 $x_{(15)}$ 是否也含有粗大误差。由于

$$\overline{x}' = 0.411, \quad \sigma' = 0.016$$

根据式 (1-18)，算得

$$g_{(15)} = \frac{0.43 - 0.411}{0.016} = 1.18$$

同样取显著水平 $\alpha = 0.05$，再根据 $n' = n - 1 = 14$，由表 1-2 中查得

$$g_0(14, 0.05) = 2.37$$

故可判别 $x_{(15)}$ 不含有粗大误差，而剩下的测量值的统计量都小于 1.18，故可认为其余的测量值也不含有粗大误差。

1.4.2　判别粗大误差的注意事项

① 合理选用判别准则　在前面介绍的准则中，3σ 准则适用于测量次数较多的数列。一般情况下，测量次数都比较少，因此用此方法判别，其可靠性不高，但由于它使用简便，又不需要查表，故在要求不高时，还是经常使用。对测量次数较少而要求又较高的数列，应采用 t 检验准则或格拉布斯准则。当测量次数很少时，可采用 t 检验准则。

② 采用逐步剔除方法　按前面介绍的判别准则，若判别出测量数列中有两个以上测量值含有粗大误差时，只能首先剔除含有最大误差的测量值，然后重新计算测量数列的算术平均值及其标准差，再对剩余的测量值进行判别，依此程序逐步剔除，直至所有测量值都不再含有粗大误差时为止。

③ 显著水平 α 值不宜选得过小　上面介绍的判别粗大误差的三个准则，除 3σ 准则外，都涉及选取显著水平 α 值。一般建议取 $\alpha=0.05$，当可靠性要求较高时，则应取 $\alpha=0.01$。

1.5　直接测量值的误差估算

1.5.1　一次测量值的误差估算

在实验中，由于条件不许可，或要求不高等原因，对一个物理量的直接测量只进行一次，这时可以根据具体的实际情况，对测量值的误差进行合理的估计。

下面介绍如何根据所使用的仪表估算一次测量值的误差。

1.5.1.1　给出准确度等级类的仪表

如电工仪表、转子流量计等。

(1) 准确度的表示方法

仪表的准确度常采用仪表的最大引用误差和准确度等级来表示。仪表的最大引用误差的定义为

$$\text{最大引用误差}=\frac{\text{仪表示值的绝对误差值}}{\text{该仪表相应档次量程的绝对值}}\times 100\% \tag{1-21}$$

式中，仪表示值的绝对误差值是指在规定的正常情况下，被测参数的测量值与被测参数的标准值之差的绝对值的最大值。对于多档仪表，不同档次示值的绝对误差和量程范围均不相同。

式（1-21）表明，若仪表示值的绝对误差相同，则量程范围愈大，最大引用误差愈小。

我国电工仪表的准确度等级（p 级）有 7 种：0.1、0.2、0.5、1.0、1.5、2.5、5.0。一般来说，如果仪表的准确度等级为 p 级，则说明该仪表最大引用误差不会超过 $p\%$，而不能认为它在各刻度点上的示值误差都具有 $p\%$ 的准确度。

(2) 测量误差的估算

设仪表的准确度等级为 p 级，则最大引用误差为 $p\%$。设仪表的测量范围为 x_n，仪表的示值为 x，则由式（1-21）得该示值的误差为

绝对误差
$$D(x)\leqslant x_n p\% \tag{1-22}$$

相对误差
$$E_r(x)=\frac{D(x)}{x}\leqslant\frac{x_n}{x}p\% \tag{1-23}$$

式（1-22）和式（1-23）表明：

① 若仪表的准确度等级 p 和测量范围 x_n 已固定，则测量的示值 x 愈大，测量的相对误差愈小。

② 选用仪表时，不能盲目地追求仪表的准确度等级。因为测量的相对误差还与 x_n/x 有关。应兼顾仪表的准确度等级和 x_n/x 两者。

例 1-8 欲测量大约 90V 的电压，实验室有 0.5 级、0～300V 和 1.0 级、0～100V 的电压表，问选用哪一种电压表测量较好？

解 用 0.5 级、0～300V 的电压表测量时的最大相对误差

$$E_r(x)=\frac{x_n}{x}p\%=\frac{300}{90}\times0.5\%=1.7\%$$

而用 1.0 级、0～100V 的电压表测量时的最大相对误差

$$E_r(x)=\frac{100}{90}\times1.0\%=1.1\%$$

此例说明，如果选择恰当，用量程范围适当的 1.0 级仪表进行测量，能得到比用量程范围大的 0.5 级仪表更准确的结果。因此，在选用仪表时，要纠正单纯追求准确度等级“越高越好”的倾向，而应根据被测量的大小，兼顾仪表的级别和测量上限，合理地选择仪表。

1.5.1.2 不给出准确度等级类的仪表

如天平类等。

（1）准确度的表示方法

仪表的准确度用以下式子表示

$$仪表的准确度=\frac{0.5\times名义分度值}{量程的范围} \tag{1-24}$$

名义分度值是指测量仪表最小分度所代表的数值。如 TG-328A 型天平，其名义分度值（感量）为 0.1mg，测量范围为 0～200g，则其准确度为

$$准确度=\frac{0.5\times0.1}{(200-0)\times10^3}=2.5\times10^{-7}$$

若仪器的准确度已知，也可用式（1-24）求得其名义分度值。

（2）测量误差的估算

使用这类仪表时，测量值的误差可用下式来确定

绝对误差 $$D(x)\leqslant0.5\times名义分度值 \tag{1-25}$$

相对误差 $$E_r(x)=\frac{0.5\times名义分度值}{测量值} \tag{1-26}$$

从以上两类仪表看，当测量值越接近于量程上限时，其测量准确度越高；测量值越远离量程上限时，其测量准确度越低。这就是为什么使用仪表时，尽可能在仪表满刻度值 2/3 以上量程内进行测量的缘由所在。

1.5.2 多次测量值的误差估算

如果一个物理量的值是通过多次测量得出的，那么该测量值的误差可通过标准误差来估算。

设某一量重复测量了 n 次，各次测量值为 $x_1, x_2, \cdots, x_n$，该组数据的平均值 $\overline{x}=\dfrac{x_1+x_2+\cdots+x_n}{n}$，标准误差 $\sigma=\sqrt{\dfrac{\sum(x_i-\overline{x})^2}{n-1}}$，则

$$绝对误差=\frac{\sigma}{\sqrt{n}} \tag{1-27}$$

$$相对误差=\frac{\frac{\sigma}{\sqrt{n}}}{\overline{x}} \tag{1-28}$$

1.6 间接测量值的误差估算

间接测量值是由一些直接测量值按一定的函数关系计算而得，如雷诺数 $Re=\dfrac{du\rho}{\mu}$就是间接测量值。由于直接测量值有误差，因而使间接测量值也必然有误差。怎样由直接测量值的误差估算间接测量值的误差？这就涉及误差的传递问题。

1.6.1 误差传递的一般公式

(1) 绝对值相加法（最大误差法）

设有一间接测量值 y，y 是直接测量值 $x_1, x_2, \cdots, x_n$ 的函数，即 $y=f(x_1, x_2, \cdots, x_n)$，$\Delta x_1, \Delta x_2, \cdots, \Delta x_n$ 分别代表直接测量值 $x_1, x_2, \cdots, x_n$ 的由绝对误差引起的增量，Δy 代表由 $\Delta x_1, \Delta x_2, \cdots, \Delta x_n$ 引起的 y 的增量。则

$$\Delta y=f(x_1+\Delta x_1, x_2+\Delta x_2, \cdots, x_n+\Delta x_n)-f(x_1, x_2, \cdots, x_n) \tag{1-29}$$

由泰勒（Talor）级数展开，并略去二阶以上的量，得到

$$\Delta y=\frac{\partial y}{\partial x_1}\Delta x_1+\frac{\partial y}{\partial x_2}\Delta x_2+\cdots+\frac{\partial y}{\partial x_n}\Delta x_n$$

或

$$\Delta y=\sum_{i=1}^{n}\frac{\partial y}{\partial x_i}\Delta x_i$$

从最保险出发，不考虑误差实际上有抵消的可能，此时间接测量值 y 的最大绝对误差为

$$D(y)=\sum_{i=1}^{n}\left|\frac{\partial y}{\partial x_i}D(x_i)\right| \tag{1-30}$$

式中 $\dfrac{\partial y}{\partial x_i}$——误差传递系数；

$D(x_i)$——直接测量值的绝对误差；

$D(y)$——间接测量值的最大绝对误差。

最大相对误差的计算式为

$$E_r(y)=\frac{D(y)}{|y|}=\sum_{i=1}^{n}\left|\frac{\partial y}{\partial x_i}\frac{D(x_i)}{y}\right| \tag{1-31}$$

(2) 几何合成法

根据绝对误差法计算误差时，均是从最坏角度出发，不考虑误差实际上有抵消的可能，误差均取绝对值相加，是误差的最大值。根据概率论，采用几何合成法则较符合事

物固有的规律。

$$y=f(x_1,x_2,\cdots,x_n)$$

间接测量值 y 值的绝对误差为

$$D(y)=\sqrt{\left[\frac{\partial y}{\partial x_1}D(x_1)\right]^2+\left[\frac{\partial y}{\partial x_2}D(x_2)\right]^2+\cdots+\left[\frac{\partial y}{\partial x_n}D(x_n)\right]^2}=\sqrt{\sum_{i=1}^{n}\left[\frac{\partial y}{\partial x_i}D(x_i)\right]^2} \quad (1\text{-}32)$$

间接测量误差 y 值的相对误差为

$$E_r(y)=\frac{D(y)}{|y|}=\sqrt{\left[\frac{\partial y}{\partial x_1}\times\frac{D(x_1)}{y}\right]^2+\left[\frac{\partial y}{\partial x_2}\times\frac{D(x_2)}{y}\right]^2+\cdots+\left[\frac{\partial y}{\partial x_n}\times\frac{D(x_n)}{y}\right]^2} \quad (1\text{-}33)$$

从式（1-30）～式（1-33）可以看出，间接测量值的误差不仅取决于直接测量值的误差，还取决于误差传递系数。

1.6.2 几何合成法误差传递公式的应用

1.6.2.1 加、减函数式

例 1-9 $y=-4x_1+5x_2-6x_3$

解 由式（1-32）可得绝对误差为

$$D(y)=\sqrt{[D(4x_1)]^2+[D(5x_2)]^2+[D(6x_3)]^2}=\sqrt{[4D(x_1)]^2+[5D(x_2)]^2+[6D(x_3)]^2}$$

相对误差为

$$E_r(y)=\frac{D(y)}{|y|}$$

由此可见，和、差的绝对误差的平方等于参与加、减运算的各项的绝对误差的平方之和。而常数与变量乘积的绝对误差等于常数的绝对值乘以变量的绝对误差。

例 1-10

$$y=x_1-x_2$$

解 绝对误差为

$$D(y)=\sqrt{D(x_1)^2+D(x_2)^2}$$

相对误差为

$$E_r(y)=\frac{D(y)}{|y|}=\frac{\sqrt{[D(x_1)]^2+[D(x_2)]^2}}{|x_1-x_2|}$$

由上式知，x_1-x_2 差值愈小，相对误差愈大，有时可能在差值计算中将原始数据所固有的准确度全部损失掉。如 539.5－538.5＝1.0，若原始数据的绝对误差等于 0.5，其相对误差小于 0.093％；但差值的绝对误差为 $\sqrt{0.5^2+0.5^2}=0.707$，而相对误差等于 $\frac{0.707}{1.0}=$ 70.7％，是原始数据相对误差的 760 倍。故在实际工作中应尽力避免出现此类情况。一旦遇上难于避免时，一般采用两种措施，一是改变函数形式，如设法转换为三角函数；另一方法是计算过程，人为多取几位有效数字位，以尽可能减小差值的相对误差。

1.6.2.2 乘除法

例 1-11

$$y=x^3$$

传递系数

$$\frac{\partial y}{\partial x}=3x^2$$

相对误差
$$E_r(y)=\frac{D(y)}{|y|}=\frac{\sqrt{\left[\frac{\partial y}{\partial x}D(x)\right]^2}}{|x^3|}=3E_r(x)$$

绝对误差
$$D(y)=E_r(y)|y|$$

例 1-12
$$y=\frac{x_1x_2^2x_3^3}{x_4^4x_5^5}$$

传递系数
$$\frac{\partial y}{\partial x_1}=\frac{x_2^2x_3^3}{x_4^4x_5^5},\quad \frac{\partial y}{\partial x_2}=\frac{2x_1x_2x_3^3}{x_4^4x_5^5},\quad \frac{\partial y}{\partial x_3}=\frac{3x_1x_2^2x_3^2}{x_4^4x_5^5}$$
$$\frac{\partial y}{\partial x_4}=\frac{(-4)x_1x_2^2x_3^3}{x_4^5x_5^5},\quad \frac{\partial y}{\partial x_5}=\frac{(-5)x_1x_2^2x_3^3}{x_4^4x_5^6}$$

相对误差为
$$E_r(y)=\sqrt{\left[\frac{\partial y}{\partial x_1}\times\frac{D(x_1)}{y}\right]^2+\left[\frac{\partial y}{\partial x_2}\times\frac{D(x_2)}{y}\right]^2+\left[\frac{\partial y}{\partial x_3}\times\frac{D(x_3)}{y}\right]^2+\left[\frac{\partial y}{\partial x_4}\times\frac{D(x_4)}{y}\right]^2+\left[\frac{\partial y}{\partial x_5}\times\frac{D(x_5)}{y}\right]^2}$$
$$=\sqrt{\left[\frac{D(x_1)}{x_1}\right]^2+\left[\frac{2D(x_2)}{x_2}\right]^2+\left[\frac{3D(x_3)}{x_3}\right]^2+\left[\frac{4D(x_4)}{x_4}\right]^2+\left[\frac{5D(x_5)}{x_5}\right]^2}$$
$$=\sqrt{[E_r(x_1)]^2+[2E_r(x_2)]^2+[3E_r(x_3)]^2+[4E_r(x_4)]^2+[5E_r(x_5)]^2}$$

绝对误差为
$$D(y)=E_r(y)|y|$$

由上可知，积和商的相对误差的平方，等于参与运算的各项的相对误差的平方之和。而幂运算结果的相对误差，等于其底数的相对误差乘其方次的绝对值。因此，乘除法运算进行得愈多，计算结果的相对误差也就愈大。

对于乘除运算式，先计算相对误差，再计算绝对误差较方便。对于加减运算式，则正好相反。

现将计算函数误差的各种关系式列于表 1-4。

表 1-4　某些函数误差几何合成法的简便公式

函数式	误差几何合成法的简便公式	
	绝对误差 $D(y)$	相对误差 $E_r(y)$
$y=c$	$D(y)=0$	$E_r(y)=0$
$y=x_1+x_2+x_3$	$D(y)=\sqrt{[D(x_1)]^2+[D(x_2)]^2+[D(x_3)]^2}$	$E_r(y)=\frac{D(y)}{\lvert y\rvert}$
$y=cx_1-x_2$	$D(y)=\sqrt{[D(cx_1)]^2+[D(x_2)]^2}$	$E_r(y)=\frac{D(y)}{\lvert y\rvert}$
$y=cx$	$D(y)=\lvert c\rvert D(x)$	$E_r(y)=\frac{D(y)}{\lvert y\rvert}=E_r(x)$
$y=x_1x_2$	$D(y)=E_r(y)\lvert y\rvert$	$E_r(y)=\sqrt{[E_r(x_1)]^2+[E_r(x_2)]^2}$
$y=\frac{cx_1}{x_2}$	$D(y)=E_r(y)\lvert y\rvert$	$E_r(y)=\sqrt{[E_r(x_1)]^2+[E_r(x_2)]^2}$
$y=\frac{x_1x_2}{x_3}$	$D(y)=E_r(y)\lvert y\rvert$	$E_r(y)=\sqrt{[E_r(x_1)]^2+[E_r(x_2)]^2+[E_r(x_3)]^2}$

续表

函数式	误差几何合成法的简便公式	
	绝对误差 $D(y)$	相对误差 $E_r(y)$
$y=x^n$	$D(y)=E_r(y)\lvert y\rvert$	$E_r(y)=\lvert n\rvert E_r(x)$
$y=\sqrt[n]{x}$	$D(y)=E_r(y)\lvert y\rvert$	$E_r(y)=\frac{1}{n}E_r(x)$
$y=\lg x$	$D(y)=0.4343E_r(x)$	$E_r(y)=\frac{D(y)}{\lvert y\rvert}$

以上误差的估算，是根据几何合成法计算的。但为保险起见，最大误差法也常被采用。

1.7 误差分析的应用

1.7.1 误差估算在实验结果分析中的应用

根据各项直接测量值的误差和已知的函数关系，计算间接测量值的误差，确定实验的准确度，找到误差的主要来源及每一因素所引起的误差大小，从而改进研究方法和方案。

例 1-13 用体积法标定流量计时，通常待标流量计的流量按下式计算

$$q_V=\frac{\Delta V}{\Delta\tau}=\frac{A\Delta h}{\Delta\tau}=\frac{lb\Delta h}{\Delta\tau}$$

式中 q_V——体积流量，m^3/s；

$\Delta\tau$——用计量槽接收液体的时间，s；

ΔV——$\Delta\tau$ 时间内所接收的液体体积，m^3；

Δh——在 $\Delta\tau$ 时间内计量槽内液面上升高度，m；

A——计量槽内的水平截面积，m^2；

l，b——计量槽矩形水平截面的长和宽，m。

已测得的数据为：$l=0.5000$m，$b=0.3000$m，$\Delta h=0.5500$m，$\Delta\tau=32.16$s。l、b、Δh 测量用的标尺的最小刻度为1mm；采用数字式计时秒表，读数可精确读到0.01s。试估算和分析体积流量值的误差。

解 流量 q_V 的误差估算式为

$$[E_r(q_V)]^2=[E_r(l)]^2+[E_r(b)]^2+[E_r(\Delta h)]^2+[E_r(\Delta\tau)]^2$$

(1) 各直接测量值误差的估算

① $l=0.5000$m

绝对误差 $$D(l)=0.0005\text{m}(\text{最小刻度值的 0.5 倍})$$

相对误差 $$E_r(l)=\frac{D(l)}{\lvert l\rvert}=1.0\times10^{-3}$$

② 同理，$b=0.3000$m

$$D(b)=0.0005\text{m}$$

$$E_r(b)=\frac{D(b)}{\lvert b\rvert}=1.7\times10^{-3}$$

③ $\Delta h=h_1-h_2=0.5500\text{m}$

$$D(h_1)=D(h_2)=0.0005\text{m}$$

$$D(\Delta h)=\sqrt{[D(h_2)]^2+[D(h_1)]^2}=7.1\times10^{-4}\text{m}$$

$$E_r(\Delta h)=\frac{D(\Delta h)}{|\Delta h|}=1.3\times10^{-3}$$

④ $\Delta\tau=\tau_1-\tau_2=32.16\text{s}$

尽管秒表的读数可读到0.01s，但计时中开、停秒表操作，会给 $\Delta\tau$ 的测量值带来较大的随机误差。现取 $D(\tau_1)=D(\tau_2)=0.1\text{s}$

$$D(\Delta\tau)=\sqrt{[D(\tau_2)]^2+[D(\tau_1)]^2}=0.14\text{s}$$

$$E_r(\Delta\tau)=\frac{D(\Delta\tau)}{|\Delta\tau|}=0.44\times10^{-2}$$

(2) 最后计算结果数据误差的估算

$$q_V=\frac{lb\Delta h}{\Delta\tau}=\frac{0.5000\times0.3000\times0.5500}{32.16}=2.56530\times10^{-3}\text{m}^3/\text{s}$$

$$[E_r(q_V)]^2=[E_r(l)]^2+[E_r(b)]^2+[E_r(\Delta h)]^2+[E_r(\Delta\tau)]^2$$

$$=(1.0\times10^{-3})^2+(1.7\times10^{-3})^2+(1.3\times10^{-3})^2+(0.44\times10^{-2})^2$$

$$=0.25\times10^{-4}$$

$$E_r(q_V)=0.50\times10^{-2}$$

$$D(q_V)=|q_V|E_r(q_V)=1.3\times10^{-5}\text{m}^3/\text{s}$$

所以待标定流量计的流量测定结果可表示为

$$q_V=2.56530\times10^{-3}\pm D(q_V)=(2.57\pm0.013)\times10^{-3}\text{m}^3/\text{s}$$

或

$$q_V=2.57\times10^{-3}(1\pm5.0\times10^{-3})\text{m}^3/\text{s}$$

当然，$D(\tau_1)$ 取值不同，$D(q_V)$ 也会发生变化，各测量值的误差占总误差中的比例也会不同，如表1-5所示。

表1-5　各测量值的误差占总误差的比例

$D(\tau_1)=D(\tau_2)$	$\frac{[E_r(\Delta\tau)]^2}{[E_r(q_V)]^2}$	$\frac{[E_r(l)]^2}{[E_r(q_V)]^2}$	$\frac{[E_r(b)]^2}{[E_r(q_V)]^2}$	$\frac{[E_r(\Delta h)]^2}{[E_r(q_V)]^2}$
0.3	$\frac{1.80\times10^{-4}}{1.86\times10^{-4}}=97\%$	$\frac{1.00\times10^{-6}}{1.86\times10^{-4}}=0.54\%$	$\frac{2.89\times10^{-6}}{1.86\times10^{-4}}=1.6\%$	$\frac{1.69\times10^{-6}}{1.86\times10^{-4}}=0.9\%$
0.1	$\frac{0.191\times10^{-4}}{0.248\times10^{-4}}=77\%$	$\frac{1.00\times10^{-6}}{0.248\times10^{-4}}=4.1\%$	$\frac{2.89\times10^{-6}}{0.248\times10^{-4}}=12\%$	$\frac{1.69\times10^{-6}}{0.248\times10^{-4}}=7\%$
0.05	$\frac{4.89\times10^{-6}}{1.05\times10^{-5}}=47\%$	$\frac{1.00\times10^{-6}}{1.05\times10^{-5}}=9.5\%$	$\frac{2.89\times10^{-6}}{1.05\times10^{-5}}=28\%$	$\frac{1.69\times10^{-6}}{1.05\times10^{-5}}=16\%$
0.01	$\frac{0.193\times10^{-6}}{5.81\times10^{-6}}=3\%$	$\frac{1.00\times10^{-6}}{5.81\times10^{-6}}=17.2\%$	$\frac{2.89\times10^{-6}}{5.81\times10^{-6}}=50\%$	$\frac{1.69\times10^{-6}}{5.81\times10^{-6}}=29\%$

(3) 误差主要原因及其对策的分析

由以上计算可见：

① 尽管选用的秒表精度较高，但操作中当开停秒表的时间超过 0.1s 后，在所给定实验数据的情况下，造成体积流量误差的主要因素是 $\Delta\tau$ 值的测量。在 $D(\Delta\tau)$ 值无法再减小的情况下，减小 $E_r(\Delta\tau)$ 值的唯一办法是增大 $\Delta\tau$ 值。为此，在设计时使计量槽有足够大的容量，操作时使接液（水）的时间足够长。

② 当操作中使开停秒表的误差接近秒表可读值 0.01s 时，则造成 q_V 误差的主要因素变为计量槽的截面积和液面上升的高度，要提高测量的准确度，必须在设计时让计量槽的截面积足够大，并让液面上升高度足够高。

由误差估算与分析得知，用体积法标定液体流量计时，要提高流量测量的准确度必须从装置设计和严格操作要求同时入手。

1.7.2 误差估算在实验设计过程中的应用

在规定被测量总误差要求的前提下，如何确定每一单项被测量的误差，进而对实验设计加以分析，以便对实验方案和选用的仪表提出有益的建议。

例 1-14 管道内的流动介质为水时，管道直管摩擦系数 λ 可用下式表示

$$\lambda=(R_1-R_2)\times\frac{d}{l}\times\frac{2g}{u^2}=\frac{2g\pi^2}{16}\times\frac{d^5(R_1-R_2)}{lq_V^2}$$

式中 R_1-R_2——被测量段前后的压力差（水柱）（假设 $R_1>R_2$），m；

q_V——流量，m^3/s；

l——被测量段长度，m；

d——管道内径，m。

要测定层流状态下，内径 $d=6.00\times10^{-3}$m 的管道的摩擦系数 λ，希望在 $Re=2000$ 时，λ 的相对误差小于 5%，应如何确定实验设备的尺寸和选用仪表？

解 按几何合成法确定估算 λ 关系式中各项的误差值

$$E_r(\lambda)=\sqrt{[5E_r(d)]^2+[2E_r(q_V)]^2+[E_r(l)]^2+[E_r(R_1-R_2)]^2}$$

要求 $E_r(\lambda)<5\%$，因其中 $E_r(l)$ 所引起的误差一般很小，小于 $\frac{E_r(\lambda)}{10}$，可以略去不考虑。剩下三项的误差，为简化问题，按惯用的等作用原则进行误差分配。即假设 $[5E_r(d)]^2=[2E_r(q_V)]^2=[E_r(R_1-R_2)]^2=m^2$，所以

$$E_r(\lambda)=\sqrt{3m^2}=0.05$$

每项分误差

$$m=2.89\times10^{-2}$$

(1) 流量的分误差估计

由上知 $2E_r(q_V)=m$，按测量要求 $E_r(q_V)=\frac{m}{2}=1.4\times10^{-2}$

$$q_V=Re\times\frac{d\mu\pi}{4\rho}=2000\times\frac{6.00\times10^{-3}\times10^{-3}\pi}{4\times1000}=9.42\times10^{-6}\,m^3/s$$

即
$$q_V=33.9\text{L/h}$$

若目前实验室采用准确度等级为2.5级、量程为6～60L/h的流量计，其误差为

$$E_r(q_V)=\frac{D(q_V)}{q_V}=\frac{2.5\%\times(60-6)}{33.9}=4.0\times10^{-2}>1.4\times10^{-2}$$

显然，不符合测量要求。

如果仍用量程范围为6～60L/h的流量计来测量流量，那应选哪个准确度等级的流量计呢？

设流量计的准确度等级为p。由前已知，满足测量要求时有

$$E_r(q_V)=1.4\times10^{-2}=\frac{D(q_V)}{|q_V|}=\frac{D(q_V)}{33.9}$$

$$D(q_V)=33.9\times1.4\times10^{-2}=0.49\text{L/h}$$

令
$$D(q_V)=p\%\times(\text{量程上限}-\text{量程下限})=p\%\times(60-6)=0.49$$

$$p=\frac{0.49}{60-6}\times100=0.9$$

应该选用准确度等级为0.5级、量程为（6～60)L/h的流量计。

采用该流量计测量流量产生的相对误差为

$$E_r(q_V)=\frac{D(q_V)}{q_V}=\frac{0.5\%\times(60-6)}{33.9}=0.80\times10^{-2}<1.4\times10^{-2}$$

能满足流量测量误差的要求。

(2) 管内径分误差的估计

由前已知，满足测量要求的$E_r(d)=\frac{m}{5}=5.8\times10^{-3}$，如果用最小分度为0.02mm的游标卡尺测量直径，绝对误差为0.00001m，则相对误差为

$$E_r(d)=\frac{D(d)}{|d|}=\frac{0.00001}{0.00600}=1.7\times10^{-3}<5.8\times10^{-3}$$

$E_r(d)$ 能满足管内径测量误差的要求。

(3) 压差分误差项

压差用分度为1mm标尺的U形管压差计（水柱）测量，读数随机误差$D(R_1)=D(R_2)=0.5\times10^{-3}\text{mH}_2\text{O}=4.91\text{Pa}$

$$E_r(R_1-R_2)=\frac{D(R_1-R_2)}{R_1-R_2}=\frac{\sqrt{[D(R_1)]^2+[D(R_2)]^2}}{R_1-R_2}=\frac{\sqrt{4.91^2\times2}}{R_1-R_2}=\frac{6.94}{R_1-R_2}$$

压差测量值R_1-R_2与两测压点间的距离l之间的关系：根据$Re=2000$，可求出流速u

$$u=\frac{q_V}{\frac{\pi}{4}d^2}=\frac{9.42\times10^{-6}}{\frac{\pi}{4}\times(6.00\times10^{-3})^2}=0.333\text{m/s}$$

$$R_1-R_2=\frac{64}{Re}\times\frac{l}{d}\times\frac{u^2}{2g}=\frac{64}{2000}\times\frac{l\times(0.333)^2}{6.00\times10^{-3}\times2g}=3.02\times10^{-2}l$$

由上式算出的（R_1-R_2）等数据在$D(l)=0.0005$m时，其随l值的变化情况见表1-6。

由表可见，管长 l 本身的测量误差确实很小，可以略去，但 l 的长短对压差 R_1-R_2 的测量误差影响很大。当 $l=1.000\text{m}$，总误差为

$$\begin{aligned}E_r(\lambda)&=\sqrt{[5E_r(d)]^2+[2E_r(q_V)]^2+[E_r(l)]^2+[E_r(R_1-R_2)]^2}\\&=\sqrt{(5\times1.7\times10^{-3})^2+(2\times0.80\times10^{-2})^2+5.3\times10^{-4}}\\&=2.9\times10^{-2}<5.0\times10^{-2}\end{aligned}$$

表 1-6 $[E_r(R_1-R_2)]^2$ 随 l 的变化

l/m	(R_1-R_2)/Pa	$E_r(l)$	$E_r(R_1-R_2)$	$[E_r(R_1-R_2)]^2$
0.500	1.471×10^2	2.0×10^{-3}	4.7×10^{-2}	2.2×10^{-3}
1.000	2.962×10^2	1.0×10^{-3}	2.3×10^{-2}	5.3×10^{-4}
1.500	4.443×10^2	6.7×10^{-4}	1.6×10^{-2}	2.6×10^{-4}

应补充指出的是：①为避免常数 π、g 介入对计算结果造成不良的影响，其有效数字位数应取足够多，一般可取 5～6 位，即取 $\pi=3.14159$，$g=9.80665$；②当某一项的实际误差值总是远大于要求的误差值，很难满足要求时，可适当地改变原定的关于误差分配的假设（如上例假设按等作用原则分配），增大它们要求的误差值，同时减小比较容易满足误差要求的某一项所要求的误差值。因此，本例的计算结果随误差分配的假设而变，不是唯一的。

通过以上误差分析，可以得到的结论：

① 为实验装置中两测点的距离 l 的选定提供了依据；

② 当所用流量计测得的体积流量测量误差过大时，应采用准确度等级比较高的流量计来测量流量；

③ 直径的误差，因传递系数较大（等于 5），对总误差影响大，所以在制作该实验装置时必须设法提高其测量准确度。

本章主要符号

英文

A　真值

c　正态分布置信系数；常数

D　绝对误差

d　偏差；管道内径，m

E_r　相对误差

n　测量次数

m　误差值出现的次数

dP　误差值出现在 $x\sim(x+dx)$ 范围内的概率

P　误差值出现在 $x_1\sim x_2$ 范围内的概率

p　仪表等级

q_V　体积流量，m^3/h 或 m^3/s

x　测量值，测量的随机误差

$\overline{x}$　算术平均值

Δx　测量值 x 的增量

y　概率密度；测量值的函数

Δy　函数值 y 的增量

$\frac{\partial y}{\partial x_i}$　误差传递系数

希文

δ　算术平均误差

σ　标准误差

α　显著性水平

习 题

1-1 干燥实验中，恒速干燥阶段，物料每蒸发 1g 水分所需时间的实测数据如下：

序 号	1	2	3	4	5	6	7	8	9
测量的时间/s	91.63	90.88	89.32	88.88	92.67	90.73	88.02	90.56	91.57
序 号	10	11	12	13	14	15	16	17	18
测量的时间/s	89.78	92.60	89.53	89.67	91.94	94.29	89.23	88.45	93.27

求这些测量值的平均值及标准误差。

1-2 对某物理量进行 16 次测量，测得值列于下表中。这些值已消除了系统误差，试分别用 3σ 准则、t 检验准则和格拉布斯准则来判别该测量列中，是否含有粗大误差的测量值。

序号	1	2	3	4	5	6	7	8	9	10	11	12	13	14	15	16
数据	102	98	99	100	97	140	95	100	98	96	102	101	101	102	99	102

1-3 在光滑管直管阻力测定实验中，已知测量过程中流量变化范围为 15～800L/h，每 5L/h 变化一个实验点。实验过程中通过选用不同量程和精度的压差传感器使压差测量误差总小于 4%，实验过程中管径为 8.00mm，管长为 1.0000m，实验室可提供的流量计如下表所示，请选用最少的流量计个数并确定其使用范围，以保证直管阻力系数测量误差总小于 10%。

序号	1	2	3	4	5	6
量程	6～60	16～160	100～1000	6～60	100～1000	25～250
精度	2.5%	2.5%	2.5%	1.0%	1.0%	1.0%

1-4 套管换热器传热性能测定实验过程中，水蒸气走管外，空气走管内，传热段长度为 1.1124m，传热管内径为 0.0165m。温度计的量程为 0～100℃，精度等级为 0.5 级；空气流量采用孔板流量计测量，其流量计算式为 $V_{t0}=C_0A_0\sqrt{\frac{2\Delta p}{\rho}}$ [其中 C_0 为流量计系数，$C_0=0.65$；A_0 为节流孔开孔面积（d_0 为节流孔开孔直径，$d_0=0.017\text{m}$），m^2；Δp 为节流孔上下游两侧压力差，Pa；ρ 为孔板流量计处 t_0 时空气的密度，kg/m^3]。实验过程中的一组数据为：空气进出换热器的温度分别为 22.5℃ 和 67.8℃，换热器内壁的温度为 98.3℃，$\Delta p=3.25\text{kPa}$，孔板处的温度为 20.0℃，此条件下空气的密度为 1.25kg/m^3，定性温度下的 $c_p=1.005\text{J/(kg}\cdot\text{℃)}$。求取由该组数据获得的管内传热系数 α 的误差大小（注：A_0、ρ、c_p 引起的误差不考虑）。

第2章

实验数据处理

通常，实验的结果最初是以数据的形式表达的。要想进一步得出结果，必须对实验数据做进一步的整理，使人们清楚地了解各变量之间的定量关系，以便进一步分析实验现象，提出新的研究方案或得出规律，指导生产与设计。

2.1 列表法与图示法

2.1.1 列表法

列表法是将实验数据列成表格表示，是整理数据的第一步，为标绘曲线图或整理成数学公式打下基础。

2.1.1.1 实验数据表的分类

实验数据表一般分为两大类：原始数据记录表和整理计算数据表。

① 原始数据记录表必须在实验前设计好，以清楚地记录所有待测数据。如传热实验原始数据记录表的格式见表 2-1。

表 2-1 传热实验原始数据记录表 年 月 日

装置编号： 换热器型式： 传热管内径 d_i：

传热管外径 d_o： 有效长度 l： 热流体： 冷流体：

项目		1	2	3	4	5	6
冷流体	流量计读数 $q_V/(m^3/h)$ 或 kPa						
	进口温度 t_{c1}/℃						
	出口温度 t_{c2}/℃						
热流体	进口温度 T_{h1}/℃						
	出口温度 T_{h2}/℃						
管壁	内管壁面温度 t_w/℃						

备注：流量计读数单位，如果用的是节流式流量计，单位一般为 kPa；如果用的是转子流量计，单位为 m^3/h。

② 整理计算数据表应简明扼要，只表达主要物理量（参变量）的计算结果，有时还可以列出实验结果的最终表达式。如传热实验整理计算数据表的格式见表 2-2。

表 2-2　传热实验整理计算数据表

项　目		1	2	3	4	5	6
传热系数	α_i/[W/(m²·℃)]						
	α_o/[W/(m²·℃)]						
	K_o/[W/(m²·℃)]						
传热管内	努塞尔数 Nu						
	雷诺数 Re						
	普朗特数 Pr						
回归得到的特征数关联式：							
备注：							

2.1.1.2　设计实验数据表应注意的事项

① 表头列出物理量的名称、符号和计量单位。符号与计量单位之间用斜线“/”隔开。斜线不能重叠使用。计量单位不宜混在数字之中，以免造成分辨不清。

② 注意有效数字位数，即记录的数字应与测量仪表的准确度相匹配，不可过多或过少。

③ 物理量的数值较大或较小时，要用科学记数法来表示。以“物理量的符号$\times10^{\pm n}$/计量单位”的形式，将 $10^{\pm n}$ 记入表头。注意：表头中的 $10^{\pm n}$ 与表中的数据应服从下式

$$物理量的实际值\times10^{\pm n}=表中数据$$

④ 为便于引用，每一个数据表都应在表的上方写明表号和表题（表名）。表格应按出现的顺序编号。表格应在正文中有所交代，同一个表尽量不跨页，必须跨页时，在此页表上须注“续表×××”。

⑤ 数据表格要正规，数据书写清楚整齐。修改时宜用单线将错误的划掉，将正确的写在下面。各种实验条件及作记录者的姓名可作为“表注”，写在表的下方。

2.1.2　图示法

实验数据图示法的优点是直观清晰，便于比较，容易看出数据中的极值点、转折点、周期性、变化率以及其他特性。准确的图形还可以在不知数学表达式的情况下进行微积分运算，因此得到广泛的应用。

图示法的第一步是按列表法的要求列出因变量 y 与自变量 x 相对应的 y_i 与 x_i 数据表。

作曲线图时必须依据一定的法则（如下面介绍的），只有遵守这些法则，才能得到与实验点位置偏差最小而光滑的曲线图形。

2.1.2.1　坐标系的选择

化工中常用的坐标系为直角坐标系，包括笛卡儿坐标系（又称普通直角坐标系）、半对数坐标系和对数坐标系。市场上有相应的坐标纸出售。

(1) 半对数坐标系

如图 2-1 所示，一个轴是分度均匀的普通坐标轴，另一个轴是分度不均匀的对数坐标轴。

该图中的横坐标轴（x 轴）是对数坐标。在此轴上，某点与原点的实际距离为该点对应数的对数值，但是在该点标出的值是真数。为了说明作图的原理，作一条平行于横坐标轴的对数数值线（见图 2-1）。

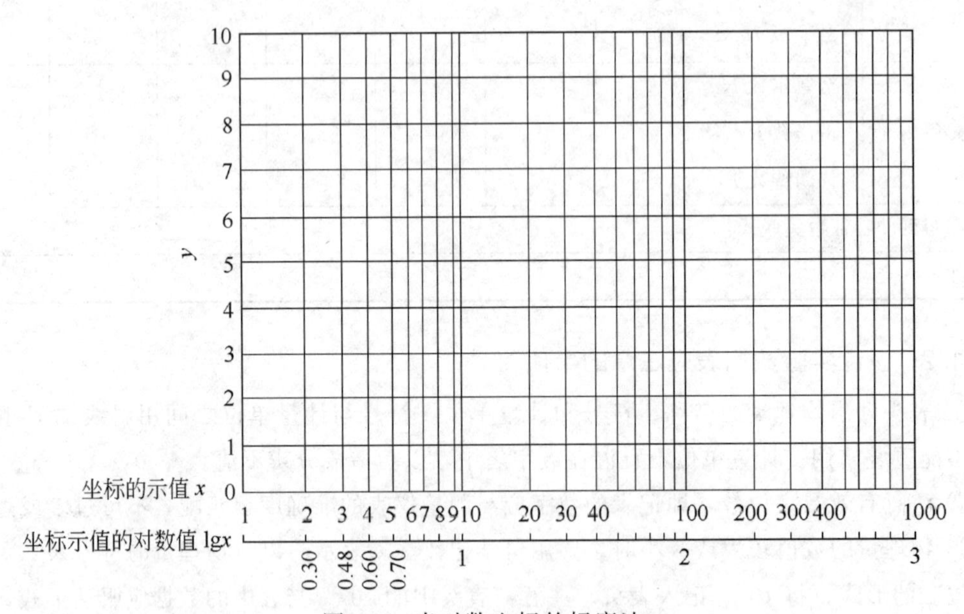

图 2-1　半对数坐标的标度法

(2) 对数坐标系

两个轴（x 和 y）都是对数标度的坐标轴，即每个轴的标度都是按上面所述的原则做成的。

(3) 选用坐标系的基本原则

在下列情况下，建议采用半对数坐标系：

① 变量之一在所研究的范围内发生了几个数量级的变化；

② 在自变量由零开始逐渐增大的初始阶段，当自变量的少许变化引起因变量极大变化时，此时采用半对数坐标系，曲线最大变化范围可伸长，使图形轮廓清楚；

③ 需要将某种函数变换为直线函数关系，如指数 $y=a\mathrm{e}^{bx}$ 函数。

在下列情况下采用对数坐标系：

① 如果所研究的函数 y 和自变量 x 在数值上均变化了几个数量级。例如，已知 x 和 y 的数据为

$$x=10,20,40,60,80,100,1000,2000,3000,4000$$

$$y=2,14,40,60,80,100,177,181,188,200$$

在直角坐标上作图几乎不可能描出在 x 的数值等于 10、20、40、60、80 时曲线开始部分的点（见图 2-2），但是采用对数坐标则可以得到比较清楚的曲线（如图 2-3）。

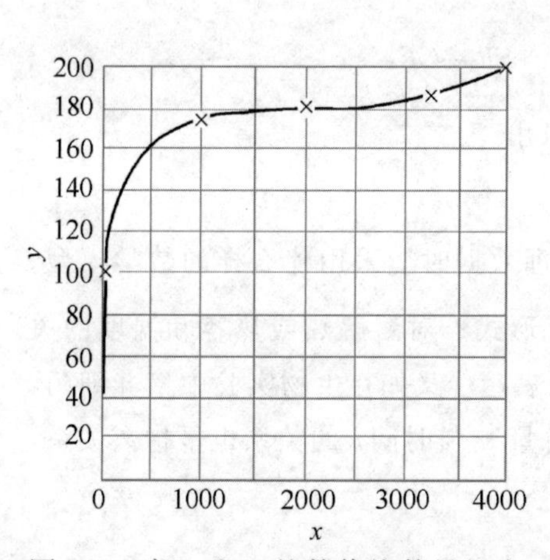

图 2-2 当 x 和 y 的数值按数量级变化时在直角坐标系上所作的图形

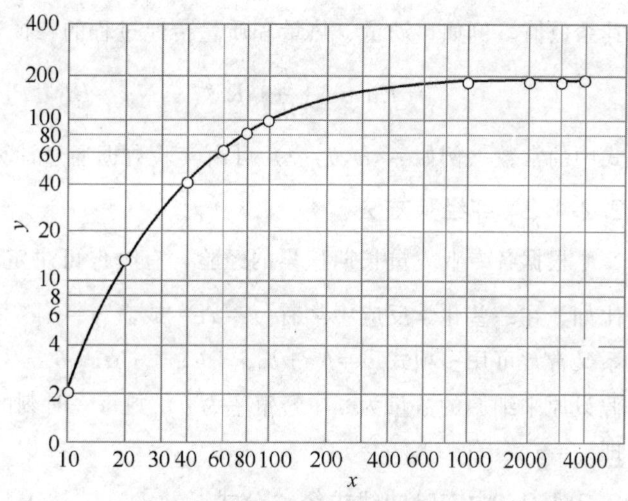

图 2-3 在双对数坐标系上描绘的图 2-2 的实验数据

② 需要将曲线开始部分划分成展开的形式。

③ 当需要变换某种非线性关系为线性关系时，例如，抛物线 $y=ax^b$ 函数。

2.1.2.2 作图注意事项

① 图线光滑。利用曲线板等工具将各离散点连接成光滑曲线，并使曲线尽可能通过较多的实验点，或者使曲线以外的点尽可能位于曲线附近，并使曲线两侧的点数大致相等。

② 定量绘制的坐标图，其坐标轴上必须标明该坐标所代表的物理量名称、符号及所用计量单位。如离心泵特性曲线的横轴需标明：流量 $q_V/(m^3/h)$。

③ 图必须有图序号和图题（图名），以便于引用。必要时还应有图注。

④ 不同线上的数据点可用○、△等不同符号表示，且必须在图上明显地标出。

⑤ 标识数据点必要时需根据实验数据测量误差的大小，在图上标出数据的误差限。

2.2 经验公式

在实验研究中，除了用表格和图形描述变量的关系外，常常把实验数据整理成为方程式，以描述过程或现象的自变量和因变量之关系，即建立过程的数学模型。在已广泛应用计算机的时代，这样做尤为必要。

2.2.1 经验公式的选择

鉴于化学和化工是以实验研究为主的科学领域，很难由纯数学物理方法推导出确定的数学模型，而是采用半理论分析方法、纯经验方法和由实验曲线求经验公式。

2.2.1.1 半理论分析方法

化工原理课程中介绍的，由量纲分析法推导求出特征数关系式，是最常见的一种方法。用量纲分析法不需要首先导出现象的微分方程。但是，如果已经有了微分方程暂时还难于得出解析解，或者又不想用数值解时，也可以从中导出特征数关系式，然后由实验来最后确定

其系数值。例如，动量、热量和质量传递过程的特征数关系式分别为

$$Eu=A\left(\frac{l}{d}\right)^a Re^b,\quad Nu=BRe^c Pr^d,\quad Sh=CRe^e Sc^f$$

式中的常数（例如 $A,a,b,\cdots$）可由实验数据通过计算求出。

2.2.1.2 纯经验方法

根据各专业人员长期积累的经验，有时也可决定整理数据时应采用什么样的数学模型。比如，在一些化学反应中常有 $y=a\mathrm{e}^{bt}$ 或者 $y=a\mathrm{e}^{bt+ct^2}$ 形式。对溶解热或热容和温度的关系又常常可用多项式 $y=b_0+b_1x+b_2x^2+\cdots+b_mx^m$ 来表达。又如在生物实验中培养细菌，假设原来细菌的数量为 a，繁殖率为 b，则每一时刻的总量 y 与时间 t 的关系也呈指数关系，即 $y=a\mathrm{e}^{bt}$ 等。

2.2.1.3 由实验曲线求经验公式

如果在整理实验数据时，对选择模型既无理论指导，又无经验可以借鉴，此时将实验数据先标绘在普通坐标纸上，得一直线或曲线。

如果是直线，则根据初等数学可知：$y=a+bx$，其中 a、b 值可由直线的截距和斜率求得。

如果不是直线，也就是说，y 和 x 不是线性关系，则可将实验曲线和典型的函数曲线相对照，选择与实验曲线相似的典型曲线函数，然后用直线化方法，对所选函数与实验数据的符合程度加以检验。

直线化方法就是将函数 $y=f(x)$ 转化成线性函数 $Y=A+BX$，其中 $X=\Phi(x,y)$，$Y=\Psi(x,y)$（Φ,Ψ 为已知函数）。由已知的 x_i 和 y_i，按 $Y_i=\Psi(x_i,y_i)$，$X_i=\Phi(x_i,y_i)$ 求得 Y_i 和 X_i，然后将（Y_i,X_i）在普通直角坐标上标绘，如得一直线，即可定系数 A 和 B，并求得 $y=f(x)$ 的函数关系式。

如 $Y_i=f'(X_i)$ 偏离直线，则应重新选定 $Y=\Psi'(x_i,y_i)$，$X=\Phi'(x_i,y_i)$，直至 Y-X 为直线关系为止。

例 2-1 实验数据（x_i,y_i）如表 2-3(a)，求经验式 $y=f(x)$。

表 2-3(a) 实验数据

x_i①	1	2	3	4	5
y_i①	0.5	2	3.5	8	12.5

① 仅介绍方法，故给出的例子中的实验数据省略了计量单位，下同。

解 将（y_i,x_i）标绘在直角坐标系上得图 2-4(a)。由 y-x 曲线可见其形状类似幂函数曲线，则令 $Y_i=\lg y_i$，$X_i=\lg x_i$，计算结果如表 2-3(b)。将（Y_i,X_i）仍标绘于普通直角坐标系上，得一直线，见图 2-4(b)。由图上读得截距

$$A=-0.301$$

由直线的点读数求斜率，得斜率

$$B=\frac{1.097-(-0.301)}{0.699-0}=2$$

则
$$\lg y=-0.301+2\lg x$$
即幂函数方程式
$$y=0.5x^{2}$$

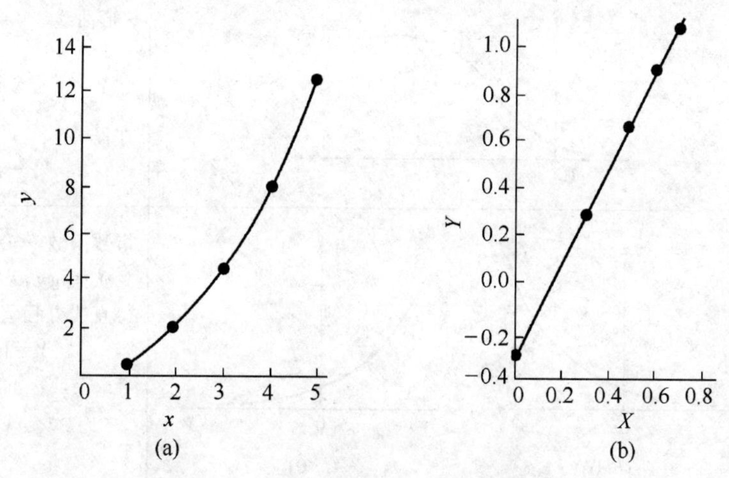

图2-4　实验数据变换前后的图形

表2-3(b)　变换后数据

X_i	0.000	0.301	0.477	0.602	0.699
Y_i	−0.301	0.301	0.653	0.903	1.097

2.2.2　常见函数的典型图形及线性化方法

常见函数的典型图形及线性化方法列于表2-4中。

例如：幂函数 $y=ax^{b}$，两边取对数得
$$\lg y=\lg a+b\lg x$$
令 $X=\lg x$，$Y=\lg y$，则得直线化方程
$$Y=\lg a+bX$$

在普通直角坐标系中标绘 Y-X 关系，或在对数坐标系中标绘 y-x 关系，便可获得直线。幂函数 $y=ax^{b}$ 在普通直角坐标中的图形以及式中 b 值改变时所得各种类型的曲线如表2-4所示。

表2-4　化工中常见的典型图形与函数式之间的关系

序　号	图　　形	函数及线性化方法
(1)	(b>0)　　(b<0)	双曲线函数　$y=\dfrac{x}{ax+b}$ 令 $Y=\dfrac{1}{y}$，$X=\dfrac{1}{x}$，则得直线方程 $Y=a+bX$

续表

序 号	图 形	函数及线性化方法
(2)	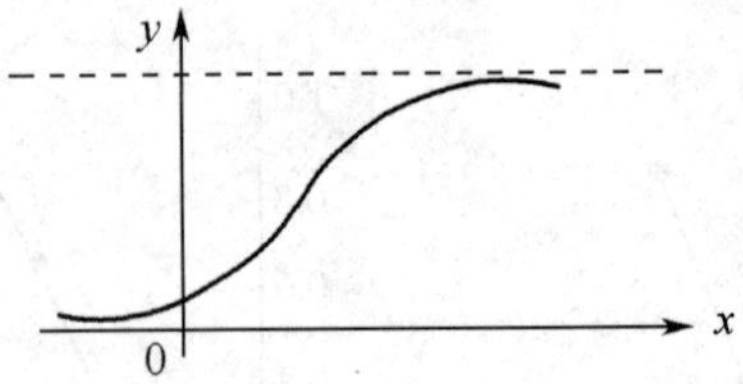	S形曲线 $y=\frac{1}{a+be^{-x}}$ 令 $Y=\frac{1}{y}$，$X=e^{-x}$，则得直线方程 $Y=a+bX$
(3)	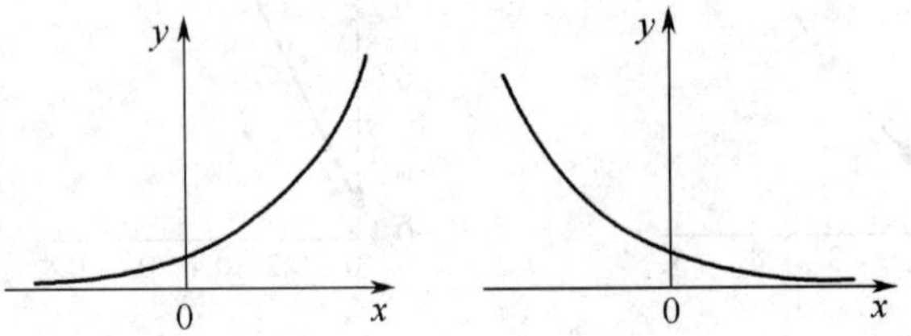 (b>0) (b<0)	指数函数 $y=ae^{bx}$ 令 $Y=\lg y$，$X=x$，$k=b\lg e$，则得直线方程 $Y=\lg a+kX$
(4)	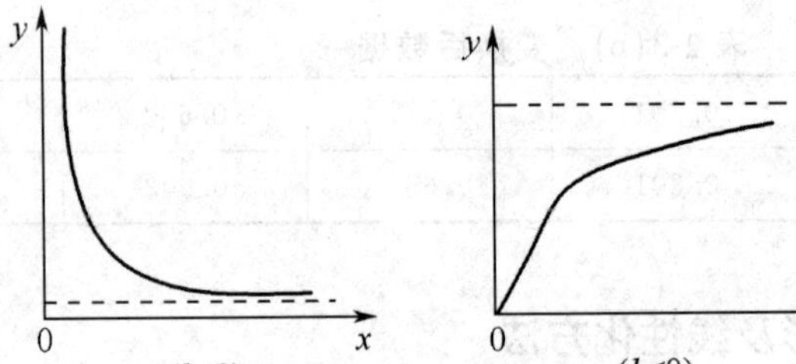 (b>0) (b<0)	指数函数 $y=ae^{\frac{b}{x}}$ 令 $Y=\lg y$，$X=\frac{1}{x}$，$k=b\lg e$，则得直线方程 $Y=\lg a+kX$
(5)	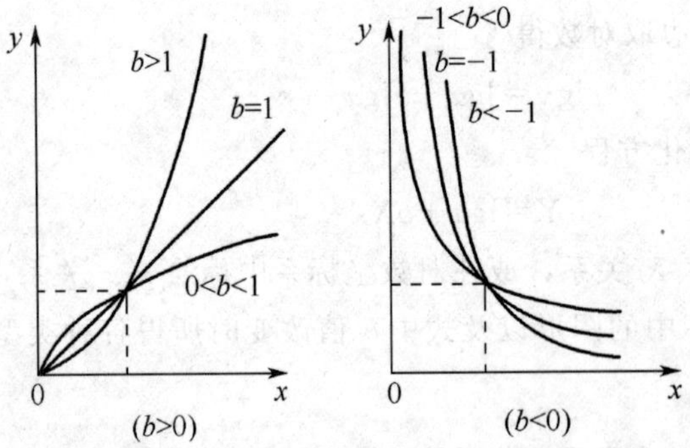 b>1 b=1 0<b<1 (b>0) −1<b<0 b=−1 b<−1 (b<0)	幂函数 $y=ax^b$ 令 $Y=\lg y$，$X=\lg x$，则得直线方程 $Y=\lg a+bX$
(6)	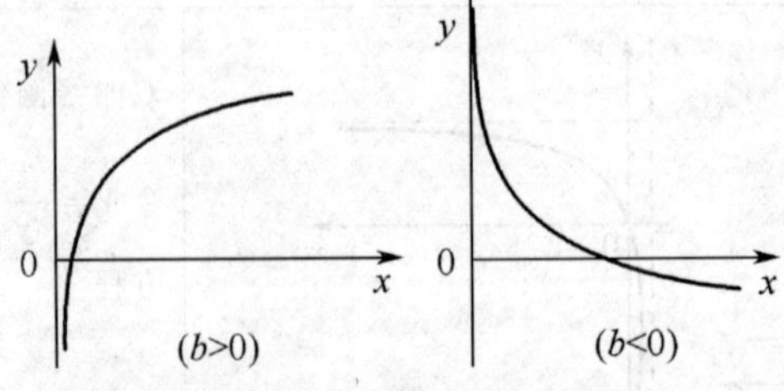 (b>0) (b<0)	对数函数 $y=a+b\lg x$ 令 $Y=y$，$X=\lg x$，则得直线方程 $Y=a+bX$

注：此表摘自《化工数据处理》。

2.3　实验数据的回归分析法

在确定了经验公式后，需要根据实验数据来确定经验公式中的参数大小。本节将介绍目前在寻求实验数据的变量关系间的数学模型时，应用最广泛的一种数学方法，即回归分析法。

2.3.1　回归分析法的含义和内容

2.3.1.1　回归方程

回归分析是处理变量之间相互关系的一种数理统计方法。用这种数学方法可以从大量观测的散点数据中寻找到能反映事物内部的一些统计规律，并可以按数学模型形式表达出来，故称它为回归方程（回归模型）。

2.3.1.2　线性和非线性回归

回归也称拟合。对具有相关关系的两个变量，若用一条直线描述，则称一元线性回归；若用一条曲线描述，则称一元非线性回归。对具有相关关系的三个变量，其中一个因变量、两个自变量，若用平面描述，则称二元线性回归；若用曲面描述，则称二元非线性回归。以此类推，可以延伸到 n 维空间进行回归，则称多元线性或非线性回归。处理实际问题时，往往将非线性问题转化为线性来处理。建立线性回归方程的最有效方法为线性最小二乘法，以下主要讨论依最小二乘法拟合实验数据。

2.3.1.3　回归分析法的内容

回归分析法所包括的内容或可以解决的问题，概括起来有如下四个方面。

① 根据一组实测数据，按最小二乘原理建立正规方程，解正规方程得到变量之间的数学关系式，即回归方程式。

② 判明所得到的回归方程式的有效性。回归方程式是通过数理统计方法得到的，是一种近似结果，必须对它的有效性做出定量检验。

③ 根据一个或几个变量的取值，预测或控制另一个变量的取值，并确定其准确度（精度）。

④ 进行因素分析。对于一个因变量受多个自变量（因素）的影响，则可以分清各自变量的主次和分析各个自变量（因素）之间的关系。

2.3.2　线性回归分析法

2.3.2.1　一元线性回归

(1) 回归直线的求法

在取得两个变量的实验数据之后，若在普通直角坐标系上标出各个数据点，如果各点的分布近似于一条直线，则可考虑采用线性回归法求其表达式。

设给定 n 个实验点 (x_1, y_1)，(x_2, y_2)，…，(x_n, y_n)，其离散点图如图 2-5 所示。于是可以利用一条直线来代表它们之间的关系

$$\hat{y}=a+bx \tag{2-1}$$

式中　$\hat{y}$——由回归式算出的值，称回归值；

a，b——回归系数。

对每一测量值 x_i 均可由式（2-1）求出一回归值 $\hat{y}_i$。回归值 $\hat{y}_i$ 与实测值 y_i 之差的绝对值 $d_i=|y_i-\hat{y}_i|=|y_i-(a+bx_i)|$ 表明 y_i 与回归直线的偏离程度。两者偏离程度愈小，说明直线与实验数据点拟合愈好。$|y_i-\hat{y}_i|$ 值代表点（x_i，y_i）沿平行于 y 轴方向到回归直线的距离，如图 2-6 上各竖直线 d_i 所示。

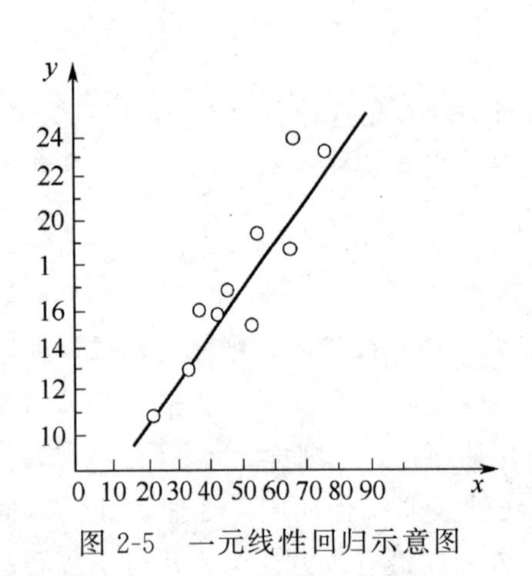

图 2-5　一元线性回归示意图

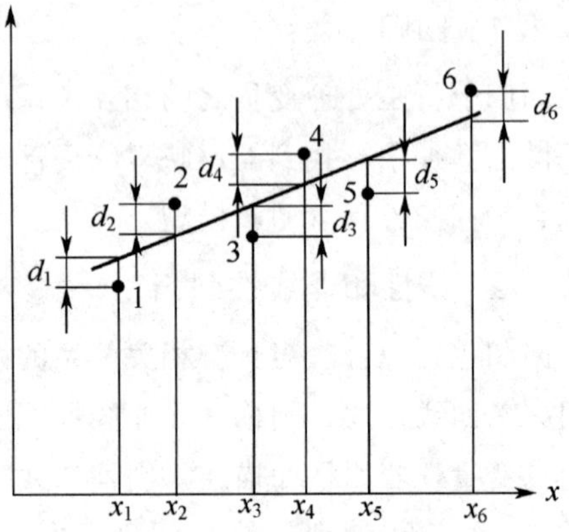

图 2-6　回归值与实测值的偏差示意图

设
$$Q=\sum_{i=1}^{n}d_i^2=\sum_{i=1}^{n}[y_i-(a+bx_i)]^2 \tag{2-2}$$

其中（y_i，x_i）是已知值，故 Q 为 a 和 b 的函数，为使 Q 值达到最小，根据数学上极值原理，只要将式（2-2）分别对 a、b 求偏导数 $\frac{\partial Q}{\partial a}$、$\frac{\partial Q}{\partial b}$，并令其等于零即可求 a、b 之值，这是最小二乘法原理。即

$$\begin{cases}\dfrac{\partial Q}{\partial a}=-2\sum\limits_{i=1}^{n}(y_i-a-bx_i)=0\\[2ex]\dfrac{\partial Q}{\partial b}=-2\sum\limits_{i=1}^{n}(y_i-a-bx_i)x_i=0\end{cases} \tag{2-3}$$

由式（2-3）可得正规方程

$$\begin{cases}a+\overline{x}b=\overline{y}\\[1ex] n\overline{x}a+\left(\sum\limits_{i=1}^{n}x_i^2\right)b=\sum\limits_{i=1}^{n}x_iy_i\end{cases} \tag{2-4}$$

式中
$$\overline{x}=\frac{1}{n}\sum_{i=1}^{n}x_i,\quad \overline{y}=\frac{1}{n}\sum_{i=1}^{n}y_i \tag{2-5}$$

以下省略求和运算的上、下限，简写为Σ。解正规方程（2-4），可得到回归式中的 a 和 b

$$b=\frac{\sum x_iy_i-n\overline{x}\overline{y}}{\sum x_i^2-n\overline{x}^2} \tag{2-6}$$

$$a=\overline{y}-b\overline{x} \tag{2-7}$$

可见，回归直线正好通过离散点的平均值（$\overline{x},\overline{y}$），为计算方便，令

$$l_{xx}=\sum(x_i-\overline{x})^2=\sum x_i^2-n\overline{x}^2=\sum x_i^2-\frac{(\sum x_i)^2}{n} \tag{2-8}$$

$$l_{yy}=\sum(y_i-\overline{y})^2=\sum y_i^2-n\overline{y}^2=\sum y_i^2-\frac{(\sum y_i)^2}{n} \tag{2-9}$$

$$l_{xy}=\sum(x_i-\overline{x})(y_i-\overline{y})=\sum x_iy_i-n\overline{x}\overline{y}=\sum x_iy_i-\frac{(\sum x_i)(\sum y_i)}{n} \tag{2-10}$$

可得

$$b=\frac{l_{xy}}{l_{xx}} \tag{2-11}$$

以上各式中的 l_{xx}、l_{yy} 称为 x、y 的离差平方和，l_{xy} 为 x、y 的离差乘积和，若改换 x、y 各自的单位，回归系数值会有所不同。

例 2-2 已知表 2-5(a) 中的实验数据 y_i 和 x_i 成直线关系，试求其回归式。

解 根据表中的数据可列表计算，其结果见表 2-5(b)。

表 2-5(a)　实验测得 y 与 x 的数据

序　号	1	2	3	4	5	6	7	8
x_i	6.9	7.6	7.6	9.0	8.1	6.5	6.4	6.9
y_i	12	10	9	5	6	15	14	12

表 2-5(b)　实验数据及计算值

序　号	x_i	y_i	x_i^2	x_iy_i	y_i^2
1	6.9	12	47.61	82.8	144
2	7.6	10	57.76	76	100
3	7.6	9	57.76	68.4	81
4	9.0	5	81.00	45	25
5	8.1	6	65.61	48.6	36
6	6.5	15	42.25	97.5	225
7	6.4	14	40.96	89.6	196
8	6.9	12	47.76	82.8	144
$\sum$	59	83	440.56	590.7	951

$$\overline{x}=\frac{\sum x_i}{8}=\frac{59}{8}=7.375,\quad \overline{y}=\frac{\sum y_i}{8}=\frac{83}{8}=10.375$$

$$b=\frac{l_{xy}}{l_{xx}}=\frac{\sum x_iy_i-n\overline{x}\overline{y}}{\sum x_i^2-n\overline{x}^2}=\frac{590.7-8\times7.375\times10.375}{440.56-8\times7.375\times7.375}=-3.94$$

$$a=\overline{y}-b\overline{x}=10.375-(-3.94)\times7.375=39.4$$

故回归方程为

$$\hat{y}=39.4-3.94x$$

(2) 回归效果的检验

在以上求回归方程的计算过程中，并不需要事先假定两个变量之间一定有某种相关关系。就方法本身而论，即使平面图上是一群完全杂乱无章的离散点，也能用最小二乘法给其

配一条直线来表示 x 和 y 之间的关系。但显然，这是毫无意义的。实际上只有两变量是线性关系时进行线性回归才有意义。因此，必须对回归效果进行检验。

先介绍平方和、自由度及方差概念，以便于对回归效果检验的理解。

离差 实验值 y_i 与平均值 $\overline{y}$ 的差（$y_i-\overline{y}$）称为离差，n 次实验值 y_i 的离差平方和 $l_{yy}=\sum(y_i-\overline{y})^2$ 越大，说明 y_i 的数值变动越大。

$$l_{yy}=\sum(y_i-\overline{y})^2=\sum(y_i-\hat{y}_i+\hat{y}_i-\overline{y})^2=\sum(y_i-\hat{y}_i)^2+\sum(\hat{y}_i-\overline{y})^2+2\sum(y_i-\hat{y}_i)(\hat{y}_i-\overline{y})$$

可以证明
$$2\sum(y_i-\hat{y}_i)(\hat{y}_i-\overline{y})=0$$

所以
$$l_{yy}=\sum(y_i-\hat{y}_i)^2+\sum(\hat{y}_i-\overline{y})^2 \tag{2-12}$$

由前可知
$$Q=\sum(y_i-\hat{y}_i)^2 \tag{2-13}$$

令
$$U=\sum(\hat{y}_i-\overline{y})^2 \tag{2-14}$$

式（2-12）可写成
$$l_{yy}=Q+U \tag{2-15}$$

式（2-15）称为平方和分解公式，理解它并记住它对于掌握回归分析方法很有帮助。为便于理解，用图形说明之（见图 2-7）。

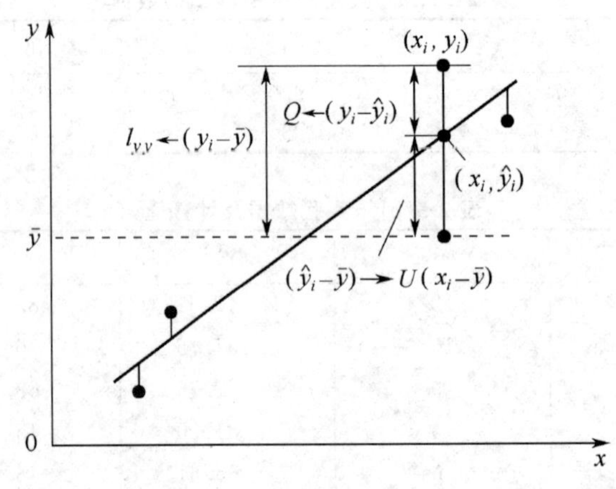

图 2-7 l_{yy}、U、Q 含义的示意图

回归平方和 U $U=\sum(\hat{y}_i-\overline{y})^2$，它是回归线上 $\hat{y}_1,\hat{y}_2,\cdots,\hat{y}_n$ 的值与平均值 $\overline{y}$ 之差的平方和。它描述了 $\hat{y}_1,\hat{y}_2,\cdots,\hat{y}_n$ 偏离 $\overline{y}$ 的分散程度，其分散性来源于 $x_1,x_2,\cdots,x_n$。亦即由于 x、y 的线性关系所引起 y 变化的部分，称为回归平方和。

$$U=\sum(\hat{y}_i-\overline{y})^2=\sum(a+bx_i-\overline{y})^2=\sum[b(x_i-\overline{x})]^2=b^2\sum(x_i-\overline{x})^2=b^2l_{xx}=bl_{xy} \tag{2-16}$$

剩余平方和 Q
$$Q=\sum(y_i-\hat{y}_i)^2=\sum[y_i-(a+bx_i)]^2 \tag{2-17}$$

式（2-17）代表实验值 y_i 与回归直线上纵坐标 $\hat{y}_i$ 值之差的平方和。它包括了 x 对 y 线性关系影响以外的其他一切因素对 y 值变化的作用，所以常称为剩余平方和或残差平方和。

因此，平方和分解公式（2-15）表明了实验值 y 偏离平均值 $\overline{y}$ 的大小，可以分解为两部分（即 Q 和 U）。在总的离差平方和 l_{yy} 中，U 所占的比重越大，Q 的比重越小，则回归效果越好，误差越小。

各平方和的自由度 f　讨论平方和分解公式时，尚未考虑实验数据点的个数对它的影响。为了消除数据点多少对回归效果的影响，就需引入自由度的概念。所谓自由度（f），简单地说，是指计算偏差平方和时，涉及独立平方和的数据个数。每一个平方和都有一个自由度与其对应，若是变量对平均值的偏差平方和，其自由度 f 是数据的个数（n）减 1(例如离差平方和)。原因是，数学上有 n 个偏差相加之和等于零的一个关系式存在，即 $\sum(x_i-\overline{x})=0$，故自由度 $f=n-1$。当然，若是对某一个目标值（比如对由公式计算出来的值或某一标准值，等等），则自由度就是独立变量数的个数（例如回归平方和）。如果一个平方和是由几部分的平方和组成，则总自由度 $f_{总}$ 等于各部分平方和的自由度之和。因为总离差平方和在数值上可以分解为回归平方和 U 和剩余平方和 Q 两部分，故

$$f_{总}=f_U+f_Q \tag{2-18}$$

式中　$f_{总}$——总离差平方和 l_{yy} 的自由度，$f_{总}=n-1$，n 等于总的实验点数；

f_U——回归平方和的自由度，f_U 等于自变量的个数 m；

f_Q——剩余平方和的自由度，$f_Q=f_{总}-f_U=(n-1)-m$。

对于一元线性回归，$f_{总}=n-1, f_U=1, f_Q=n-2$。

方差　平方和除以对应的自由度后所得值称为方差或均差。

回归方差
$$V_U=\frac{U}{f_U}=\frac{U}{m} \tag{2-19}$$

剩余方差
$$V_Q=\frac{Q}{f_Q} \tag{2-20}$$

剩余标准差
$$s=\sqrt{V_Q}=\sqrt{\frac{Q}{f_Q}} \tag{2-21}$$

s 可以看作是排除了 x 对 y 的线性影响之后，y 值随机波动大小的一个估量值。它可以用来衡量所有随机因素对 y 一次观测结果所引起的分散程度。因此，s 愈小，回归方程对实验点的拟合程度愈高，亦即回归方程的精度愈高。由式（2-21）可知，s 的大小取决于自由度 f_Q，也取决于剩余平方和 Q。Q 是随实验点对回归线的偏离程度而变的，Q 值的大小与实验数据点规律性的好坏有关，也与被选用的回归式是否合适有关。

(3) 实验数据的相关性

① **相关系数 r**　相关系数 r 是说明两个变量线性关系密切程度的一个数量性指标。其定义为

$$r=\frac{l_{xy}}{\sqrt{l_{xx}l_{yy}}} \tag{2-22}$$

$$r^2=\frac{l_{xy}^2}{l_{xx}l_{yy}}=\left(\frac{l_{xy}}{l_{xx}}\right)^2\frac{l_{xx}}{l_{yy}}=\frac{b^2l_{xx}}{l_{yy}}=\frac{U}{l_{yy}}=1-\frac{Q}{l_{yy}} \tag{2-23}$$

由式（2-23）可看出，r^2 正好代表了回归平方和 U 与离差平方和 l_{yy} 的比值。

r 的几何意义可用图 2-8 说明。

当 $|r|=0$，此时 $l_{xy}=0$，回归直线的斜率 $b=0$，$U=0$，$Q=l_{yy}$，$\hat{y}_i$ 不随 x_i 而变化。此时离散点的分布情况有两种情况，或是完全不规则，x、y 间完全没有关系，如图 2-8(a)；或是 x、y 间有某种特殊的非线性关系，如图 2-8(f) 所示。

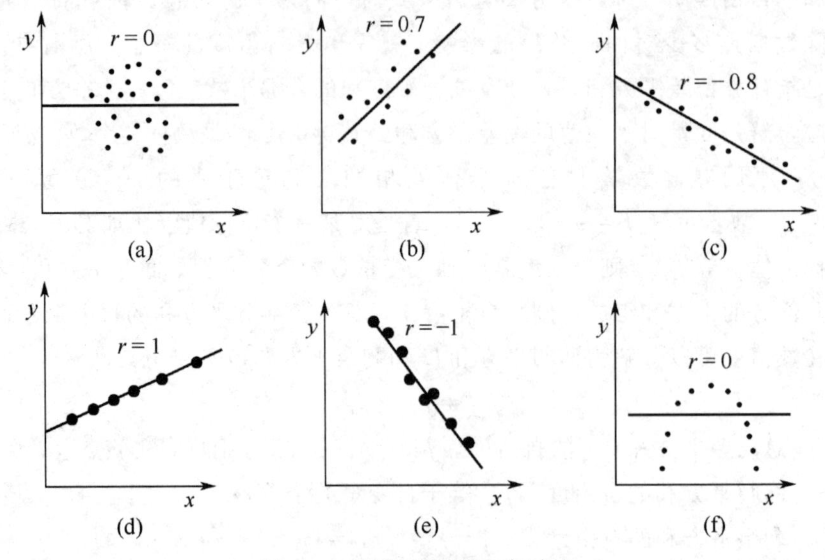

图 2-8　相关系数的几何意义

当 $0<|r|<1$，代表绝大多数情况，此时 x 与 y 存在一定线性关系。若 $l_{xy}>0$，则 $b>0$，且 $r>0$，离散点图的分布特点是 y 随 x 增大而增大，如图 2-8(b) 所示，称为 x 与 y 正相关。若 $l_{xy}<0$，则 $b<0$，且 $r<0$，y 随 x 增大而减小，如图 2-8(c) 所示，称 x 与 y 负相关。r 的绝对值愈小，(U/l_{yy}) 愈小，离散点距回归线愈远，愈分散；r 的绝对值愈接近于 1，离散点就愈靠近回归直线。

当 $|r|=1$，此时 $Q=0$，$U=l_{yy}$，即所有的点都落在回归直线上，此时称 x 与 y 完全线性相关；当 $r=1$ 时，称完全正相关；$r=-1$ 时，称完全负相关。如图 2-8(d)、(e) 所示。

对 x、y 的任何数值，相关系数 r 的取值范围为

$$0\leqslant r^2\leqslant 1,\quad 0\leqslant |r|\leqslant 1,\quad -1\leqslant r\leqslant 1$$

从以上讨论 r 可知，相关系数 r 表示 x 与 y 两变量之间线性相关的密切程度。r 愈接近于零，说明 x、y 之间的线性相关程度很小，可能存在着非线性的其他关系。

② **显著性检验**　如上所述，相关系数 r 的绝对值愈接近于 1，x、y 间线性愈相关。但究竟 $|r|$ 与 1 接近到什么程度才能说明 x 与 y 之间存在线性相关关系呢？这就有必要对相关系数进行显著性检验。只有当 $|r|$ 达到一定程度才可用回归直线来近似地表示 x、y 之间的关系。此时，可以说线性相关显著。一般来说，相关系数 r 达到使线性相关显著的值与实验数据点的个数 n 有关。因此，只有 $|r|>r_{\min}$ 时，才能采用线性回归方程来描述其变量之间的关系。$r_{\min}$ 值可见附录 2（相关系数检验表）。利用该表可根据实验数据点个数 n 及显著水平 α 查出相应的 $r_{\min}$。一般可取显著性水平 $\alpha=1\%$ 或 5%。

如 $n=17$，则 $n-2=15$。查相关系数检验表（见附录 2），得

$$\alpha=0.05\text{ 时},\quad r_{\min}=0.482$$

$$\alpha=0.01\text{ 时},\quad r_{\min}=0.606$$

若实际的 $|r|\geqslant 0.606$，则可以说该线性相关关系在 $\alpha=0.01$ 水平上显著。当 $0.606>|r|\geqslant 0.482$ 时，则可以说该线性相关关系在 $\alpha=0.05$ 水平上显著。当实际的 $|r|<0.482$

时，则可以说 r 不显著。此时，认为 x、y 线性不相关，配回归直线毫无意义。α 愈小，显著程度愈高。

若检验发现回归线性相关不显著，可改用其他线性化的数学公式，重新进行回归和检验。若能利用多个数学公式进行回归和比较，$|r|$ 大者可认为最优。

例 2-3 检验例 2-2 中数据 x、y 的相关性。

解

$$l_{xy}=\sum x_iy_i-\frac{1}{n}(\sum x_i)(\sum y_i)=590.7-\frac{1}{8}\times 59\times 83=-21.43$$

$$l_{xx}=\sum x_i^2-\frac{1}{n}(\sum x_i)^2=440.56-\frac{1}{8}\times 59^2=5.435$$

$$l_{yy}=\sum y_i^2-\frac{1}{n}(\sum y_i)^2=951-\frac{1}{8}\times 83^2=89.88$$

$$r=\frac{l_{xy}}{\sqrt{l_{xx}l_{yy}}}=\frac{-21.43}{\sqrt{5.435\times 89.88}}=-0.969$$

由 $n=8$，$n-2=6$，查相关系数检验表，得

$$r_{\min}(\alpha=0.05)=0.707<|r|$$

$$r_{\min}(\alpha=0.01)=0.834<|r|$$

因此，例 2-2 的 x、y 两变量线性相关在 $\alpha=0.01$ 的高水平上仍然是显著的，因此在 x、y 间求回归直线是完全合理的。

(4) 回归方程的方差分析

方差分析是检验线性回归效果好坏的另一种方法。前面已经将实验数据按最小二乘原理求得了一元回归方程，但它所揭示的规律准确与否，即 y 和 x 的线性关系是否密切，尚需进一步检验与分析。通常采用 F 检验法，因此要计算统计量

$$F=\frac{\text{回归方差}}{\text{剩余方差}}=\frac{\dfrac{U}{f_U}}{\dfrac{Q}{f_Q}}=\frac{V_U}{V_Q} \tag{2-24}$$

对一元线性回归的方差分析过程见表 2-6。由于 $f_U=1$，$f_Q=n-2$，则

$$F=\frac{\dfrac{U}{1}}{\dfrac{Q}{n-2}} \tag{2-25}$$

然后将计算所得的 F 值与 F 分布数值表（见附录 3）所列的值相比较。

表 2-6 一元线性回归的方差分析

名 称	平方和	自由度	方 差	方差比
回归	$U=\sum(\hat{y}_i-\overline{y})^2$	$f_U=m=1$	$V_U=\dfrac{U}{f_U}$	$F=\dfrac{V_U}{V_Q}$
剩余	$Q=\sum(y_i-\hat{y}_i)^2$	$f_Q=n-2$	$V_Q=\dfrac{Q}{n-2}$	
总计	$l_{yy}=\sum(y_i-\overline{y})^2$	$f_{总}=n-1$		

F 分布表中有两个自由度 f_1 和 f_2，分别对应于 F 计算公式（2-24）中分子的自由度 f_U 与分母的自由度 f_Q。对于一元回归中，$f_1=f_U=1$，$f_2=f_Q=n-2$。有时将分子自由度称为第一自由度，分母自由度称为第二自由度。

F 分布表中显著性水平 α 有 0.25、0.10、0.05、0.01 四种，一般宜先查找 $\alpha=0.01$ 时的 $F_{0.01}(f_1,f_2)$，与由式（2-25）计算而得的方差比 F 进行比较，若 $F \geqslant F_{0.01}(f_1,f_2)$，则可认为回归高度显著（称在 0.01 水平上显著），于是可结束显著性检验；否则再查较大 α 值相应的 F，如 $F_{0.05}(f_1,f_2)$，与实验的方差比 F 相比较，若 $F_{0.01}(f_1,f_2) > F \geqslant F_{0.05}(f_1,f_2)$，则可认为回归在 0.05 水平上显著，于是显著性检验可告结束。以此类推。若 $F < F_{0.25}(f_1,f_2)$，则可认为回归在 0.25 的水平上仍不显著，亦即 y 与自变量的线性关系很不密切。

对于任何一元线性回归问题，如果进行方差分析中的 F 检验后，就无须再作相关系数的显著性检验。因为两种检验是完全等价的，实质上说明同样的问题。

$$F=(n-2)\frac{U}{Q}=(n-2)\frac{U/l_{yy}}{Q/l_{yy}}=(n-2)\frac{r^2}{1-r^2} \tag{2-26}$$

根据式（2-26），可由 F 值解出对应的相关系数 r 值，或由 r 值求出相应的 F 值。

例 2-4 对例 2-3 的数据进行方差分析，检验其回归的显著性。

解
$$U=\sum(\hat{y}_i-\overline{y})^2=bl_{xy}=(-3.94)\times(-21.43)=84.43$$
$$Q=l_{yy}-U=89.88-84.43=5.45$$

查附录 3 得 $F_{0.01}(1,6)=13.74<F$，故知所作回归在最高水平 0.01 水平上仍然是显著的。此结论与例 2-3 用相关系数 r 作显著性检验的结论是一致的。方差分析计算结果见表 2-7。

表 2-7 数据的方差分析结果

名称	平方和	自由度	方差	方差比
回归	$U=84.43$	$f_U=m=1$	$V_U=\frac{U}{f_U}=84.43$	$F=\frac{V_U}{V_Q}$
剩余	$Q=5.45$	$f_Q=f_总-f_U$	$V_Q=\frac{Q}{f_Q}=0.9083$	$=\frac{84.43}{0.9083}=93.0$
总计	$l_{yy}=89.88$	$f_总=n-1=7$		

将例 2-3 求得的 $r=0.969$ 代入式（2-26）得

$$F=(n-2)\frac{r^2}{1-r^2}=(8-2)\times\frac{0.969^2}{1-0.969^2}=92.3$$

与例 2-4 方差分析所求得的 F 一致。

将例 2-4 查出的 $F_{0.01}(1,6)=13.74$ 代入式（2-26）

$$13.74=(8-2)\times\frac{r^2}{1-r^2}$$

解得 $r=0.834$，与例 2-3 查出的 $r_{\min}(\alpha=0.01)$ 也完全一致。

(5) 回归方程预报 y 值的准确度

通过所求的一元线性回归方程，就可以用一个变量的取值来预报另一个变量的取值；又通过对一元线性回归方程的方差分析（显著性检验），则又可以掌握该预测值将会达到怎样的准确程度。

一般，实测数据的因变量和自变量之间并不存在确定的函数关系，因此将自变量固定于某一特定值 x_0，不能指望因变量也固定于某一特定的值，它必然受某些随机因素的影响。但无论如何，这种变化还是会遵循一定规律的。

一般来说，对于服从正态分布的变量，若 $x=x_0$ 为某一确定值，则其因变量 y 的取值也服从正态分布，它的平均值即是当 $x=x_0$ 时回归方程的值 $y_0=a+bx_0$。y 的值是以 y_0 为中心而对称分布的。靠 y_0 愈近，y 值出现的概率愈大；距离 y_0 值愈远，y 值出现的概率愈小。在第1章中曾讲过，一批测量值对于平均值的分散程度最好用标准误差 σ 来表示。一元线性回归中的剩余标准差［见式（2-21)］

$$s=\sqrt{\frac{Q}{n-2}}=\sqrt{\frac{\sum(y_i-\hat{y}_i)^2}{n-2}} \tag{2-27}$$

与第1章的标准误差 σ 的数学意义是完全相同的。差别仅在于求 σ 时自由度为 $n-1$，而求 s 时自由度为 $n-2$。即因变量 y 的标准误差 σ 可用剩余标准差 s 来估计

$$s=\sqrt{\frac{Q}{n-2}}=\sqrt{\frac{l_{yy}-bl_{xy}}{n-2}} \tag{2-27a}$$

y 值出现的概率与剩余标准差之间存在以下关系，即被预测的 y 值落在 $y_0\pm2s$ 区间内的概率约为95.4%，落在 $y_0\pm3s$ 区间内的概率约为99.7%。由此可见，剩余标准差 s 愈小，则利用回归方程预报的 y 值愈准确。故 s 值的大小是预报准确度的标志。

以上分析 $x=x_0$ 的结论，对实验数据范围内的任何 x 值都成立。如果在平面图上作两条与回归直线平行的直线

$$\begin{cases} y'=a+bx+2s \\ y''=a+bx-2s \end{cases} \tag{2-28}$$

则可以预料，对于所选取的 x 值，在全部可能出现的 y 值中，大约有95.4%的点落在这两条直线之间的范围内。

由此可见，剩余标准差 s 是个非常重要的量。由于它的单位和 y 的一致，所以在实际中，便于比较和检验。因此一个回归能不能更切实地解决实际问题，只要将 s 与允许的偏差相比较即可。它是检验一个回归能否满足要求的重要标志。

例2-5 试根据例2-2中的回归方程 $\hat{y}=39.4-3.94x$，预报 y 值，并求其准确度。

解 由例2-4得 $Q=5.45$，则剩余标准差

$$s=\sqrt{\frac{Q}{n-2}}=\sqrt{\frac{5.45}{8-2}}=0.953$$

$$y'=a-2s+bx=39.4-2\times0.953+(-3.94)x=37.5-3.94x$$

$$y''=a+2s+bx=39.4+2\times0.953+(-3.94)x=41.3-3.94x$$

这两条线及回归线画在图2-9中，可见绝大多数观测点位于这两条直线之间。

因此，例2-2所得的回归方程来预报 y 值时，有95.4%的把握说，其绝对误差将不大于 $2s=2\times0.953=2$，相对误差随 x、y 值而变，$x=\overline{x}=7.375$，$y=\overline{y}=10.375$ 时，预报 y 值的相对误差将不大于 $\frac{2}{10.375}=0.2$。

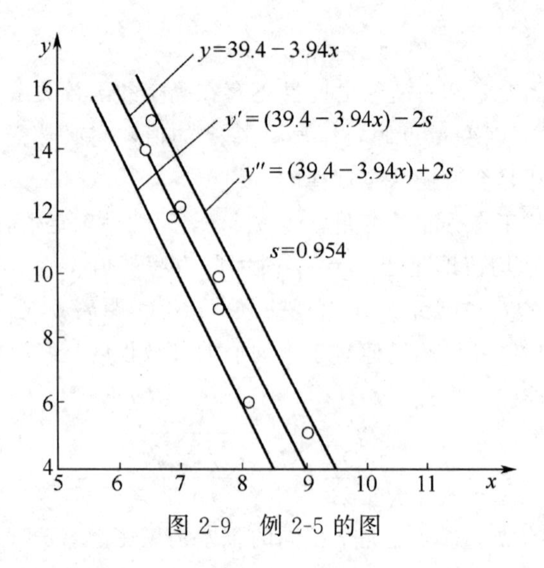

图 2-9　例 2-5 的图

2.3.2.2　多元线性回归

(1) 多元线性回归的原理和一般求法

在大多数实际问题中，自变量的个数往往不止一个，而因变量是一个。这类问题称为多元回归问题。多元线性回归分析在原理上与一元线性回归分析完全相同，仍用最小二乘法建立正规方程，确定回归方程的常数项和回归系数。所以下面讨论多元线性回归问题时，省略了具体推导过程。

设影响因变量 y 的自变量有 m 个：$x_1, x_2, \cdots, x_m$，通过实验，得到下列 n 组观测数据

$$x_{1i}, x_{2i}, \cdots, x_{mi}, y_i \qquad (i=1\sim n) \tag{2-29}$$

由此得正规方程

$$\begin{cases} nb_0+b_1\sum x_{1i}+b_2\sum x_{2i}+\cdots+b_m\sum x_{mi}=\sum y_i \\ b_0\sum x_{1i}+b_1\sum x_{1i}^2+b_2\sum x_{2i}x_{1i}+\cdots+b_m\sum x_{mi}x_{1i}=\sum y_i x_{1i} \\ b_0\sum x_{2i}+b_1\sum x_{1i}x_{2i}+b_2\sum x_{2i}^2+\cdots+b_m\sum x_{mi}x_{2i}=\sum y_i x_{2i} \\ \qquad\vdots \\ b_0\sum x_{mi}+b_1\sum x_{1i}x_{mi}+b_2\sum x_{2i}x_{mi}+\cdots+b_m\sum x_{mi}^2=\sum y_i x_{mi} \end{cases} \tag{2-30}$$

该方程组是一个有 $m+1$ 个未知数的线性方程组。经整理可得如下形式的正规方程

$$\begin{cases} l_{11}b_1+l_{12}b_2+\cdots+l_{1m}b_m=l_{1y} \\ l_{21}b_1+l_{22}b_2+\cdots+l_{2m}b_m=l_{2y} \\ \qquad\vdots \\ l_{m1}b_1+l_{m2}b_2+\cdots+l_{mm}b_m=l_{my} \end{cases} \tag{2-31}$$

这样，将有 $m+1$ 个未知数的线性方程组式（2-30）化成了有 m 个未知数的线性方程组式（2-31），从而简化了计算。解此方程组即可求得待求的回归系数 $b_1, b_2, \cdots, b_m$。回归系数 b_0 值由下式来求

$$b_0=\overline{y}-b_1\overline{x}_1-b_2\overline{x}_2-\cdots-b_m\overline{x}_m \tag{2-32}$$

正规方程（2-31）的系数的计算式如下

$$l_{11}=\sum(x_{1i}-\overline{x}_1)(x_{1i}-\overline{x}_1)=\sum x_{1i}^2-\frac{1}{n}(\sum x_{1i})(\sum x_{1i})=\sum x_{1i}^2-\frac{1}{n}(\sum x_{1i})^2$$

$$l_{12}=\sum(x_{1i}-\overline{x}_1)(x_{2i}-\overline{x}_2)=\sum x_{1i}x_{2i}-\frac{1}{n}(\sum x_{1i})(\sum x_{2i})$$

$$\vdots$$

$$l_{1m}=\sum(x_{1i}-\overline{x}_1)(x_{mi}-\overline{x}_m)=\sum x_{1i}x_{mi}-\frac{1}{n}(\sum x_{1i})(\sum x_{mi})$$

$$l_{21}=l_{12}$$

$$\vdots$$

$$l_{32}=l_{23}$$

$$\vdots$$

$$l_{1y}=\sum(y_i-\overline{y})(x_{1i}-\overline{x}_1)=\sum x_{1i}y_i-\frac{1}{n}(\sum x_{1i})(\sum y_i)$$

$$\vdots$$

$$l_{yy}=\sum(y_i-\overline{y})^2=\sum y_i^2-\frac{1}{n}(\sum y_i)^2$$

以下面通式表示系数的计算式：

$$l_{kj}=\sum(x_{ji}-\overline{x}_j)(x_{ki}-\overline{x}_k)=\sum x_{ji}x_{ki}-\frac{1}{n}(\sum x_{ji})(\sum x_{ki})$$

$$l_{jy}=\sum(y_i-\overline{y})(x_{ji}-\overline{x}_j)=\sum x_{ji}y_i-\frac{1}{n}(\sum x_{ji})(\sum y_i)$$

式中，下标 $i=1,2,\cdots,n$；$k=1,2,\cdots,m$；$j=1,2,\cdots,m$；n 为数据的组数；m 为 m 元线性回归；回归模型中自变量 x 的个数；正规方程组（2-31）的行数和列数。

线性方程组（2-31）的求解，可采用目前应用较多的高斯消去法。高斯消去法的本质是通过矩阵的行变换来消元，将方程组的系数矩阵变换为三角阵，从而达到求解的目的。

例 2-6 某化工厂在甲醛生产流程中，为了降低甲醛溶液温度，装置了溴化锂制冷机，通过实验找出了溴化锂制冷机的制冷量 y 与冷却水温度 x_1，蒸气压力 x_2 之间的关系数据见表 2-8(a)。

表 2-8(a)　实测数据

序　号	1	2	3	4	5	6	7	8
x_1/℃	6.5	6.5	6.7	16	16	17	19	19
x_2/Pa	146.7	231.7	308.9	154.4	231.7	308.9	146.7	231.7
y/(kJ/h)	45.2	54.0	60.3	66.3	74.3	90.4	96.3	105.5

设 y 与 x_1、x_2 之间存在线性关系，求 y 对 x_1、x_2 的线性回归方程。

解　本例的自变量个数比较少，可采用计算器进行列表计算，见表 2-8(b)。

$$l_{11}=\sum x_{1i}^2-\frac{1}{n}(\sum x_{1i})^2=2052.39-\frac{1}{9}\times126.7^2=268.75$$

$$l_{12}=l_{21}=\sum x_{1i}x_{2i}-\frac{1}{n}(\sum x_{1i})(\sum x_{2i})=30097.7-\frac{1}{9}\times126.7\times2108.2=419.13$$

$$l_{22}=\sum x_{2i}^2-\frac{1}{n}(\sum x_{2i})^2=539530.3-\frac{1}{9}\times2108.2^2=45696.16$$

$$l_{1y}=\sum x_{1i}y_i-\frac{1}{n}(\sum x_{1i})(\sum y_i)=11081.4-\frac{1}{9}\times126.7\times712.9=1045.35$$

$$l_{2y}=\sum x_{2i}y_i-\frac{1}{n}(\sum x_{2i})(\sum y_i)=173626-\frac{1}{9}\times2108.2\times712.9=6633.14$$

表 2-8(b) 实测数据及计算值

序 号	x_1	x_2	y	x_1x_2	x_1y	x_2y
1	6.5	146.7	45.2	953.6	293.8	6630.8
2	6.5	231.7	54.0	1506.0	351.0	12511.8
3	6.7	308.9	60.3	2069.6	404.0	18626.7
4	16	154.4	66.3	2470.4	1060.8	10236.7
5	16	231.7	74.3	3707.2	1188.8	17215.3
6	17	308.9	90.4	5251.3	1536.8	27924.6
7	19	146.7	96.3	2787.3	1829.7	14127.2
8	19	231.7	105.5	4402.3	2004.5	24444.4
9	20	347.5	120.6	6950.0	2412.0	41908.5
$\sum_{i=1}^{9}$	126.7	2108.2	712.9	30097.7	11081.4	173626
平方之和	2052.39	539530.3	61631.77			

则可写出正规方程组

$$\begin{cases}268.75b_1+419.13b_2=1045.35\\419.13b_1+45696.16b_2=6633.14\end{cases}$$

解方程组得到 $b_1=3.717,\quad b_2=0.111$

$$\overline{x}_1=\frac{126.7}{9}=14.0778,\quad \overline{x}_2=\frac{2108.2}{9}=234.244$$

$$\overline{y}=\frac{712.9}{9}=79.2111$$

$$b_0=\overline{y}-b_1\overline{x}_1-b_2\overline{x}_2=0.883$$

得回归方程 $y=0.883+3.717x_1+0.111x_2$

(2) 回归方程的显著性检验

① 多元线性回归的方差分析　在多元线性回归中，常先假设 y 与 $x_1,x_2,\cdots,x_m$ 之间有线性关系，因此对回归方程也必须进行方差分析。

同一元线性回归的方差分析一样，可将其相应计算结果，列入多元线性回归的方差分析表中，如表 2-9 所示。

表 2-9 多元线性回归方差分析

名 称	平 方 和	自 由 度	方 差	方差比 F
回归	$U=\sum(\hat{y}_i-\overline{y})^2=\sum_{j=1}^{m}b_jl_{jy}$	$f_U=m$	$V_U=\frac{U}{f_U}$	$F=\frac{V_U}{V_Q}$
剩余	$Q=\sum(y_i-\hat{y}_i)^2=l_{yy}-U$	$f_Q=f_{总}-f_U=n-1-m$	$V_Q=\frac{Q}{f_Q}$	
总计	$l_{yy}=\sum(y_i-\overline{y})^2$	$f_{总}=n-1$		

同样，可以利用 F 值对回归式进行显著性检验，即通过 F 值对 y 与 $x_1,x_2,\cdots,x_m$ 之间的线性关系的显著性进行判断。

在查附录 3 的 F 分布表时，把 F 计算式中分子的自由度 $f_U=m$ 作为第一自由度 f_1，分母的自由度 $f_Q=n-1-m$ 作为第二自由度 f_2。检验时，先查出 F 分布表中的几种显著性的数值，分别记为

$$F_{0.01}(m,n-m-1)$$
$$F_{0.05}(m,n-m-1)$$
$$F_{0.10}(m,n-m-1)$$
$$F_{0.25}(m,n-m-1)$$

然后将计算的 F 值，同以上 4 个表中记载的 F 值相比较，判断因变量 y 与 m 个自变量 x_i 的线性关系密切程度。若

$F \geqslant F_{0.01}(m,n-m-1)$，在 0.01 水平上显著，记为"$4^*$"；

$F_{0.05}(m,n-m-1) \leqslant F < F_{0.01}(m,n-m-1)$，在 0.05 水平上显著，记为"$3^*$"；

$F_{0.10}(m,n-m-1) \leqslant F < F_{0.05}(m,n-m-1)$，在 0.10 水平上显著，记为"$2^*$"；

$F_{0.25}(m,n-m-1) \leqslant F < F_{0.10}(m,n-m-1)$，在 0.25 水平上显著，记为"$1^*$"；

$F < F_{0.25}(m,n-m-1)$，在 0.25 水平也不显著，记为"0^*"。

例 2-7 试对例 2-6 的回归方程进行方差分析。

解 按表 2-8(b) 的数据经计算，可得

回归平方和 $$U=\sum(\hat{y}_i-\overline{y})^2=\sum_{j=1}^{m}b_j l_{jy}=b_1 l_{1y}+b_2 l_{2y}$$
$$=3.717\times 1045.35+0.111\times 6633.14=4621.84$$

离差平方和 $$l_{yy}=\sum y_i^2-\frac{(\sum y_i)^2}{n}=61631.77-\frac{712.9^2}{9}=5162.169$$

剩余平方和 $$Q=l_{yy}-U=540.30$$

将方差分析的计算值分别列于表 2-10。

表 2-10 方差分析计算值

名 称	平方和	自由度	方 差	方差比
回归	$U=4621.84$	$f_U=2$	$V_U=2310.92$	
剩余	$Q=540.30$	$f_Q=6$	$V_Q=89.97$	$F=25.7$
总计	$l_{yy}=5162.169$	$f_{总}=8$		

查附录 3，这里自由度 $f_1=2$，$f_2=6$，显著水平 $\alpha=0.01$，则

$$F_{0.01}(2,6)=10.92$$

由计算得到的 $F=25.7$ 大于表中查到的值，因而所得到的回归方程在 $\alpha=0.01$ 水平显著。

关于多元线性回归预报和控制 y 值的准确度问题，与一元线性回归相同，但在多元回归中，为准确控制 y 的取值，对自变量的取值可有更多的选择余地。

② 复相关系数 在多元线性回归中也和一元的情况一样，回归结果的好坏，也可用 U

在总平方和 l_{yy} 中的比例来衡量。

$$R=\sqrt{\frac{U}{l_{yy}}}=\sqrt{1-\frac{Q}{l_{yy}}} \tag{2-33}$$

式中，R 为复相关系数。

2.3.3 非线性回归

在许多实际问题中，回归函数往往是较复杂的非线性函数。非线性函数的求解一般可分为将非线性变换成线性和不能变换成线性两大类。

2.3.3.1 非线性回归的线性化

工程上很多非线性关系可以通过对变量作适当的变换转化为线性问题处理。其一般方法是对自变量与因变量作适当的变换转化为线性的相关关系，即转化为线性方程，然后用线性回归来分析处理。现以二元非线性回归为例来说明这种方法。

例 2-8 流体在圆形直管内作强制湍流时的对流传热关联式

$$Nu=BRe^{m}Pr^{n} \tag{2-34}$$

式中常数 B、m、n 的值将通过回归求得，由实验所得数据列于表 2-11(a)。

将式（2-34）转化为线性方程。方程两边取对数得

$$\lg Nu=\lg B+m\lg Re+n\lg Pr$$

令

$$y=\lg Nu,\quad x_1-\lg Re,\quad x_2=\lg Pr$$

$$b_0=\lg B,\qquad b_1=m,\qquad b_2=n$$

则式（2-34）可转化为

$$y=b_0+b_1x_1+b_2x_2 \tag{2-35}$$

转化后方程中的 y、x_1 和 x_2 的值见表 2-11(a)。

表 2-11(a) 数据表

序号	$Nu\times10^{-2}$	y	$Re\times10^{-4}$	x_1	Pr	x_2
1	1.8016	2.2556	2.4465	4.3885	7.76	0.8899
2	1.6850	2.2266	2.3816	4.3769	7.74	0.8887
3	1.5069	2.1780	2.0519	4.3122	7.70	0.8865
4	1.2769	2.1062	1.7143	4.2341	7.67	0.8848
5	1.0783	2.0327	1.3785	4.1394	7.63	0.8825
6	0.8350	1.9217	1.0352	4.0150	7.62	0.8820
7	0.4027	1.6050	1.4202	4.1523	0.71	−0.1487
8	0.5672	1.7537	2.2224	4.3468	0.71	−0.1487
9	0.7206	1.8577	3.0208	4.4801	0.71	−0.1487
10	0.8457	1.9272	3.7772	4.5772	0.71	−0.1487
11	0.9353	1.9714	4.4459	4.6480	0.71	−0.1487
12	0.9579	1.9813	4.5472	4.6577	0.71	−0.1487

对经变换得到的线性方程式（2-35），按照上节讲的线性回归方法处理。

该方程的自变量个数较少，可采用列表法用计算器计算，所得数据见表 2-11(b) 所示。如果自变量的个数比较多，可采用计算机编程计算。

表 2-11(b)　回归计算值

序号	x_1	x_2	y	x_1^2	x_2^2	y^2	x_1x_2	x_1y	x_2y
1	4.3885	0.8899	2.2556	19.2589	0.7919	5.0877	3.9053	9.8987	2.0073
2	4.3769	0.8887	2.2266	19.1572	0.7898	4.9577	3.8898	9.7456	1.9766
3	4.3122	0.8865	2.1780	18.5951	0.7859	4.7437	3.8228	9.3920	1.9308
4	4.2341	0.8848	2.1062	17.9276	0.7829	4.4361	3.7463	8.9179	1.8636
5	4.1394	0.8825	2.0327	17.1346	0.7788	4.1319	3.6530	8.4142	1.7939
6	4.0150	0.8820	1.9217	16.120	0.0221	3.6929	3.5412	7.7156	1.6949
7	4.1523	−0.1487	1.6050	17.2416	0.0221	2.5760	−0.6174	6.6644	−0.2387
8	4.3468	−0.1487	1.7537	18.8946	0.0221	3.0755	−0.6464	7.6230	−0.2608
9	4.4801	−0.1487	1.8577	20.0713	0.0221	3.4510	−0.6662	8.3227	−0.2762
10	4.5772	−0.1487	1.9272	20.9507	0.0221	3.7141	−0.6806	8.8212	−0.2866
11	4.6480	−0.1487	1.9714	21.6039	0.0221	3.8848	−0.6912	9.1612	−0.2931
12	4.6577	−0.1487	1.9813	21.6942	0.0221	3.9255	−0.6926	9.2283	0.2946
Σ	52.3282	4.4222	23.8167	228.6497	4.7293	47.6769	18.5638	103.9098	9.6099

由表 2-11(b)计算结果可得正规方程中的系数和常数值列于表 2-11(c)，其计算过程与例 2-6 中完全相同。

表 2-11(c)　正规方程中的系数和常数值

名称	l_{11}	$l_{12}=l_{21}$	l_{22}	l_{1y}	l_{2y}	l_{yy}	$\overline{y}$	$\overline{x}_1$	$\overline{x}_2$
数值	0.4616	−0.7190	3.2104	0.0485	0.8429	0.4073	1.9847	4.3607	0.3685

根据上面的数据可列出正规方程组

$$\begin{cases}0.4616b_1-0.7190b_2=0.0485\\-0.7190b_1+3.2104b_2=0.8429\end{cases}$$

解此方程得

$$b_1=0.789,\quad b_2=0.439$$

因为

$$b_0=\overline{y}-b_1\overline{x}_1-b_2\overline{x}_2$$

则有

$$b_0=1.9847-0.789\times4.3607-0.439\times0.3685=-1.618$$

那么线性回归方程为

$$\hat{y}=b_0+b_1x_1+b_2x_2=-1.618+0.79x_1+0.44x_2 \tag{2-35a}$$

从而求得对流传热关联式中各系数为

$$m=b_1=0.79,\quad n=b_2=0.44,\quad B=\lg^{-1}b_0=0.024$$

特征数关联式

$$\widehat{Nu}=0.024Re^{0.79}Pr^{0.44} \tag{2-34a}$$

Nu 实测值和回归值的比较见表 2-11(d)。

表 2-11(d)　*Nu* 实测值和回归结果对照表

序号	1	2	3	4	5	6	7	8	9	10	11	12
$Nu\times10^{-2}$	1.8016	1.685	1.5069	1.2769	1.0783	0.835	0.4027	0.5672	0.7206	0.8457	0.9353	0.9579
$\widehat{Nu}\times10^{-2}$	1.7326	1.6943	1.5027	1.3015	1.0931	0.8712	0.3937	0.5607	0.7146	0.8526	0.9697	0.9871

注：$\overline{Nu}=105.109$。

(1) 回归方程的显著性检验

特别要说明的是，最后需要的回归式是式（2-34a），所以应对式（2-34a）进行显著性检验，而不是对线性化之后的线性方程的回归式（2-35a）进行检验。因为线性化之前的非线性化方程形式各异，情况很复杂，对应的 l_{yy} 不一定等于对应的（$Q+U$），故用 F 分布函数作显著性检验，是一种近似处理的方法。

Nu 的离差平方和

$$(l_{yy})_{Nu}=\sum_{i=1}^{n}(Nu_i-\overline{Nu})^2=(180.16-105.109)^2+(168.5-105.109)^2+\cdots=20993.55$$

$$f_{总}=n-1=11$$

回归平方和

$$U=\sum(\widehat{Nu}_i-\overline{Nu})^2=(173.26-105.109)^2+(169.43-105.109)^2+\cdots=20149.42$$

$$f_U=m=2$$

剩余平方和 $Q=\sum(Nu_i-\widehat{Nu}_i)^2=(180.16-173.26)^2+(168.5-169.43)^2+\cdots=92.50$

$$f_Q=11-2=9$$

$$U_{Nu}+Q_{Nu}=20241.92$$

$$对(l_{yy})_{Nu}的相对偏差=\frac{20241.92-20993.55}{20993.55}=-3.6\times10^{-2}$$

方差比 F

$$F=\frac{\dfrac{20149.42}{2}}{\dfrac{92.50}{9}}=980.2$$

查附录 3 得 $F_{0.01}(2,9)=8.02\ll980.2$

所求之特征数关联式（2-34a）在 $\alpha=0.01$ 水平上高度显著。

(2) 预报 $\widehat{Nu}$ 值的准确度

剩余标准差 $s_{Nu}=\sqrt{\dfrac{Q_{Nu}}{f_Q}}=\sqrt{\dfrac{92.5}{9}}=3.2059$

所以，预报 Nu 值的绝对误差$\leqslant 2s_{Nu}=6.4$（概率 95.4%）。

2.3.3.2 多项式回归

由于任一连续函数按微积分概念在一个小的区间内均可用分段多项式来逼近，所以在实际问题中，不论 y 与自变量 x 的关系如何，必要时可以把它变换成多元线性回归分析问题，最常见的一种情形是多项式回归。在一元回归问题中，如果变量 y 和 x 的关系可以假定为 m 次多项式

$$y=b_0+b_1x+b_2x^2+\cdots+b_mx^m \tag{2-36}$$

其中 $m\geqslant2$。

令 $Y=y, X_1=x, X_2=x^2, \cdots, X_m=x^m$，则式（2-36）就可以转化为多元线性方程

$$Y=b_0+b_1X_1+b_2X_2+\cdots+b_mX_m \tag{2-37}$$

由上可见，求多项式回归的问题化为多元线性回归模型是很方便的。这种方法可以用来解决相当一类的非线性问题。它在回归分析中占据重要的地位。例如

$$y=b_0+b_1f_1(x)+b_2f_2(x)+\cdots+b_mf_m(x) \tag{2-38}$$

其中 $f_i(x)$ 皆为自变量 x 的已知函数。令

$$X_1=f_1(x),X_2=f_2(x),\cdots,X_m=f_m(x) \tag{2-39}$$

则式（2-38）可写成

$$Y=b_0+b_1X_1+b_2X_2+\cdots+b_mX_m \tag{2-40}$$

例 2-9 对离心泵性能进行测试的实验中，得到压头 H 和流量 q_V 的数据如表 2-12(a) 所示，试求 H 与 q_V 的关系表达式。

表 2-12(a)　压头 H 和流量 q_V 的关系数据

序号	1	2	3	4	5	6	7	8	9	10	11	12
$q_V/(m^3/h)$	0.0	0.4	0.8	1.2	1.6	2.0	2.4	2.8	3.2	3.6	4.0	4.4
H/m	15.08	14.84	14.76	14.33	13.86	13.59	13.14	12.81	12.45	11.98	11.3	10.53

解　根据表 2-12(a) 所提供的实验数据绘制 H-q_V 离散点图 2-10。由图可见，曲线近似二次抛物线，因此数学模型可写为

$$\hat{H}=b_0+b_1q_V+b_2q_V^2$$

令 $y=\hat{H}$，$x_1=q_V$，$x_2=q_V^2$，则此方程可写为 $y=b_0+b_1x_1+b_2x_2$ 这样就可以按线性回归来处理了。

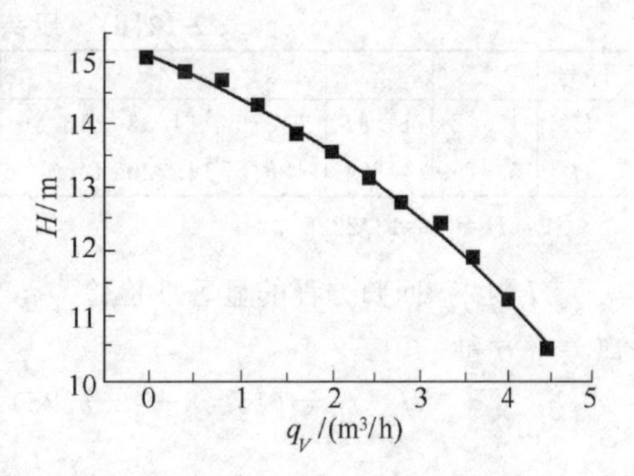

图 2-10　流量与压头关系曲线

由表 2-12(b) 计算结果可得正规方程中的系数和常数值，见表 2-12(c)。

根据上面的数据可列出正规方程组

$$\begin{cases}22.880b_1+100.672b_2=-22.8740\\100.672b_1+477.124b_2=-104.670\end{cases}$$

解此方程得　　　　$b_1=-0.4809$，$b_2=-0.1179$

$$b_0=\overline{y}-b_1\overline{x}_1-b_2\overline{x}_2=13.2225-(-0.4809\times2.20)-(-0.1179\times6.7467)=15.0759$$

最后得压头 H 对流量 q_V 的回归式是 $\hat{H}=15.0759-0.4809q_V-0.1179q_V^2$，压头 H 实测值与回归值的比较见表 2-12(d)。

表 2-12(b)　二元线性回归计算结果

序号	x_1	x_2	y	x_1^2	x_2^2	y^2	x_1x_2	x_1y	x_2y
1	0.0	0.0	15.08	0.0	0.0	227.4064	0.0	0.0	0.0
2	0.40	0.16	14.84	0.16	0.0256	220.2256	0.064	5.936	2.3744
3	0.80	0.64	14.76	0.64	0.4096	217.8576	0.512	11.808	9.4464
4	1.20	1.44	14.33	1.44	2.0736	205.3489	1.728	17.196	20.6352
5	1.60	2.56	13.86	2.56	6.5536	192.0996	4.096	22.176	35.4816
6	2.0	4.0	13.59	4.0	16.0	184.6881	8.0	27.18	54.36
7	2.40	5.76	13.14	5.76	33.1776	172.6596	13.824	31.536	75.6864

续表

序号	x_1	x_2	y	x_1^2	x_2^2	y^2	x_1x_2	x_1y	x_2y
8	2.80	7.84	12.81	7.84	61.4656	164.0961	21.952	35.868	100.4304
9	3.20	10.24	12.45	10.24	104.8576	155.0025	32.768	39.84	127.488
10	3.60	12.96	11.98	12.96	167.9616	143.5204	46.656	43.128	155.2608
11	4.0	16.0	11.30	16.0	256.0	127.69	64.0	45.20	180.80
12	4.40	19.36	10.53	19.36	374.8096	110.8809	85.184	46.332	203.8608
Σ	26.4	80.96	158.67	80.96	1023.3344	2121.4757	278.784	326.20	965.824

表 2-12(c)　正规方程中的系数和常数值

名　称	l_{11}	$l_{12}=l_{21}$	l_{22}	l_{1y}	l_{2y}	$\overline{y}$	$\overline{x}_1$	$\overline{x}_2$
数值	22.88	100.672	477.124	−22.874	−104.670	13.2225	2.20	6.7467

表 2-12(d)　压头 *H* 实测值与回归结果对照

序号	1	2	3	4	5	6	7	8	9	10	11	12
H	15.08	14.84	14.76	14.33	13.86	13.59	13.14	12.81	12.45	11.98	11.3	10.53
$\hat{H}$	15.0759	14.8647	14.6157	14.3290	14.0046	13.6425	13.2426	12.8050	12.3297	11.8167	11.2659	10.6774

注：$\overline{H}=\overline{y}=13.2225$。

H 对 q_V 回归方程的显著性检验

离差平方和

$$(l_{yy})_H=(15.08-13.2225)^2+(14.84-13.2225)^2+\cdots=23.4616$$

$$f_{总}=n-1=11$$

回归平方和

$$(U)_H=\sum(\hat{H}_i-\overline{H}_i)^2=(15.0759-13.2225)^2+(14.8647-13.2225)^2+\cdots=23.3394$$

$$f_U=1$$

剩余平方和

$$(Q)_H=\sum(H_i-\hat{H}_i)^2=(15.08-15.0759)^2+(14.84-14.8647)^2+\cdots=0.1222$$

$$f_Q=11-2=9$$

$(U)_H+(Q)_H=23.4616$，正好等于 $(l_{yy})_H$。

方差比 F

$$F=\frac{\dfrac{23.3394}{2}}{\dfrac{0.1222}{9}}=859.5$$

查附录 3 得

$$F_{0.01}(2,9)=8.02\ll 859.5$$

所以所得的 H 对 q_V 的回归式在 $\alpha=0.01$ 水平上高度显著。

2.3.3.3　直接进行非线性回归

对于不能转化为直线模型的非线性函数模型，需要用非线性最小二乘法进行回归。非线性函数的一般形式为

$$y=f(x,B_1,B_2,\cdots,B_i,\cdots B_m)\quad(i=1,2,\cdots,m)\tag{2-41}$$

x 可以是单个变量，也可以是 p 个变量，即 $x=(x_1,x_2,\cdots,x_p)$。一般的非线性问题在

数值计算中通常是用逐次逼近的方法来处理，其实质就是逐次“线性化”。具体解法可参阅有关专著。

本章主要符号

英文

a　回归系数
b　回归系数
b_i　回归系数
d_i　测量值与回归值之差的绝对值
f　自由度
$f_{总}$　总平方和 l_{yy} 的自由度
f_U　回归平方和的自由度
f_Q　剩余平方和的自由度
f_1, f_2　方差比 F 的分子、分母自由度
F　方差比
m　自变量的个数；多项式回归的最高方次
n　实验点数
Q　剩余平方和
q_V　体积流量，m^3/h 或 m^3/s
R　复相关系数
r　相关系数
s　剩余标准差
U　回归平方和
V　方差
$\overline{x}$　自变量 x 的平均值
$\overline{y}$　因变量 y 的平均值
$\hat{y}$　因变量 y 的回归值

希文

α　显著性水平

习　题

2-1　流动阻力实验中，获得的直管摩擦系数 λ 与雷诺数 Re 关系的实验结果见本题附表，请做出直管摩擦系数 λ 与雷诺数 Re 关系图。

习题 2-1 附表

实验号	1	2	3	4	5	6	7	8	9	10	11	12
$Re\times10^{-3}$	0.450	0.900	1.35	1.80	7.20	9.01	18.0	27.0	36.0	45.0	54.0	63.0
$\lambda\times10^{2}$	5.67	4.96	4.88	4.08	3.17	2.97	2.53	2.31	2.11	1.99	1.92	1.83

2-2　恒压过滤方程的微分形式为

$$\frac{d\theta}{dq}=\frac{2}{K}q+\frac{2}{K}q_e$$

式中　q——单位过滤面积获得的滤液体积，m^3/m^2；
q_e——单位过滤面积上的虚拟滤液体积，m^3/m^2；
θ——实际过滤时间，s；
K——过滤常数，m^2/s。

当各数据点的时间间隔不大时，$\frac{d\theta}{dq}$可用增量之比$\frac{\Delta\theta}{\Delta q}$来代替，则有

$$\frac{\Delta\theta}{\Delta q}=\frac{2}{K}q+\frac{2}{K}q_e$$

实验获得的数据见本题附表，利用回归分析方法，求取过滤常数 K。

习题 2-2 附表

实验号	1	2	3	4	5	6	7
$q/(m^3/m^2)$	0.0130	0.0390	0.0650	0.0910	0.117	0.143	0.169
$\frac{\Delta\theta}{\Delta q}/(s/m)$	292	325	342	345	374	363	392

第3章

试验设计方法

试制一种产品，改革一项工艺，寻找优良的生产条件，一般都需要做试验。实际问题错综复杂，影响试验结果的因素很多，有些因素单独起作用，有些因素则是相互制约、联合起作用。那么如何合理地安排这种多因素的试验，如何对试验的结果进行科学的分析，就成为人们十分关心的问题。这方面的实践和研究形成了数理统计学的一个重要分支——试验设计。一项科学的试验设计方法应能做到以下两点：①在试验安排上尽可能地减少试验次数；②在进行较少次数试验的基础上，能够利用所得的试验数据，分析出指导实践的正确结论，并得到较好的结果。

常见的试验设计方法，如正交试验设计法、均匀试验设计方法等就是一种科学地安排与分析多因素试验的方法。

为了叙述的方便，下面介绍有关的术语和符号。

试验指标 指试验需要考察的结果称为指标。如产品的性能、质量、成本、产量等均可作为衡量试验效果的指标。见图3-1。

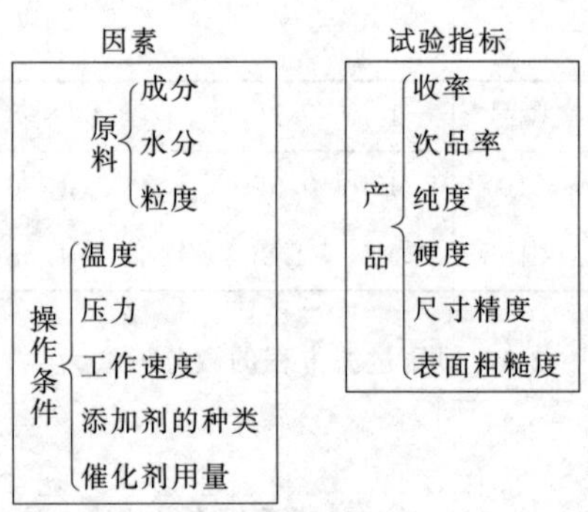

图3-1 因素和试验指标的种类

（工厂试验的例子）

因素 指作为试验研究过程的自变量，常常是造成试验指标按某种规律发生变化的那些原因。如图3-1中所列的成分、温度等。常用 C、T 等符号表示。

水平 指试验中因素所处的具体状态或情况，又称为等级。

表3-1表示了因素和水平的一个例子。若温度用 T 表示，则用下标1、2、3…表示因素的不同水平，分别记为 T_1、T_2、T_3…

可见，有的因素的水平是由数量决定，有的因素的水平是由特定的质（品种、名牌、产地等）来决定。

表3-1 因素和水平的例子

因　素	水　平
温度	100℃，120℃，140℃（3水平）
催化剂用量	4%，5%，6%，7%（4水平）
原料的种类	甲，乙（2水平）

3.1　正交试验设计方法

3.1.1　正交试验设计方法的优点和特点

中国20世纪60年代开始使用正交试验设计法，70年代得到推广。这一方法具有如下特点：

① 完成试验要求所需的实验次数少；

② 数据点的分布很均匀；

③ 可用相应的极差分析方法、方差分析方法等对试验结果进行分析，引出许多有价值的结论。因此日益受到科学工作者的重视，在实践中获得了广泛的应用。

例 3-1 某化工厂想提高某化工产品的质量和产量，对工艺中三个主要因素各按三个水平进行试验（见表3-2)。试验的目的是为提高合格产品的产量，寻找最适宜的操作条件。

表 3-2　因素水平

项目		因素		
		温度 T/℃	压力 p/Pa	加碱量 m/kg
水平	1	T_1(80)	p_1(5.0)	m_1(2.0)
	2	T_2(100)	p_2(6.0)	m_2(2.5)
	3	T_3(120)	p_3(7.0)	m_3(3.0)

解　对此实例该如何进行试验方案的设计呢?

(1) 全面搭配法

又称为网格法或析因法，该方法的特点是将各个因素的各个水平逐一搭配，每一种搭配即构成一个实验点。

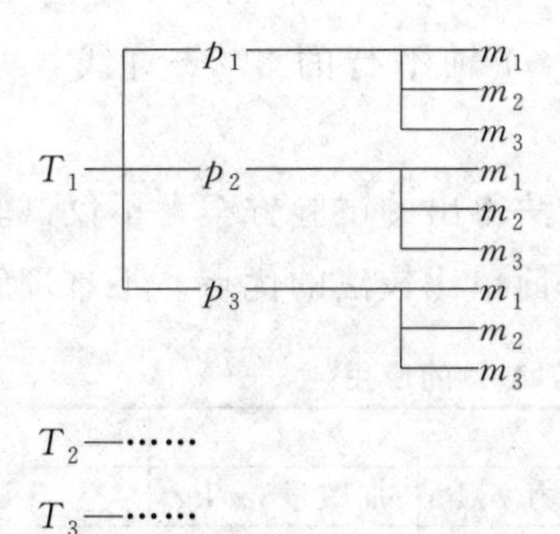

T_2——……

T_3——……

此方案数据点分布的均匀性极好，因素和水平的搭配十分全面，唯一的缺点是实验次数多达 $3^3=27$ 次（指数3代表3个因素，底数3代表每个因素有3个水平)。

(2) 简单比较法

先固定 T 为 T_1，p 为 p_1，只改变 m，观察因素 m 不同水平的影响。作了如下的三次实验：

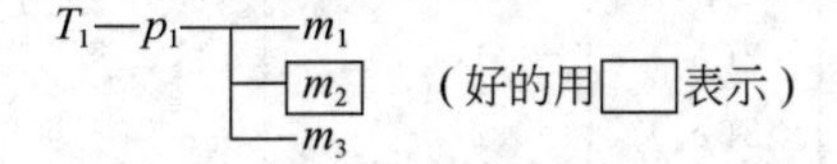

发现 $m=m_2$ 时的实验效果最好，合格产品的产量最高，因此认为在后面的实验中因素 m 应取 m_2 水平。

固定 T 为 T_1，m 为 m_2，改变 p 的三次实验为：

$T_1—m_2$——p_1
　　　　　——p_2
　　　　　——$\boxed{p_3}$

发现 $p=p_3$ 的那次实验效果最好，因此认为因素 p 宜取 p_3 水平。

固定 p 为 p_3，m 为 m_2，改变 T 的三次实验为：

$p_3—m_2$——T_1
　　　　　——$\boxed{T_2}$
　　　　　——T_3

发现因素 T 宜取 T_2 水平。

因此可以引出结论：为提高合格产品的产量，最适宜的操作条件为 $T_2p_3m_2$。与全面搭配法相比，简单比较法的优点是实验的次数少，只需做 7 次实验（$T_1p_1m_2$、$T_1p_3m_2$ 都重复两次，各做一次就可以了）。但必须指出，简单比较法的试验结果是不可靠的。因为它选取的试验点代表性差，如 T_1 水平出现了 7 次，T_2、T_3 水平却只出现了 1 次。

(3) 正交试验设计方法

用正交表安排试验。对于例 3-1 适用的正交表 $L_9(3^4)$ 及其试验安排见表 3-3。所有的正交表与 $L_9(3^4)$ 正交表一样，都具有两个特点。

① 在 9 次试验中，因素 T、p、m 的三个水平都“一视同仁”。即每个因素的每个水平都做了三次试验。

② 9 次的试验点是均衡分布的。从图 3-2 中可以直观地看出。虽然数据点只有 9 个，却非常均匀地分布在图中的各个平面和各条直线上。与 T 轴垂直的三个平面，与 p 轴垂直的三个平面，与 m 轴垂直的三个平面等 9 个平面内，每一个平面内都正好含有 3 个数据点。图中与 T、p、m 轴平行的 27 条直线，每一条直线上都正好含有一个数据点。

可见，运用正交试验设计方法得出的试验方案，不仅试验的次数少，而且数据点分布的均匀性极好，兼有全面搭配法和简单比较法的优点。不难理解，对正交试验设计法的全部数

表 3-3　正交表 $L_9(3^4)$ 的应用

项目		列号	1	2	3	4
		因素	温度 T/℃	压力 p/Pa	加碱量 m/kg	空
试验号	1		1(T_1)	1(p_1)	1(m_1)	1
	2		1(T_1)	2(p_2)	2(m_2)	2
	3		1(T_1)	3(p_3)	3(m_3)	3
	4		2(T_2)	1(p_1)	2(m_2)	3
	5		2(T_2)	2(p_2)	3(m_3)	1
	6		2(T_2)	3(p_3)	1(m_1)	2
	7		3(T_3)	1(p_1)	3(m_3)	2
	8		3(T_3)	2(p_2)	1(m_1)	3
	9		3(T_3)	3(p_3)	2(m_2)	1

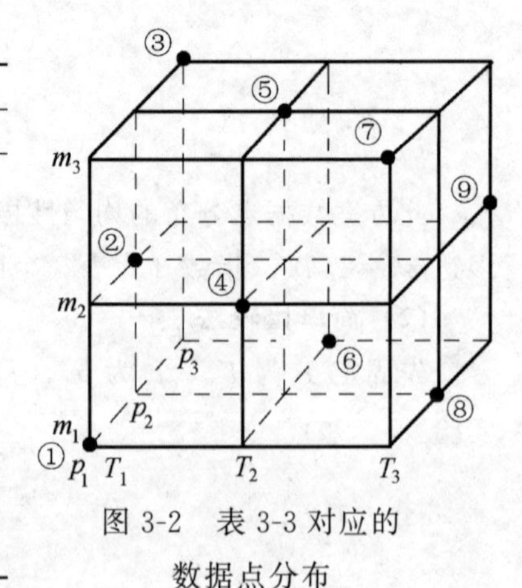

图 3-2　表 3-3 对应的数据点分布

据，进行数理统计分析引出的结论的可靠性肯定会远好于简单比较法。

因素愈多，水平数愈多，运用正交试验设计方法，减少试验次数的效益愈明显。做一个6因素3水平试验，若用因素水平全面搭配方法，共需的试验次数$=3^6=729$次；若用正交表$L_{27}(3^{13})$来安排，则只需做27次试验。

3.1.2　正交表及其特点

使用正交试验设计方法进行试验方案的设计，必须用到正交表。常见的正交表见附录4。

（1）等水平正交表（可称单一水平正交表）

这类正交表名称的写法如下（举例）。

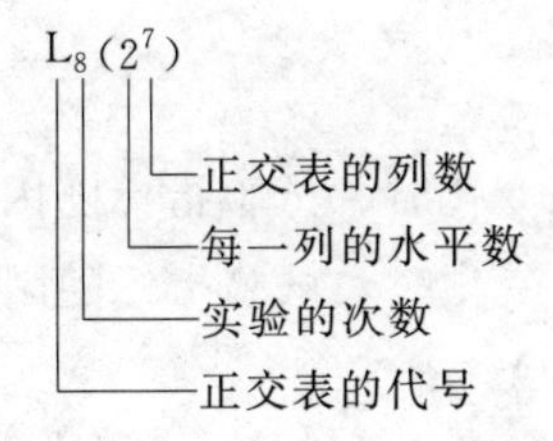

从表3-4中很容易看出以下两个特点。

① 在每一列中，各个不同的数字出现的次数相同。在表$L_8(2^7)$中，每一列有两个水平，水平1、2都是各出现4次。

② 任意两列并列在一起形成若干个数字对，不同数字对出现的次数也都相同。在表$L_8(2^7)$中，如第2列和第5列并列在一起形成的有序数字对共有4种：(1,1)，(1,2)，(2,1)，(2,2)，每种数字对出现的次数相等，这里都是2次。

这两个特点称为正交性。正是由于正交表具有上述特点，就保证了用正交表安排的试验方案中因素水平是均衡搭配的，数据点的分布是均匀的。

常用的等水平正交表有：$L_4(2^3)$，$L_8(2^7)$，$L_{12}(2^{11})$，$L_{16}(2^{15})$，$L_9(3^4)$，$L_{27}(3^{13})$，$L_{16}(4^5)$，$L_{25}(5^6)$等。

表3-4　$L_8(2^7)$正交表

试验号＼列号	1	2	3	4	5	6	7
1	1	1	1	1	1	1	1
2	1	1	1	2	2	2	2
3	1	2	2	1	1	2	2
4	1	2	2	2	2	1	1
5	2	1	2	1	2	1	2
6	2	1	2	2	1	2	1
7	2	2	1	1	2	2	1
8	2	2	1	2	1	1	2

表3-5　$L_8(4\times2^4)$正交表

试验号＼列号	1	2	3	4	5
1	1	1	1	1	1
2	1	1	1	2	2
3	2	2	2	1	1
4	2	2	2	2	2
5	3	1	2	1	2
6	3	1	2	2	1
7	4	2	1	1	2
8	4	2	1	2	1

（2）混合水平正交表

各列水平数不相同的正交表，称为混合水平正交表，下面就是一个混合水平正交表名称的写法：

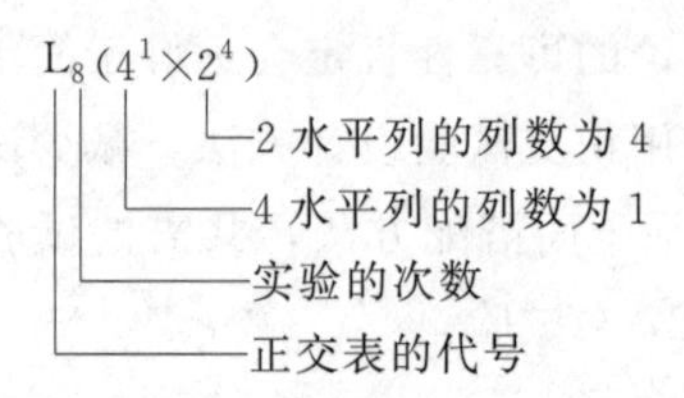

以上写法常简写为 $L_8(4\times2^4)$。此混合水平正交表含有 1 个 4 水平列，4 个 2 水平列，共有 1＋4＝5 列，见表 3-5。

混合水平正交表同样具有单一水平正交表所具有的因素水平均衡搭配的两个特点。

常用的混合水平表有：$L_8(4\times2^4)$，$L_{16}(4\times2^{12})$，$L_{16}(4^2\times2^9)$，$L_{16}(4^3\times2^6)$，$L_{16}(4^4\times2^3)$，$L_{16}(8\times2^8)$，$L_{18}(2\times3^7)$ 等。

3.1.3 因素之间的交互作用

3.1.3.1 交互作用的定义

如果因素 A 的数值和水平发生变化时，试验指标随因素 B 变化的规律也发生变化。或反之，若因素 B 的数值或水平发生变化时，试验指标随因素 A 变化的规律也发生变化。则称因素 A、B 间有交互作用，记为 $A\times B$。

3.1.3.2 交互作用的判别

例 3-2 在合成橡胶生产中，催化剂用量和聚合反应温度是对转化率有重要影响的两个因素。现以转化率 y 作为指标，看看这两个因素是否有交互作用，什么是交互作用。假定做了四次实验，得到的结果见表 3-6。

表 3-6 催化剂用量和聚合反应温度对转化率的影响

催化剂用量 V/ml	聚合温度 T/℃	转化率 y/%
4	30	84.8
	50	96.2
2	30	87.6
	50	75.5

将表中的结果表示在图 3-3。由图 3-3 可见，转化率随催化剂用量的变化规律，因聚合反应温度的不同而差异很大。在聚合反应温度为 30℃时，转化率随催化剂用量的增大而减少；在聚合反应温度为 50℃时，转化率却随催化剂用量的增大而增大。两直线在图中相交，

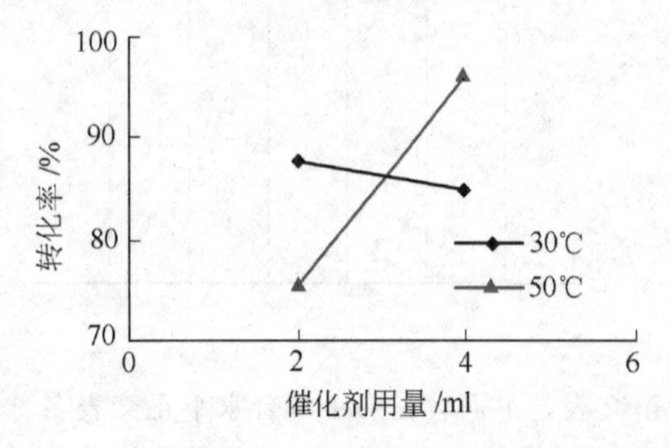

图 3-3 催化剂用量、聚合温度对转化率的影响

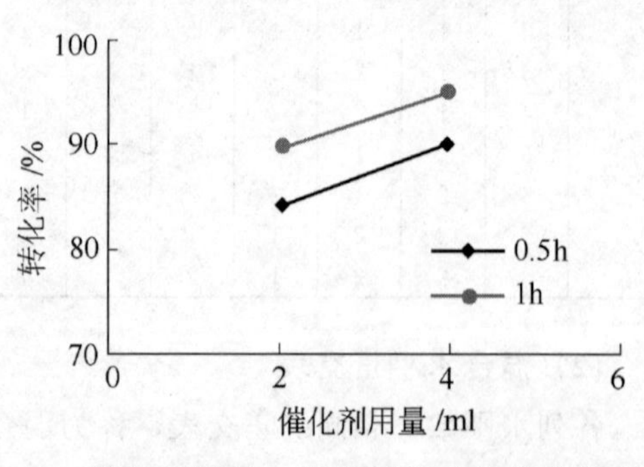

图 3-4 催化剂用量、聚合时间对转化率的影响

这是交互作用很强的一种表现。

下面再看一下催化剂用量 V 与聚合时间 t 之间是否存在有交互作用，为此，研究它们对转化率 y 的影响，进行了四次实验，结果见表 3-7 和图 3-4。

表 3-7 催化剂用量和聚合时间对转化率的影响

催化剂用量 V/ml	聚合时间 t/h	转化率 y/%
4	0.5	90.3
	1.0	95.1
2	0.5	84.2
	1.0	89.7

从图 3-4 可以直观地看出，无论聚合时间是 0.5h 还是 1h，催化剂用量 4ml 比 2ml 好；不论催化剂用量是 4ml 还是 2ml，聚合时间 1h 比 0.5h 好。也就是说一个因素水平的优劣不依赖于另一个因素的水平，这种情况称为没有交互作用，即催化剂用量 V 和聚合时间 t 没有交互作用。

3.1.4 正交表的表头设计

所谓表头设计，就是确定试验所考虑的因素和交互作用，在正交表中该放在哪一列的问题。

(1) 对于有交互作用的情况

表头设计的原则是尽量不出现混杂。

例 3-3 乙酰胺苯磺化反应试验。

试验目的：提高乙酰胺苯的收率。

因素和水平：四个 2 水平的因素（见表 3-8）。

表 3-8 例 3-3 因素和水平

因素		反应温度 T/℃	反应时间 τ/h	硫酸质量分数 w/%	操作方法 M
水平	1	$T_1=50$	$\tau_1=1$	$w_1=17$	M_1=搅拌
	2	$T_2=70$	$\tau_2=2$	$w_2=27$	M_2=不搅拌

考虑到反应温度与反应时间可能会有交互作用，反应温度与硫酸质量分数也可能有交互作用，两者可分别用代号 $T\times\tau$ 和 $T\times w$ 表示。试选择合适的正交表，并进行表头设计。

因为 4 个因素均为 2 水平，2 个交互作用需占 2 列，为方差分析应至少留一个空白列作为误差列，所以可选择正交表 $L_8(2^7)$。现有 4 个因素 T、τ、w、M，并且要考虑交互作用 $T\times\tau$、$T\times w$，表头设计应该怎么作呢？

方法一 利用两列间交互作用表

首先分析这几个因素中，哪些因素涉及的交互作用最多，哪些较少，哪些完全不涉及，因为如果涉及交互作用多的因素安排不当，它就会使交互作用和别的因素混杂，而不涉及交互作用的因素，无论它安排在哪里都可以，不会牵连到其他因素。所以安排表头时，应先安排涉及交互作用多的因素，然后再安排设计交互作用少一些的，最后再安排不涉及交互作用的。现在的问题中要考虑的因素是

$$T、\tau、w、M、T\times\tau、T\times w$$

它们的次序是　　　　　　　　　　$T \rightarrow \tau$、$w \rightarrow M$

确定了排表次序后，就需要查交互作用列表来确定交互作用列在正交表中的位置。附录4给出了一些正交表及其对应的交互作用列表。如表3-9就是正交表 $L_8(2^7)$ 对应的二列间交互作用列表。具体查法是：在表3-9中，第一个列号是带（　）的列号，从左往右水平地看，第二个列号是不带括号的列号，从上往下垂直地看，交点处的数字就是交互作用所在的列号。例如，第1列和第2列的交互作用是第3列，第1列和第4列的交互作用是第5列，第2列和第4列的交互作用是第6列，等等。

表3-9　$L_8(2^7)$ 两列间交互作用表

列号	1	2	3	4	5	6	7
(1)	(1)	3	2	5	4	7	6
(2)		(2)	1	6	7	4	5
(3)			(3)	7	6	5	4
(4)				(4)	1	2	3
(5)					(5)	3	2
(6)						(6)	1
(7)							(7)

接上面的问题讨论。如果将 T 放在第1列，τ 放在第2列，于是查交互作用列表可以知道，$T \times \tau$ 应占第3列，因此第3列上不要再排别的因素，w 就放在第4列，查交互作用表知道 $T \times w$ 占第5列，因此第5列上不要再安排别的因素，剩下第6列、第7列就可以安排其他因素。表3-10是例3-3表头设计的结果。

表3-10　例3-3的表头设计结果

列　号	1	2	3	4	5	6	7
方案1	T	τ	$T \times \tau$	w	$T \times w$	M	
方案2	T	τ	$T \times \tau$	w	$T \times w$		M

方法二　采用附录4中所列的正交表的表头设计表

表3-11就是正交表 $L_8(2^7)$ 的表头设计。本例题的因素数为4，应取表3-11中因素数为4的上行还是下行？这决定于试验者试验研究的重点是什么？

若试验者认为对试验指标影响最大的是4个单因素 T、τ、w、M 和交互作用 $T \times \tau$、$T \times w$，它们是试验研究的重点，应尽量避免因表头设计混杂而影响试验结果的分析，则宜取表3-11中因素数为4的上一行，作为表头设计。本例题即属于这种情况。

表3-11　$L_8(2^7)$ 表头设计

列号		1	2	3	4	5	6	7
因素个数	4①	T	τ	$T \times \tau$ $w \times M$	w	$T \times w$ $\tau \times M$	$\tau \times w$ $T \times M$	M
	4	T	τ $w \times M$	$T \times \tau$	w $\tau \times M$	$T \times w$	M $\tau \times w$	$T \times M$

① 例3-3采用此表头设计。

若试验者认为交互作用$T\times\tau$、$T\times w$、$T\times M$对试验指标的影响远大于其他的交互作用，特别希望得到它们对指标影响的较可靠的信息，则可让影响较小的因素或交互作用混杂，因此宜取表3-11中因素数为4的下一行作为表头设计。

若将本例题改为希望能够不受干扰地考察4个因素及其所有的两两交互作用对试验指标的影响，选$L_8(2^7)$表是不可能办到的。为此可选正交表$L_{16}(2^{15})$。由附录4表$L_{16}(2^{15})$的表头设计得知，因素数为4时的表头设计见表3-12。

表3-12 因素数为4时$L_{16}(2^{15})$的表头设计

列号	1	2	3	4	5	6	7	8	9	10	11	12	13	14	15
符号	T	τ	$T\times\tau$	w	$T\times w$	$\tau\times w$	空	M	$T\times M$	$\tau\times M$	空	$w\times M$	空	空	空

二水平两因素之间的交互作用只占一列，而三水平的两因素之间的交互作用则占两列。m水平两因素间的交互作用要占$m-1$列。表3-13是$L_{27}(3^{13})$表头设计的一部分。因素τ、w的水平数均为3时，交互作用$(\tau\times w)_1$和$(\tau\times w)_2$分别在第8列、第11列，所以交互作用$\tau\times w$对指标影响的大小应用第8列、第11列来计算。

表3-13 $L_{27}(3^{13})$表头设计的一部分

列号		1	2	3	4	5	6	7	8	9	10	11	12	13
因素个数	3	T	τ	$(T\times\tau)_1$	$(T\times\tau)_2$	w	$(T\times w)_1$	$(T\times w)_2$	$(\tau\times w)_1$	空	空	$(\tau\times w)_2$	空	空

关于表头设计，这里再作一些说明。首先把因素的排表顺序确定下来（即按涉及交互作用的多少而定），其次是试探性的安排。如果试探合适了，就找到了一个试验计划表；如果几次试探后总有混杂，那很可能这张表确实无法安排得不混杂，这时或者选用更大的表，或者让估计不太重要的因素和交互作用彼此混杂。

（2）因素之间不存在交互作用

若因素之间不存在交互作用，则各因素在正交表中的位置是任意的，但要注意因素的水平数和正交表列中的水平数要一致。在例3-1中，对$L_9(3^4)$的表头设计，表3-14所列的各种方案都是可用的。

表3-14 $L_9(3^4)$表头设计方案

列号	1	2	3	4
方案1	T	p	m	空
方案2	空	T	p	m
方案3	m	空	T	p
方案4	p	m	空	T

对试验之初不考虑交互作用而选用较大的正交表，空列较多时，最好仍与有交互作用时一样，按规定进行表头设计。只不过将有交互作用列先视为空列，待试验结束后再加以判定。

3.1.5 选择正交表的基本原则

一般都是先确定试验的因素、水平和交互作用，后选择适用的正交表。在确定因素的水平数时，主要因素宜多安排几个水平，次要因素可少安排几个水平。

在选择正交表应考虑以下原则。

① 先看水平数。若各因素全是 2 水平，就选 $L(2^*)$ 表；若各因素全是 3 水平，就选 $L(3^*)$ 表。若各因素的水平数不相同，就选择适宜的混合水平表。

② 每一个交互作用在正交表中应占一列或几列。所选的正交表应能容纳得下所考虑的因素和交互作用。为了对试验结果进行方差分析还必须至少留一个空白列，作为“误差”列，在极差分析中可作为“其他因素”列处理。

③ 要看试验精度的要求。若要求高，则宜取实验次数多的正交表。若试验费用很昂贵，或试验的经费很有限，或人力和时间都比较紧张，则不宜选实验次数太多的正交表。

④ 在按原考虑的因素、水平和交互作用去选择正交表，无正好适用的正交表可选时，简便且可行的办法是适当修改原定的水平数。

⑤ 在某因素或某交互作用的影响是否确实存在没有把握的情况下，选择 L 表时常为该选大表还是选小表而犹豫。若条件许可，应尽量选用大表，让可能存在较大影响的因素和交互作用各占适当的列。某因素或某交互作用的影响是否真的存在，留到方差分析做显著性检验时再做结论。这样既可以减少试验的工作量，又不至于漏掉重要的信息。

3.1.6 正交试验的操作方法

① 分区组　对于一批试验，如果要使用几台不同的机器，或要使用几种原料来进行，为了防止机器或原料的不同而带来误差，从而干扰试验的分析，可在开始做实验之前，用 L 表中未排因素和交互作用的一个空白列来安排机器或原料。

与此类似，若试验指标的检验需要几个人（或几台仪器）来做，为了消除不同人（或仪器）检验的水平不同给试验分析带来干扰，也可采用在 L 表中用一空白列来安排的办法。这样一种作法叫做分区组法。

② 因素水平表排列顺序的随机化　在例 3-1 和例 3-3 等常见的例题中，每个因素的水平序号从小到大时，因素的数值总是按由小到大或由大到小的顺序排列。按正交表做试验时，所有的 1 水平要碰在一起，而这种极端的情况有时是不希望出现的，有时也没有实际意义。因此在排列因素水平表时，最好不要简单地完全按因素数值由小到大或由大到小的顺序排列。从理论上讲，最好能使用一种随机化的方法。所谓随机化就是采用抽签或查随机数值表的办法，来决定排列的顺序。

③ 试验进行的次序　试验进行的次序没有必要完全按照正交表上试验号码的顺序。为减少试验中由于先后实验操作熟练的程度不匀带来的误差干扰，理论上推荐用抽签的办法来决定试验的次序。

④ 实验条件的取值　在确定每一个实验的实验条件时，只需考虑所确定的几个因素和分区组该如何取值，而不要（其实也无法）考虑交互作用列和误差列怎么取值的问题。交互作用列和误差列的取值问题由实验本身的客观规律来确定，它们对试验指标影响的大小在方差分析时给出。

⑤ 做实验时，实验条件的控制力求做到十分严格　这个问题在因素各水平下的数值差

别不大时更为重要。例如在例3-1中，因素（加碱量）m 的 $m_1=2.0$，$m_2=2.5$，$m_3=3.0$，在以 $m=m_2=2.5$ 为条件的某一个实验中，就必须严格认真地让 $m=2.5$。若因为粗心和不负责任，造成 $m=2.2$ 或者造成 $m=3.0$，那就将使整个试验失去正交试验设计方法的特点，使极差和方差分析方法的应用丧失了必要的前提条件，因而得不到正确的试验结果。

3.1.7　正交试验结果的极差分析方法

正交试验方法能得到科技工作者的重视，在实践中得到广泛的应用，原因之一是不仅试验的次数减少，而且用相应的方法对试验结果进行分析可以引出许多有价值的结论。因此，在正交试验中，如果不对试验结果进行认真的分析，并明确地引出应该引出的结论，那就失去用正交试验法的意义和价值。

下面以 $L_4(2^3)$ 为例讨论正交试验结果的极差分析方法，见表3-15。

表3-15　$L_4(2^3)$ 正交试验计算表

列号		1	2	3	试验指标 y_i
试验号	1	1	1	1	y_1
	2	1	2	2	y_2
	3	2	1	2	y_3
	4	2	2	1	y_4
I_j		$\mathrm{I}_1=y_1+y_2$	$\mathrm{I}_2=y_1+y_3$	$\mathrm{I}_3=y_1+y_4$	
II_j		$\mathrm{II}_1=y_3+y_4$	$\mathrm{II}_2=y_2+y_4$	$\mathrm{II}_3=y_2+y_3$	
k_j		$k_1=2$	$k_2=2$	$k_3=2$	
I_j/k_j		I_1/k_1	I_2/k_2	I_3/k_3	
II_j/k_j		II_1/k_1	II_2/k_2	II_3/k_3	
极差(D_j)		max{}−min{}	max{}−min{}	max{}−min{}	

注：I_j——第 j 列“1”水平所对应的试验指标的数值之和；

II_j——第 j 列“2”水平所对应的试验指标的数值之和；

k_j——第 j 列同一水平出现的次数，等于试验的次数（n）除以第 j 列的水平数；

I_j/k_j——第 j 列“1”水平所对应的试验指标的平均值；

II_j/k_j——第 j 列“2”水平所对应的试验指标的平均值；

D_j——第 j 列的极差。等于第 j 列各水平对应的试验指标平均值中的最大值减最小值，即

$$D_j=\max\left\{\frac{\mathrm{I}_j}{k_j},\frac{\mathrm{II}_j}{k_j},\cdots\right\}-\min\left\{\frac{\mathrm{I}_j}{k_j},\frac{\mathrm{II}_j}{k_j},\cdots\right\}$$

用极差方法分析正交试验结果应引出以下几个结论。

① 在试验范围内，各列对试验指标的影响从大到小的排队。某列的极差最大，表示该列的数值在试验范围内变化时，使试验指标数值的变化最大。所以各列对试验指标的影响从大到小的排队，就是各列极差 D 的数值从大到小的排队。

② 试验指标随各因素的变化趋势。

③ 使试验指标最好的适宜的操作条件（适宜的因素水平搭配）。

④ 对所得结论和进一步研究方向的讨论。

例 3-4 对例 3-3 的试验问题写出应用正交试验设计方法的全过程，用极差方法分析正交试验的结果。

解 试验目的：提高磺化反应的乙酰胺苯的收率。试验指标：乙酰胺苯的收率。因素水平见表 3-16。

表 3-16 因素水平表

因素		反应温度 T/℃	反应时间 τ/h	硫酸质量分数 w/%	操作方法 M
水平	1	$T_1=50$	$\tau_1=1$	$w_1=17$	M_1=搅拌
	2	$T_2=70$	$\tau_2=2$	$w_2=27$	M_2=不搅拌

应考虑的交互作用：$T\times\tau$，$T\times w$。

选择的正交表为 $L_8(2^7)$，表头设计及计算结果均见表 3-17。

表 3-17 $L_8(2^7)$ 正交表表头设计及应用计算

列号		1	2	3	4	5	6	7	试验指标
因素		T/℃	τ/h	$T\times\tau$	w/%	$T\times w$		M	收率 y_i/%
试验号	1	1(50)	1(1)	1	1(17)	1	1	1(搅拌)	$y_1=65$
	2	1	1	1	2(27)	2	2	2(不搅拌)	$y_2=74$
	3	1	2(2)	2	1	1	2	2	$y_3=71$
	4	1	2	2	2	2	1	1	$y_4=73$
	5	2(70)	1	2	1	2	1	2	$y_5=70$
	6	2	1	2	2	1	2	1	$y_6=73$
	7	2	2	1	1	2	2	1	$y_7=62$
	8	2	2	1	2	1	1	2	$y_8=67$
I_j		283	282	268	268	276	275	273	
II_j		272	273	287	287	279	282	282	
k_j		4	4	4	4	4	4	4	
I_j/k_j		70.75	70.50	67.00	67.00	69.00	68.75	68.25	
II_j/k_j		68.00	68.25	71.75	71.75	69.75	70.50	70.50	
极差 D_j		2.75	2.25	4.75	4.75	0.75	1.75	2.25	

表中数据的计算举例，以第 3 列为例：

$$j=3$$

$$\text{I}_j=\text{I}_3=y_1+y_2+y_7+y_8=65+74+62+67=268$$

$$\text{II}_j=\text{II}_3=y_3+y_4+y_5+y_6=71+73+70+73=287$$

$$k_j=k_3=\frac{8}{2}=4$$

$$\frac{\text{I}_j}{k_j}=\frac{\text{I}_3}{k_3}=\frac{268}{4}=67.00$$

$$\frac{\text{II}_j}{k_j}=\frac{\text{II}_3}{k_3}=\frac{287}{4}=71.75$$

极差 $$D_j=D_3=71.75-67.00=4.75$$

应该引出的四个结论如下。

(1) 各列对试验指标影响大小的排队问题

从极差可以看出，影响最大的是交互作用$T\times\tau$及因素w，其次是因素T，再次是因素τ、M，交互作用$T\times w$的影响比“空列”的影响还小，可以认为交互作用$T\times w$不必考虑，让$T\times w$参与排队毫无意义。

(2) 试验指标随各因素的变化趋势

由表3-17中的第1(T)列：$\frac{\text{I}_1}{k_1}=70.75$，1水平$T_1=50℃$，$\frac{\text{II}_1}{k_1}=68.00$，2水平$T_2=70℃$。可见，反应温度升高，收率下降。

同样可引出结论：

反应时间加长，收率下降；硫酸质量分数增大，收率增大；操作方法由搅拌改为不搅拌，收率增大。

(3) 适宜的操作条件

首先应搞清所讨论问题的试验指标的数值是大好还是小好。很明显，本题的试验指标收率是愈大愈好。

在确定适宜操作条件时，应优先考虑对试验指标影响大的试验因素和交互作用。也就是说必须按对试验指标的影响从大到小的顺序，来确定适宜的操作条件。

① 对于w因素，宜取2水平。

② 对于交互作用$T\times\tau$，需列出二元表（见表3-18）、画出二元图（见图3-5）来分析。

表3-18 交互作用$T\times\tau$的二元表

收　率	y_i	
因素与水平	$\tau_1=1\text{h}$	$\tau_2=2\text{h}$
$T_1=50℃$	$\frac{y_1+y_2}{2}=\frac{65\%+74\%}{2}=69.5\%$	$\frac{y_3+y_4}{2}=\frac{71\%+73\%}{2}=72.0\%$
$T_2=70℃$	$\frac{y_5+y_6}{2}=\frac{70\%+73\%}{2}=71.5\%$	$\frac{y_7+y_8}{2}=\frac{62\%+67\%}{2}=64.5\%$

注：$y_1\sim y_8$的数据从表3-17中读取（下同）。

可以看出，50℃、2h的产率和70℃、1h的收率相差无几。因此可选$T_1\tau_2$或$T_2\tau_1$的水平搭配。

③ 对于T因素，宜取1水平。

④ 对于τ因素，从τ因素单独对收率的影响看，宜取1水平。但τ因素的影响不如交互作用$T\times\tau$的影响大，要优先考虑交互作用，结合T因素的适宜水平，因此τ因素应该取2水平。

⑤ 对于M因素，宜取2水平。

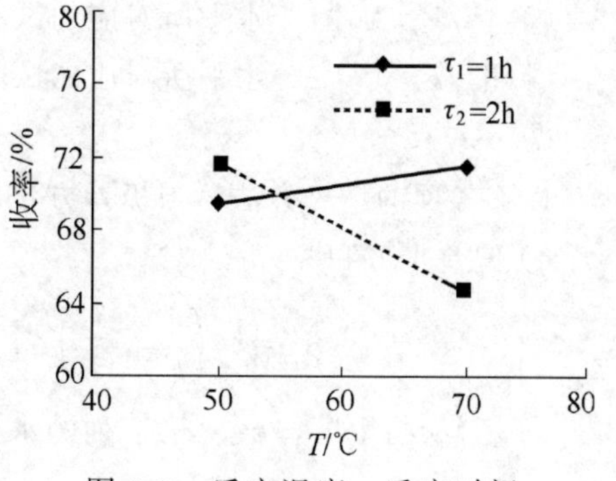

图3-5 反应温度、反应时间对收率的影响

所以，为提高收率，在本试验范围内，适宜的操作条件为：反应温度$T=T_1=50℃$；反应时间$\tau=\tau_2=2\text{h}$；硫酸质量分数$w=w_2=$

27%；操作方法 $M=M_2=$不搅拌。

(4) 对所得结论和进一步研究方向的讨论

① 从交互作用 $T\times\tau$ 的搭配可以看出，50℃、2h 的收率为 72%，70℃、1h 的收率为 71.5%，相差不大。从提高功效来看，用 70℃、1h 比 50℃、2h 好，因为收率只下降 0.5%，而反应时间却缩短了一半。因此适宜操作条件可改为：T_2（70℃），τ_1（1h），w_2(27%)，M_2(不搅拌)。

② 从上面的分析可以看出，因素 w(硫酸质量分数）从 17%增加到 27%时，收率是提高的；因此如果希望进一步提高收率，则因素 w 取大于 27%，再进一步作试验是有可能提高的。

3.1.8 正交试验结果的方差分析方法

前面介绍了正交试验设计的极差分析法，这个方法比较简便易懂，只要对试验结果作少量计算，通过综合比较，便可得出最优操作条件。但极差分析不能估计试验过程中以及试验结果测定中必然存在的误差的大小。也就是说，不能区分某因素各水平所对应的试验结果间的差异究竟是真正由因素水平不同所引起的，还是由试验的误差所引起的，因此不能知道分析的精度。为了弥补极差分析法的这个缺点，可采用方差分析的方法。方差分析正是将因素水平（或交互作用）的变化所引起的试验结果间的差异与误差的波动所引起的试验结果间的差异区分开来的一种数学方法。

3.1.8.1 计算公式和项目

试验指标的加和值$=\sum\limits_{i=1}^{n}y_i$，试验指标的平均值 $\overline{y}=\dfrac{1}{n}\sum\limits_{i=1}^{n}y_i$。

与表 3-15 一样，第 j 列：

① I_j 为“1”水平所对应的试验指标的数值之和。

② II_j 为“2”水平所对应的试验指标的数值之和。

③ ……

④ k_j 为同一水平出现的次数，等于试验的次数除以第 j 列的水平数。

⑤ I_j/k_j 为“1”水平所对应的试验指标的平均值。

⑥ II_j/k_j 为“2”水平所对应的试验指标的平均值。

⑦ ……

以上各项的计算方法，与极差方法同，见 3.1.7。

⑧ 偏差平方和

$$S_i=k_j\left(\frac{\text{I}_j}{k_j}-\overline{y}\right)^2+k_j\left(\frac{\text{II}_j}{k_j}-\overline{y}\right)^2+k_j\left(\frac{\text{III}_j}{k_j}-\overline{y}\right)^2+\cdots$$

⑨ f_j 为自由度，$f_j=$第 j 列的水平数-1。

⑩ V_j 为方差，$V_j=\dfrac{S_j}{f_j}$。

⑪ 总的偏差平方和 $S_{总}=\sum\limits_{i=1}^{n}(y_i-\overline{y})^2$。

⑫ 总的偏差平方和等于各列的偏差平方和之和，即

$$S_{总}=\sum_{j=1}^{m}S_j$$

式中，m 为正交表的列数。

⑬ 总自由度 $f_{总}$＝试验次数－1。

⑭ 误差列的偏差平方和 S_e　误差列的偏差平方和 S_e 应该是所有空列的偏差平方和之和。如正交表中有5个空列，则误差列的偏差平方和 S_e 等于这5个空列的偏差平方和之和，即 $S_e=S_{e1}+S_{e2}+S_{e3}+S_{e4}+S_{e5}$。误差列的偏差平方和 S_e 也可用 $S_e=S_{总}-S'$ 来计算，其中：S' 为安排有因素或交互作用的各列的偏差平方和之和。

⑮ 误差列的自由度 f_e　误差列的自由度 f_e 应该是所有空列的自由度之和。如正交表中有5个空列，则误差列的自由度 f_e 等于这5个空列的自由度之和，即：$f_e=f_{e1}+f_{e2}+f_{e3}+f_{e4}+f_{e5}$。误差列的自由度 f_e 也可用 $f_e=f_{总}-\sum f_i$ 来计算，其中：$\sum f_i$ 为安排有因素或交互作用的各列的自由度之和。

⑯ V_e 为误差列的方差

$$V_e=\frac{S_e}{f_e}$$

⑰ F_j 为方差之比

$$F_j=\frac{V_j}{V_e}$$

查 F 分布数值表（见附录3），做显著性检验。显著性检验结果的具体表示方法与第2章相同。

3.1.8.2 引出的结论

与极差法相比，方差分析方法可以多引出一个结论：各列对试验指标的影响是否显著，在什么水平上显著。在数理统计上这是一个很重要的问题。显著性检验强调试验误差在分析每列对指标影响中所起的作用。如果某列对指标的影响不显著，那么，讨论试验指标随它的变化趋势是毫无意义的。因为在某列对指标的影响不显著时，即使从表中的数据可以看出该列水平变化时，对应的试验指标的数值也在以某种“规律”发生变化，但那很可能是由于实验误差所致，将它作为客观规律是不可靠的。有了各列的显著性检验之后，最后应将影响不显著的交互作用列与原来的“误差列”合并起来，组成新的“误差列”，重新检验各列的显著性。

例 3-5 为了提高某发酵饲料的营养，选择了四个因素进行正交试验，其因素水平见表3-19。

表 3-19　例 3-5 的因素水平

因素		发酵温度 T/℃	发酵时间 τ/h	初始的pH值	投曲量 w/%
水平	1	10	12	7	5
	2	20	24	6	10
	3	30	48	5	
	4	50	72	4	

试验指标（y）为成品的总酸度。要求写出应用正交试验设计方法的全过程，用方差分析方法分析正交试验的结果。

解　试验指标 y：成品中酸的浓度，mol/L。

理论和经验都认为可以不考虑交互作用。四个因素的水平数不完全相同，所以应选择混合水平正交表。因为 3 个因素是 4 水平，1 个因素是 2 水平，所以选 $L_{16}(4^3\times2^6)$ 正交表。表头设计见表 3-20(a)。

表 3-20(a)　使用正交表 $L_{16}(4^3\times2^6)$ 的正交试验数据

列号		1	2	3	4	5	6	7	8	9	酸浓度/(mol/L)
因素		T/℃	τ/h	pH	e	e	e	e	e	w/%	y
试验号	1	1	1	1	1	1	1	1	1	1	
		(10)	(12)	(7)						(5)	6.36
	2	1	2	2	1	1	2	2	2	2	
		(10)	(24)	(6)						(10)	7.43
	3	1	3	3	2	2	1	1	2	2	
		(10)	(48)	(5)						(10)	10.36
	4	1	4	4	2	2	2	2	1	1	
		(10)	(72)	(4)						(5)	11.56
	5	2	1	2	2	2	1	2	1	2	
		(20)	(12)	(6)						(10)	8.66
	6	2	2	1	2	2	2	1	2	1	
		(20)	(24)	(7)						(5)	5.39
	7	2	3	4	1	1	1	2	2	1	
		(20)	(48)	(4)						(5)	15.50
	8	2	4	3	1	1	2	1	1	2	
		(20)	(72)	(5)						(10)	19.53
	9	3	1	3	1	2	2	2	2	1	
		(30)	(12)	(5)						(5)	12.08
	10	3	2	4	1	2	1	1	1	2	
		(30)	(24)	(4)						(10)	13.13
	11	3	3	1	2	1	2	2	1	2	
		(30)	(48)	(7)						(10)	8.03
	12	3	4	2	2	1	1	1	2	1	
		(30)	(72)	(6)						(5)	12.45
	13	4	1	4	2	1	2	1	2	2	
		(50)	(12)	(4)						(10)	13.49
	14	4	2	3	2	1	1	2	1	1	
		(50)	(24)	(5)						(5)	10.77
	15	4	3	2	1	2	2	1	1	1	
		(50)	(48)	(6)						(5)	9.80
	16	4	4	1	1	2	1	2	2	2	
		(50)	(72)	(7)						(10)	16.54

表中数据的计算举例（以第 3 列为例）：

$$Ⅰ_3=y_1+y_6+y_{11}+y_{16}=6.36+5.39+8.03+16.54=36.32$$

$$Ⅱ_3=y_2+y_5+y_{12}+y_{15}=7.43+8.66+12.45+9.80=38.34$$

$$Ⅲ_3=y_3+y_8+y_9+y_{14}=10.36+19.53+12.08+10.77=52.74$$

$$Ⅳ_3=y_4+y_7+y_{10}+y_{13}=11.56+15.50+13.13+13.49=53.68$$

$$k_3=4$$

$$\frac{\text{Ⅰ}_3}{k_3}=\frac{36.32}{4}=9.08$$

$$\frac{\text{Ⅱ}_3}{k_3}=\frac{38.34}{4}=9.59$$

$$\frac{\text{Ⅲ}_3}{k_3}=\frac{52.74}{4}=13.19$$

$$\frac{\text{Ⅳ}_3}{k_3}=\frac{53.68}{4}=13.42$$

极差　$D_3=13.42-9.08=4.34$

$$\sum_{i=1}^{16}y_i=181.08$$

$$\bar{y}=\frac{181.08}{16}=11.32$$

$$S_{总}=\sum_{i=1}^{16}(y_i-\bar{y})^2=218.35$$

偏差平方和

$$S_3=k_3\left(\frac{\text{Ⅰ}_3}{k_3}-\bar{y}\right)^2+k_3\left(\frac{\text{Ⅱ}_3}{k_3}-\bar{y}\right)^2+k_3\left(\frac{\text{Ⅲ}_3}{k_3}-\bar{y}\right)^2+k_3\left(\frac{\text{Ⅳ}_3}{k_3}-\bar{y}\right)^2$$
$$=4\times(9.08-11.32)^2+4\times(9.59-11.32)^2+4\times(13.19-11.32)^2+4\times(13.42-11.32)^2=63.67$$

自由度　$f_3=4-1=3$

方差　$V_3=\dfrac{S_3}{f_3}=\dfrac{63.67}{3}=21.22$

$$S_e=S_{总}-(S_1+S_2+S_3+S_9)=218.35-(33.57+79.19+63.67+11.02)=30.9$$

$$f_e=(16-1)-(3+3+3+1)=5$$

$$V_e=\frac{S_e}{f_e}=\frac{30.9}{5}=6.18$$

$$F_3=\frac{V_3}{V_e}=\frac{21.22}{6.18}=3.43$$

查 F 分布数值表得：

$$F(\alpha=0.01，f_1=3，f_2=5)=12.06>F_3$$
$$F(\alpha=0.05，f_1=3，f_2=5)=5.41>F_3$$
$$F(\alpha=0.10，f_1=3，f_2=5)=3.62>F_3$$
$$F(\alpha=0.25，f_1=3，f_2=5)=1.88<F_3$$

所以，第 3 列对试验指标的影响在 $\alpha=0.25$ 水平上显著。其他列的计算结果见表 3-20(b)。

表 3-20(b)　其他列的计算结果

列　　号	1	2	3	4	5	6	7	8	9	
因　　素	T/℃	τ/h	pH	e	e	e	e	e	w/%	
I_j	35.71	40.59	36.32						83.91	$\sum_{i=1}^{16} y_i = 181.08$
II_j	49.08	36.72	38.34						97.17	$\overline{y} = 11.32$
III_j	45.69	43.69	52.74						—	
IV_j	50.60	60.08	53.68						—	
k_j	4	4	4	8	8	8	8	8	8	
I_j/k_j	8.93	10.15	9.08						10.49	
II_j/k_j	12.27	9.18	9.59						12.15	
III_j/k_j	11.42	10.92	13.19						—	
IV_j/k_j	12.65	15.02	13.42						—	
极差 D_j	3.72	5.84	4.34						1.66	
	③	①	②						④	
偏差平方和 S_j	33.57	79.19	63.67		$S_e=30.9$				11.02	$S_{总}=\sum_{i=1}^{16}(y_i-\overline{y})^2$
	③	①	②						④	$=218.35$
自由度 f_j	3	3	3		$f_e=5$				1	$f_{总}=15$
方差 V_j	11.19	26.40	21.22		$V_e=6.18$				11.02	
方差比 F_j	1.81	4.27	3.43						1.78	
$F_{0.25}$	1.88	1.88	1.88						1.69	
$F_{0.10}$	3.62	3.62	3.62						4.06	
$F_{0.05}$		5.41								
$F_{0.01}$										
显著性	0^*	2^*	1^*						1^*	
	(0.25)	(0.10)	(0.25)						(0.25)	

用方差分析方法分析正交试验结果，应该引出如下几点结论。

(1) 关于显著性的结论

发酵时间对指标的影响在 $\alpha=0.10$ 水平上显著；初始的 pH 值和投曲量在 $\alpha=0.25$ 水平上显著；发酵温度在 $\alpha=0.25$ 水平上仍不显著。

(2) 试验指标随各因素的变化趋势

图 3-6 是用表 3-19 中各因素的水平值作为横坐标及表 3-20(b) 中的指标平均值 I_j/k_j，II_j/k_j，III_j/k_j，IV_j/k_j 作为纵坐标标绘的。

(3) 适宜的操作条件

在确定适宜操作条件时，对于 F 检验中 $\alpha=0.25$ 不显著的因素，可能是因为 V_e 太大，误差太大；也可能是因为 V_j 太小，该因素对指标影响太小。所以，对于 F 检验不显著的因素，适宜的水平可以是任意的。如本例中的因素 T，可认为 $T=20\sim50$℃即可，不必非 50℃不可。所以在本例中为提高总酸度，适宜的操作条件为：$T=20\sim50$℃，$\tau=72$h，pH$=$4，$w=10\%$。

(4) 对所得结论及进一步研究方向的讨论

① 由图 3-6(d) 可见，投曲量 w 这个水平为试验范围的边上（最大值或最小值），所以

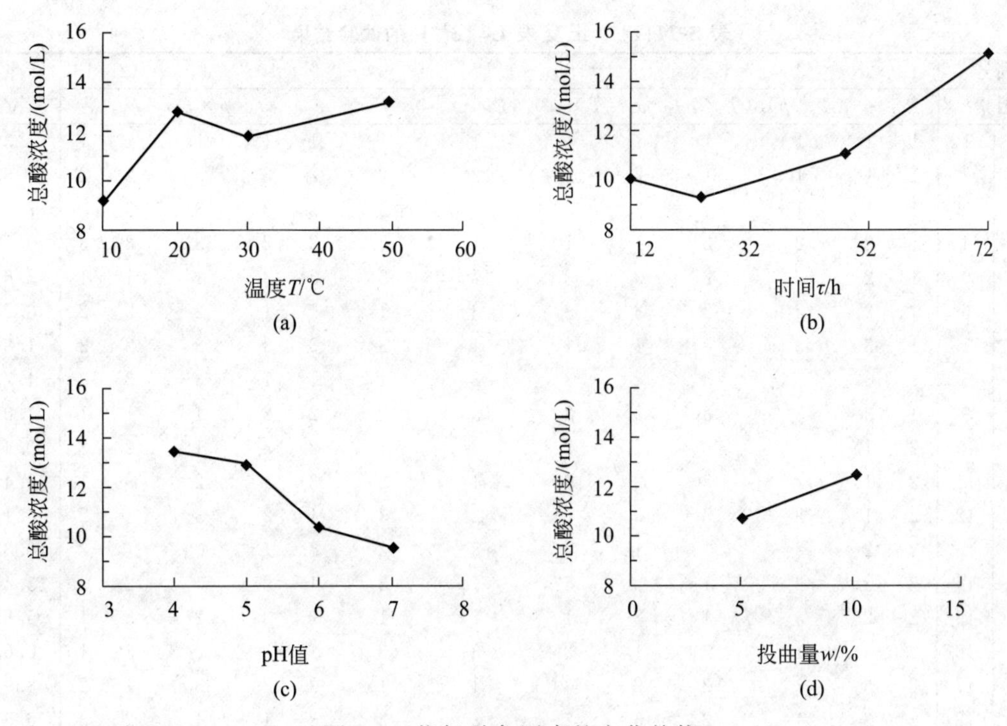

图 3-6 指标随各因素的变化趋势

应研究投曲量大于10%时试验指标随投曲量的变化规律。②从图 3-6(c) 可见，初始 pH 值等于5时的总酸度与初始 pH 值等于4时的总酸度差不多。但与 pH=4 相比较，pH=5 比较容易实现。所以进一步研究的方向之一，是研究 pH=5 时的优势和存在的问题。③从图 3-6(b) 可见，发酵时间愈长，成品的总酸度愈大，所以进一步研究发酵时间多于72h时，成品总酸度的变化规律。

例 3-6 为了提高某种产品的产量，寻求较好的工艺条件。考虑三个因素：反应温度、反应压力和溶质含量。它们都取3个水平，见表 3-21(a)。

表 3-21(a) 例 3-6 的因素水平

因素		温度 T/℃	压力 p/kPa	质量分数 w/%
水平	1	60	20	0.5
	2	65	25	1.0
	3	70	30	2.0

为考察3个因素间所有的两因素交互作用的影响，选正交表 $L_{27}(3^{13})$，依该表的表头设计表得到的表头设计如表 3-21(b) 所示。

表 3-21(b) 例 3-6 正交表表头设计

列号	1	2	3	4	5	6	7	8	9	10	11	12	13
因素	T	p	$(T\times p)_1$	$(T\times p)_2$	w	$(T\times w)_1$	$(T\times w)_2$	$(p\times w)_1$	e_1	e_2	$(p\times w)_2$	e_3	e_4

可见，3水平两因素的交互作用占两列。试验结果见表 3-21(c)，试验结果的方差分析计算见表 3-21(d)。

表 3-21(c)　正交表 $L_{27}(3^{13})$ 的试验结果

列号		1	2	3	4	5	6	7	8	9	10	11	12	13	产量/t
因素		T	p	$(T\times p)_1$	$(T\times p)_2$	w	$(T\times w)_1$	$(T\times w)_2$	$(p\times w)_1$	e_1	e_2	$(p\times w)_2$	e_3	e_4	y
试验号	1	1	1	1	1	1	1	1	1	1	1	1	1	1	1.30
	2	1	1	1	1	2	2	2	2	2	2	2	2	2	4.63
	3	1	1	1	1	3	3	3	3	3	3	3	3	3	7.23
	4	1	2	2	2	1	1	1	2	2	2	3	3	3	0.50
	5	1	2	2	2	2	2	2	3	3	3	1	1	1	3.67
	6	1	2	2	2	3	3	3	1	1	1	2	2	2	6.23
	7	1	3	3	3	1	1	1	3	3	3	2	2	2	1.37
	8	1	3	3	3	2	2	2	1	1	1	3	3	3	4.73
	9	1	3	3	3	3	3	3	2	2	2	1	1	1	7.07
	10	2	1	2	3	1	2	3	1	2	3	1	2	3	0.47
	11	2	1	2	3	2	3	1	2	3	1	2	3	1	3.47
	12	2	1	2	3	3	1	2	3	1	2	3	1	2	6.13
	13	2	2	3	1	1	2	3	2	3	1	3	1	2	0.33
	14	2	2	3	1	2	3	1	3	1	2	1	2	3	3.40
	15	2	2	3	1	3	1	2	1	2	3	2	3	1	5.80
	16	2	3	1	2	1	2	3	3	1	2	2	3	1	0.63
	17	2	3	1	2	2	3	1	1	2	3	3	1	2	3.97
	18	2	3	1	2	3	1	2	2	3	1	1	2	3	6.50
	19	3	1	3	2	1	3	2	1	3	2	1	3	2	0.03
	20	3	1	3	2	2	1	3	2	1	3	2	1	3	3.40
	21	3	1	3	2	3	2	1	3	2	1	3	2	1	6.80
	22	3	2	1	3	1	3	2	2	1	3	3	2	1	0.57
	23	3	2	1	3	2	1	3	3	2	1	1	3	2	3.97
	24	3	2	1	3	3	2	1	1	3	2	2	1	3	6.83
	25	3	3	2	1	1	3	2	3	2	1	2	1	3	1.07
	26	3	3	2	1	2	1	3	1	3	2	3	2	1	3.97
	27	3	3	2	1	3	2	1	2	1	3	1	3	2	6.57

① $\sum_{i=1}^{27} y_i = 100.64$，$\overline{y} = 3.7274$，总的偏差平方和

$$S_{总} = \sum_{i=1}^{27}(y_i - \overline{y})^2 = \sum_{i=1}^{27} y_i^2 - \frac{1}{n}\left(\sum_{i=1}^{27} y_i\right)^2 = 161.02$$

② 两个三水平因素的交互作用占两列，它的 S、f、V 如何计算？以交互作用 $p\times w$ 为例。$p\times w$ 占第 8 和第 11 列，偏差平方和

$$S_{p\times w} = S_8 + S_{11} = 0.09187465 + 0.08907423 = 0.18095$$

自由度
$$f_{p\times w} = f_8 + f_{11} = 2 + 2 = 4$$

方差
$$V_{p\times w} = \frac{S_{p\times w}}{f_{p\times w}} = \frac{0.18095}{4} = 0.045238$$

方差之比
$$F_{p\times w} = \frac{V_{p\times w}}{V_e}$$

③ 误差 e 的偏差平方和 S_e 的计算。因为各因素及其交互作用的偏差平方和肯定是要计算的，所以通常用下式求 S_e。

表 3-21(d) 方差分析计算结果

列号	1	2	3	4	5	6	7	8	11	9,10,12,13
因素	T	p	$(T\times p)_1$	$(T\times p)_2$	w	$(T\times w)_1$	$(T\times w)_2$	$(p\times w)_1$	$(p\times w)_2$	e
I_j	36.73	33.46	35.63	34.30	6.27	32.94	34.21	33.33	32.98	
II_j	30.70	31.30	32.08	31.73	35.21	34.66	33.13	33.04	33.43	
III_j	33.21	35.88	32.93	34.61	59.16	33.04	33.30	34.27	34.23	
k_j	9	9	9	9	9	9	9	9	9	
I_j/k_j	4.081111	3.717778	3.958889	3.811111	0.6966667	3.660000	3.801111	3.703333	3.664444	
II_j/k_j	3.411111	3.477778	3.564444	3.525556	3.912222	3.851111	3.681111	3.671111	3.714444	
III_j/k_j	3.690000	3.986667	3.658889	3.845556	6.573333	3.671111	3.700000	3.807778	3.803333	
S_j	2.038941	1.166608	0.7635201	0.5553843	155.8695	0.2071406	0.07494069	0.09187465	0.08907423	$S_e=0.3445$
			$S_{T\times p}=S_3+S_4=1.3189$			$S_{T\times w}=S_6+S_7=0.282081$		$S_{p\times w}=S_8+S_{11}=0.18095$		
f_j	2	2	$f_{T\times p}=f_3+f_4=2+2=4$		2	$f_{T\times w}=f_6+f_7=2+2=4$		$f_{p\times w}=f_8+f_{11}=2+2=4$		$f_e=8$
V_j	1.0195	0.58330	$V_{T\times p}=\dfrac{S_{T\times w}}{f_{T\times w}}=0.3297260$		77.935	$V_{T\times w}=\dfrac{S_{p\times w}}{f_{T\times w}}=0.070520$		$V_{p\times w}=\dfrac{S_{p\times w}}{f_{p\times w}}=0.0453238$		$V_e=0.043062$
F_j	23.7	13.5	$F_{T\times p}=7.66$		1.81×10^3	$F_{T\times w}=1.64$		$F_{p\times w}=1.05$		1.0
$F_{0.01}$	8.65	8.65	7.01		8.65		7.01			
$F_{0.05}$							3.84			
$F_{0.10}$							2.81			
$F_{0.25}$							1.66	1.66		
显著性	4*	4*	$(T\times p)$:4*		4*	$(T\times w)$:0*(0.25)		$(p\times w)$:0*(0.25)		
F'_j	20.2	11.6		6.53	1544					
$F'_{0.01}$	6.23	6.23		4.77	6.23					
(显著性)′	4*	4*		4*	4*					

$$S_e = S_{总} - (S_T + S_p + S_w + S_{T\times p} + S_{T\times w} + S_{p\times w})$$
$$= 161.2015 - (2.038941 + 1.166608 + 155.8695 + 1.319804 + 0.2820813 + 0.1809489)$$
$$= 161.2015 - 160.8570 = 0.3445$$

必须指出，因为上式中 $S_{总}$ 和（$S_T + S_p + \cdots + S_{p\times w}$）相减的数值相差不多，在前面的计算中各数值的有效数字位数较少时，S_e 计算值的有效数字位数将很少。其后果是会使方差 V_e 值产生极大的误差，从而使各列的方差比 F_j 发生很大的误差。因此用上式求 S_e 时，整个计算的有效数字位数应取多一些，比如取 7 位或更多。否则，建议改用下式求 S_e。

$$S_e = S_{e1} + S_{e2} + S_{e3} + S_{e4} = S_9 + S_{10} + S_{12} + S_{13}$$

④ 在显著性检验中，发现交互作用 $T\times w$ 和 $p\times w$ 在 $\alpha = 0.25$ 水平上仍不显著之后，是否应该将它们与原定的误差列相合并作为新的误差列？

答案是应该合并。对于本例来说，因为交互作用 $T\times w$ 和 $p\times w$ 的 F 检验不显著，就应该将它们所在的第 6、7、8、11 列与原定的误差列第 9、10、12、13 列相合并，组成新的误差列。新误差列的偏差平方和

$$S'_e = S_6 + S_7 + S_8 + S_{11} + S_9 + S_{10} + S_{12} + S_{13} = S_{T\times w} + S_{p\times w} + S_e$$
$$= 0.2820813 + 0.1809489 + 0.3445 = 0.8075302$$

自由度 $f'_e = f_6 + f_7 + f_8 + f_{11} + f_9 + S_{10} + S_{12} + S_{13} = f_{T\times w} + f_{p\times w} + f_e = 4 + 4 + 8 = 16$

方差 $$V'_e = \frac{S'_e}{f'_e} = \frac{0.8075302}{16} = 0.050471$$

这与试验刚开始时就不考虑交互作用 $T\times w$ 和 $p\times w$ 是一样的。与 V'_e 相对应的各列新的 F 如下

$$F'_T = F'_1 = \frac{V_1}{V'_e} = \frac{1.0195}{0.050471} = 20.2 > (F'_{0.01} = 6.23)$$

$$F'_p = F'_2 = \frac{V_2}{V'_e} = \frac{0.58330}{0.050471} = 11.6 > (F'_{0.01} = 6.23)$$

$$F'_{T\times p} = \frac{V_{T\times p}}{V'_e} = \frac{0.32973}{0.050471} = 6.53 > (F'_{0.01} = 4.77)$$

$$F'_w = F'_5 = \frac{V_5}{V'_e} = \frac{77.935}{0.050471} = 1544 > (F'_{0.01} = 6.23)$$

⑤ 试验指标产量 y 随有交互作用的两因素的变化趋势。如本例中的因素 T 和 p。因为它们有交互作用，所以在考察 y-T（或 y-p）变化趋势时，应注意 p 值（或 T 值）对它的影响。为此，画出交互作用的二元表和二元图是常用的办法，其中因变量的数据是从表 3-21(c) 中摘取有关的三个 y 值相加而得。如 $p = p_1$ 时，若

$T = T_1$，则 $\sum y = y_1 + y_2 + y_3 = 1.30 + 4.63 + 7.23 = 13.16$

$T = T_2$，则 $\sum y = y_{10} + y_{11} + y_{12} = 0.47 + 3.47 + 6.13 = 10.07$

$T = T_3$，则 $\sum y = y_{19} + y_{20} + y_{21} = 0.03 + 3.40 + 6.80 = 10.23$

二元表见表 3-21(e)，二元图见图 3-7。

表 3-21(e) 交互作用 $T\times p$ 的二元表

T 的水平		1	2	3
p 的水平	1	$\sum y=13.16$	$\sum y=10.07$	$\sum y=10.23$
	2	10.40	9.53	11.37
	3	13.17	11.10	11.61

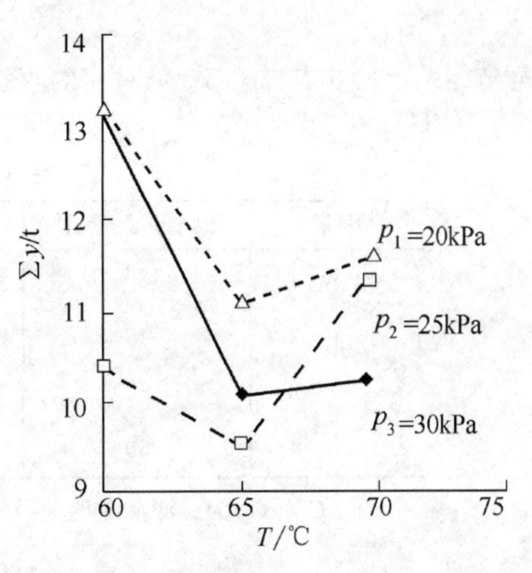

图 3-7 交互作用 $T\times p$ 的二元图

由交互作用的二元图可见，$\sum y$ 随 T 的变化趋势，确实是因 p 的水平而异，这正说明了交互作用 $T\times p$ 的存在。若无交互作用，图中的三条线应互相平行。

⑥ 适宜操作条件的确定。本例的试验指标是产量 y，愈大愈好。由交互作用 $T\times p$ 的二元表［表 3-21(e)］可见，$T=T_1$，$p=p_3$ 时 $\sum y$ 值最大。为使 y 值增大，适宜的操作条件为：$w_3=2.0\%$，$T_1=60℃$，$p_3=30\text{kPa}$。

3.1.9 正交试验法在化工基础实验中的应用举例

为了更好掌握正交试验法的特点和应用方法，在原来真空吸滤恒压过滤实验的基础上，开出了“正交试验法在过滤研究中的应用实验”。实验流程示意图见第 5 章 5.4.4。

① 试验指标 恒压过滤常数 $K(\text{m}^2/\text{s})$。

② 影响指标的因素和水平 见表 3-22(a)。表中 Δp 为过滤压强差；T 为浆液温度；w 为浆液质量分数；M 为过滤介质（玻璃吸滤器，滤板材质属多孔陶瓷）。

③ 选正交表 由选定的因素和水平，宜选用 $L_8(4\times2^4)$ 表（见附录 4）。

④ 实验方法 按选定的正交表，应完成 8 次过滤实验。采用两个料浆槽，一个槽为稀液，另一个为浓液。做实验时，每一个槽内放两个吸滤器，即 4 个实验组每组完成正交表上两个试验号。实验进行的次序不是完全按照正交表上试验号的顺序，如表 3-22(c) 所示，例如①组完成正交表上 1 和 8 的试验号。每次过滤实验测得的原始数据列于表 3-22(b)。

⑤ 正交试验的试验方案和实验结果 见表 3-22(c)。表中最后一列 $K(\text{m}^2/\text{s})$ 为试验指标。K 值根据恒压过滤方程式 (3-1)，经计算和图解或按线性回归计算得到。

$$\frac{d\theta}{dq}=\frac{2}{K}q+\frac{2}{K}q_e \tag{3-1}$$

式中 q——单位面积上通过的滤液量，m^3/m^2，$q=\dfrac{\text{滤液量}\ V}{\text{过滤面积}\ A}$，$A=0.00385$(吸滤器的过滤面积)，$\text{m}^2$；

q_e——单位过滤面积上的当量滤液体积，恒压过滤常数之一，m^3/m^2；

θ——过滤时间，s；

K——恒压过滤常数，m^2/s。

若用图解法求 K，一般将微分之比近似计为增量之比，即 $\dfrac{d\theta}{dq}\approx\dfrac{\Delta\theta}{\Delta q}$。根据表 3-22(b) 中

原始数据，求得若干组$\frac{\Delta\theta}{\Delta q}$值及与其对应的$q$值之后，以$\frac{\Delta\theta}{\Delta q}$为纵轴，以$q$为横轴，在普通直角坐标系上画出与式（3-1）对应的直线。由所得直线的斜率$\frac{2}{K}$便可算出K值。

表 3-22(a) 因素和水平

因素		压强差 Δp/kPa	温度 T/℃	质量分数 w/%	过滤介质 M
水平	1	30	(室温)18	稀(约 5)	$G_2$①
	2	40	(室温+15)33	浓(约 10)	$G_3$①
	3	50			
	4	60			

① G_2，G_3 为过滤漏斗的型号。过滤介质孔径：G_2 为 30～50μm，G_3 为 16～30μm。

表 3-22(b) 过滤操作的原始数据

实际滤液量/ml		0	100	200	300	400	500	600	700
		累计时间/s							
试验号	1	0	14.10	31.75	53.70	76.85	106.60	138.77	172.00
	2	0	24.33	53.79	86.53	126.05	169.31	215.67	267.36
	3	0	13.12	27.42	43.50	62.41	85.39	110.68	138.36
	4	0	11.78	25.50	42.18	60.70	82.71	106.43	132.47
	5	0	11.81	26.99	43.73	64.45	87.60	113.52	142.08
	6	0	7.35	15.63	25.29	35.81	48.89	63.00	77.70
	7	0	15.41	35.25	57.12	81.71	110.00	139.51	171.00
	8	0	4.75	10.58	17.18	25.14	34.54	45.44	57.34

表 3-22(c) 正交试验的试验方案和实验结果

列号		$j=1$	2	3	4	5	$K/(m^2/s)$
因素		Δp	T	w	M	e	
试验号	1	1	1	1	1	1	4.01×10^{-4}
	2	1	2	2	2	2	2.93×10^{-4}
	3	2	1	1	2	2	5.21×10^{-4}
	4	2	2	2	1	1	5.55×10^{-4}
	5	3	1	2	1	2	4.83×10^{-4}
	6	3	2	1	2	1	1.02×10^{-3}
	7	4	1	2	2	1	5.11×10^{-4}
	8	4	2	1	1	2	1.10×10^{-3}

⑥ 指标K的极差分析和方差分析　其结果见表 3-22(d)。

由方差分析结果引出的结论如下。

① 第 3 列上的因素w在$\alpha=0.05$水平上显著；第 1、2 列上的因素Δp、T在$\alpha=0.10$水平上显著；第 4 列上的因素M在$\alpha=0.25$水平上仍不显著。

表 3-22(d)　K 的极差分析和方差分析

列　号	$j=1$	2	3	4	5	
I_j/k_j	3.49×10^{-4}	4.78×10^{-4}	7.59×10^{-4}	6.34×10^{-4}	6.21×10^{-4}	
II_j/k_j	5.37×10^{-4}	7.42×10^{-4}	4.61×10^{-4}	5.86×10^{-4}	6.00×10^{-4}	
III_j/k_j	7.50×10^{-4}					$\sum K=$
IV_j/k_j	8.04×10^{-4}					4.88×10^{-3}
D_j	4.55×10^{-4}	2.63×10^{-4}	2.97×10^{-4}	4.76×10^{-5}	2.08×10^{-5}	(m^2/s)
S_j	2.61×10^{-7}	1.38×10^{-7}	1.77×10^{-7}	4.53×10^{-9}	8.72×10^{-10}	
f_j	3	1	1	1	1	$\bar{K}=$
V_j	8.71×10^{-8}	1.38×10^{-7}	1.77×10^{-7}	4.53×10^{-9}	8.72×10^{-10}	6.10×10^{-4}
F_j	99.9	159	203	5.19	1.00	(m^2/s)
显著性	$2^*(0.10)$	$2^*(0.10)$	$3^*(0.05)$	0(0.25)		

② 各因素、水平对 K 的影响变化趋势。由图 3-8 可见：ⓐ过滤压强差增大，K 值增大；ⓑ过滤温度增加，K 值增大；ⓒ料浆浓度增加，K 值减小；ⓓ过滤介质由 1 水平变为 2 水平，多孔陶瓷微孔直径减小，K 值减小。因为第 4 列因素对 K 值的影响在 $\alpha=0.25$ 水平不显著，所以此变化趋势是不可信的。

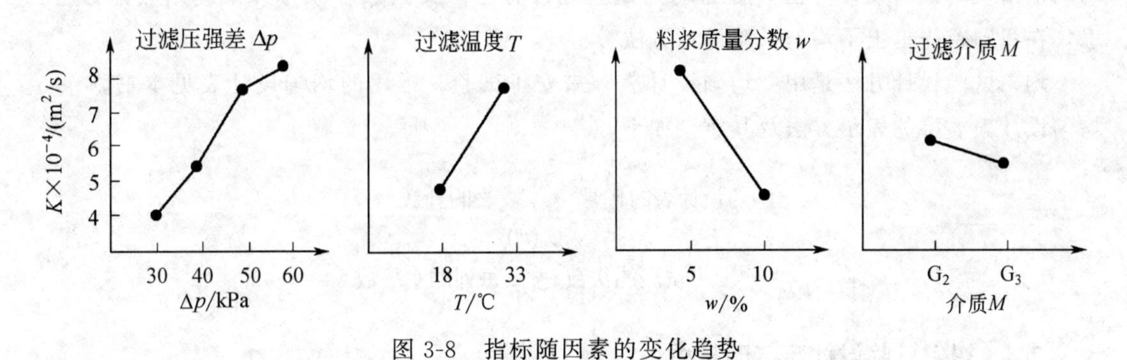

图 3-8　指标随因素的变化趋势

③ 适宜操作条件的确定。由恒压过滤速率方程式（3-1）知，K 增加，$d\theta/dq$ 下降，过滤速率 $dq/d\theta$ 增加。所以，本例中的试验指数 K 愈大愈好。

为此，本例的适宜操作条件是各水平下 K 的平均值最大时的条件：过滤压强差为 4 水平，60kPa；过滤温度为 2 水平，33℃；料浆浓度为 1 水平，稀滤液；过滤介质为 1 水平或 2 水平（这是因为第 4 列因素对 K 值的影响在 $\alpha=0.25$ 水平不显著，为此可优先选择价格便宜或容易得到的）。

上述条件恰好是正交表中第 8 个试验号。8 号试验的 K 值在表中也是最大的。

需要明确的是，通过正交试验法确定出的适宜操作条件，不一定出现在所用的正交表中，因为采用正交试验设计法安排试验本身就是选取了部分点进行试验，所以才能减少试验次数，但一定是全面搭配法中的一个实验点。

3.2　其他设计方法简介

3.1 节对正交试验设计做了详细的介绍，概括地讲，正交试验设计可以将主要因素和次要因素做出较明确的估计，它可利用的正交表有不同的形式，可以有针对性地对因素进行试验研究。总而言之，所面对的任务与要解决的问题不同，选择的试验设计的方法也应有所不同，可供选择的试验方法较多，各种试验设计方法都有其一定的试验原理及特点。由于篇幅的限制，不可能一一予以讨论。下面再简单介绍几种目前应用较为广泛的试验设计方法。

3.2.1 均匀试验设计方法

3.1 节讲的正交试验设计法，是一种优异的试验设计方法，其优点之一是实验的次数少。但若考察的因素数和水平数较多，特别是水平数较多时，正交试验设计法的实验次数仍然很多。例如要考察 5 个因素的影响，每个因素有 5 个水平。用因素水平全面搭配方法做试验，需做 $5^5=3125$ 次实验；用正交表安排实验，至少要进行 25 次实验，实验工作量仍然不少。这时正交试验设计方法的实验次数之所以不能减至更少，是因为在正交试验设计方法中，为了简化数据处理，同时考虑了试验的均衡分散性和整齐可比性，每一列中，同一水平至少出现 2 次。如果不考虑试验数据的整齐可比性，只考虑让数据点在试验范围内均匀分散，则将实验次数减少至比正交试验设计方法更少还是有可能的。这种单纯地从数据点分布均匀性出发的试验设计方法，称为均匀试验设计方法。我国数学家方开泰应用数论方法构思，在我国首先提出了均匀试验设计方法。

均匀试验设计方法是用“均匀设计表”来安排试验，常用的均匀设计表见本书附录 5。均匀设计表名称的表示方法及其意义如下。

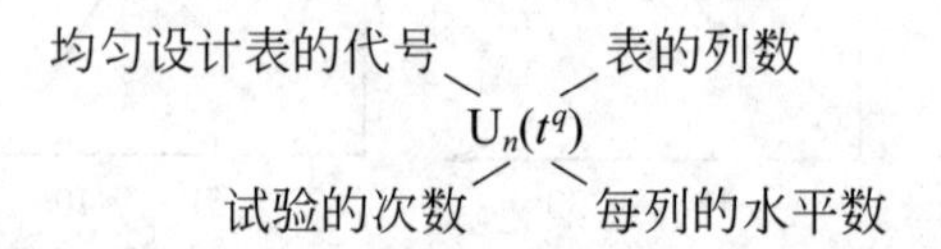

3.2.1.1 均匀试验设计方法的特点

与正交试验设计方法相比，均匀试验设计方法的特点如下。

① 试验工作量更少，是均匀试验设计的一个突出的优点。如要考察 4 个因素的影响，每个因素 5 个水平。若用正交试验设计法，宜用正交表 $L_{25}(5^6)$，需做 25 次实验。若用均匀试验设计方法，可用表 3-23 所示的“均匀设计表” $U_5(5^4)$ 来安排试验，只需进行 5 次试验，比正交试验设计法的实验工作量少得多。实验次数明显减少的主要原因是均匀试验设计表有一个特点：在表的每一列中，每一个水平必出现且只出现一次。

② 在正交试验设计表中各列的地位是平等的，因此无交互作用时，各因素安排在任一列是允许的。均匀设计表则不同，表中各列的地位不一定是平等的，因此，因素安排在表中的哪一列不是随意的，需根据试验中要考察的实际因素数，依照附在每一个均匀设计表后的“使用表”来确定因素应该放在哪几列。表 3-25 是均匀设计表 $U_9(9^6)$（表 3-24）的使用表。由此可知，当因素数为 2 时，可安排在第 1、3 列上；当因素数为 3 时，可安排在 1、3、5 列上；以此类推。为方便使用，本书附录 5 中列出了部分均匀设计表及相应的使用表。

表 3-23　均匀设计表 $U_5(5^4)$

列号		1	2	3	4
试验号	1	1	2	3	4
	2	2	4	1	3
	3	3	1	4	2
	4	4	3	2	1
	5	5	5	5	5

表 3-24　均匀设计表 $U_9(9^6)$

列号		1	2	3	4	5	6
试验号	1	1	2	4	5	7	8
	2	2	4	8	1	5	7
	3	3	6	3	6	3	6
	4	4	8	7	2	1	5
	5	5	1	2	7	8	4
	6	6	3	6	3	6	3
	7	7	5	1	8	4	2
	8	8	7	5	4	2	1
	9	9	9	9	9	9	9

表 3-25　$U_9(9^6)$ 的使用表

因素数	列号
2	1,3
3	1,3,5
4	1,2,3,5
5	1,2,3,4,5
6	1,2,3,4,5,6

③ 试验设计表之间的关系。附录5中只给出了试验次数和水平数为奇数的表，如 $U_5(5^4)$，$U_7(7^6)$，$U_9(9^6)$，…，$U_{15}(15^8)$。如果试验次数为偶数，将试验次数为奇数的表划去最后一行就得到比它次数少1的偶数表，而“使用表”不变。如将表 $U_7(7^6)$ 划去最后一行即可得到 $U_6(6^6)$，“使用表”不变。

④ 因为均匀设计表无整齐可比性，故在均匀试验设计中不能像正交试验那样，用方差分析方法处理数据，而需用回归分析方法来处理试验数据，也正因为处理数据用的是回归分析方法，所以在试验次数为奇数时，均匀设计表最后一行的存在，虽然对数据点分布的均匀性不利，但其不良后果可以被忽略。

⑤ 在正交试验中，水平数增加时，试验次数按平方的比例增加，如水平数从9增加到10时，试验次数则从81增加到100。在均匀试验设计中，随着水平数的增加，试验次数只有少量的增加，如水平从9增加到10时，试验次数也从9增加到10。这也是均匀试验设计的一个很大的优点。一般认为，当因素的水平数大于5时，就宜选择均匀试验设计方法。

3.2.1.2　均匀试验设计的几个问题

(1) 为提高试验结果准确度的试验安排

例 3-7 羧甲基纤维素钠（CMC）是纺织工业中重要的化学原料。为了寻找CMC最佳生产条件欲考察三个因素：碱化时间（τ），烧碱质量分数（w），醚化时间（θ）。它们的变化范围为：$\tau=120\sim180$min，$w=25\%\sim29\%$，$\theta=90\sim150$min。为了得到较可靠的试验指标随三个因素的变化规律，决定每个因素取5个水平。CMC试验的因素和水平见表3-26(a)。

解　依题意，可选择均匀设计表 $U_5(5^4)$，由 $U_5(5^4)$ 表的使用表知，三个因素应放在第1、2、4列，故本例题的试验方案见表3-26(b)，这采用的是直接使用法。

表 3-26(a) CMC 试验的因素和水平

因素		碱化时间 τ/min	烧碱质量分数 w/%	醚化时间 θ/min
水平	1	120	25	90
	2	135	26	105
	3	150	27	120
	4	165	28	135
	5	180	29	150

表 3-26(b) 例3-7 应用 $U_5(5^4)$ 的试验方案

列号		1	2	3	4
因素		τ/min	w/%		θ/min
试验号	1	1(τ_1=120)	2(w_2=26)		4(θ_4=135)
	2	2(τ_2=135)	4(w_4=28)		3(θ_3=120)
	3	3(τ_3=150)	1(w_1=25)		2(θ_2=105)
	4	4(τ_4=165)	3(w_3=27)		1(θ_1=90)
	5	5(τ_5=180)	5(w_5=29)		5(θ_5=150)

众所周知，减少实验点可以节省人力、物力、财力和时间，但试验点过少也会影响实验的精度，影响结论的可靠性。在本例中，在这么大的试验范围内，仅做 5 次试验，显然是少了点。于是可采用拟水平法，即将原来的每个因素的每个水平重复 1 次，利用与重复后试验次数相当的均匀设计表及其使用表安排实验。这样，试验的结论会可靠些。本例可选用 $U_{10}(10^{10})$ 表及其使用表，按表 3-27 的安排进行试验。

表 3-27 选用 $U_{10}(10^{10})$ 表的试验设计

列号		1	2	3	4	5	6	7	8	9	10
因素		τ	空	空	空	w	空	θ	空	空	空
试验号	1	1(τ_1)				5(w_3)		7(θ_4)			
	2	2(τ_1)				10(w_5)		3(θ_2)			
	3	3(τ_2)				4(w_2)		10(θ_5)			
	4	4(τ_2)				9(w_5)		6(θ_3)			
	5	5(τ_3)				3(w_2)		2(θ_1)			
	6	6(τ_3)				8(w_4)		9(θ_5)			
	7	7(τ_4)				2(w_1)		5(θ_3)			
	8	8(τ_4)				7(w_4)		1(θ_1)			
	9	9(τ_5)				1(w_1)		8(θ_4)			
	10	10(τ_5)				6(w_3)		4(θ_2)			

另一种方法是：将因素 τ、w、θ 均改分为 10 个水平，选用 $U_{10}(10^{10})$ 均匀设计表及其使用表，进行试验设计得表 3-28。

表 3-28 选用 $U_{10}(10^{10})$ 表的试验设计

列号		1	2	3	4	5	6	7	8	9	10
因素		τ/min	空	空	空	w/%	空	θ/min	空	空	空
试验号	1	1(120)				5(27)		7(132)			
	2	2(127)				10(29.5)		3(104)			
	3	3(134)				4(26.5)		10(153)			
	4	4(141)				9(29)		6(125)			
	5	5(148)				3(26)		2(97)			
	6	6(155)				8(28.5)		9(146)			
	7	7(162)				2(25.5)		5(118)			
	8	8(169)				7(28)		1(90)			
	9	9(176)				1(25)		8(139)			
	10	10(183)				6(27.5)		4(111)			

(2) 试验次数为奇数时的均匀试验设计表的问题和对策

在均匀试验设计表中，所有试验次数为奇数的表的最后一行，各因素都是高水平，各因素的数值可能都是最大值或最小值。如果不注意这个问题，在某些试验中，比如在化学反应试验中，可能会出现反应十分剧烈，反应速率特别快，以至于根本无法进行正常操作，甚至会发生意外；也可能出现，反应速率太慢，甚至不起反应而得不到试验结果。避免发生这些情况的对策之一是：在因素水平表排列顺序不变的条件下，将均匀设计表中某些列从上到下的水平号码做适当的调整。调整办法是：将某列（如表 3-23 中的第 2 列）中的水平号码首尾相接形成一个圈，如图 3-9 所示。然后从任一处开始，按顺时针或按逆时针方向的顺序，从上到下排回该列内。现假设从水平号码 3 开始按顺时针方向的顺序排回该列，则表 3-23 中新的第 2 列，从上到下水平号码的排列顺序如图 3-9 中由 3 顺时针指向 1。

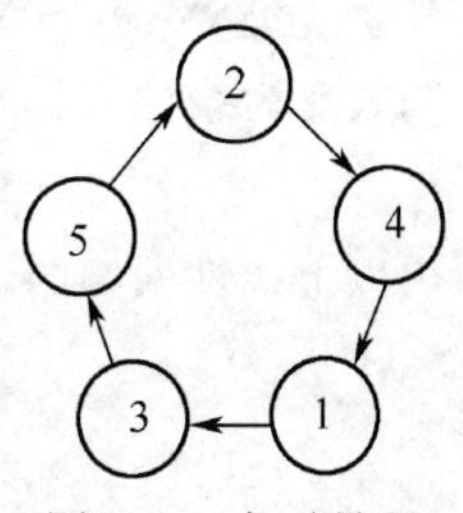

图 3-9　水平号码调整示意图

避免发生上述极端情况的对策之二是：改变因素水平的排列顺序。例如在因素水平表 3-26(a) 中，因素 w，水平 $w_1 \sim w_5$，对应的数值的顺序原来为 25%至 29%。可改为逆向排列，即由 29%至 25%，或者是用随机的办法进行穿插排列，如 29%至 26%再至 28%又回到 25%最后到 27%。

(3) 选用的均匀设计表的试验次数应大于回归模型中回归系数的个数

因为均匀试验设计的试验结果必须用回归分析的方法来处理，所以选用均匀设计表时应考虑处理试验结果时将使用的回归模型。因素数为 4 时，回归模型的一般形式为

$$y=b_0+b_1x_1+b_2x_2+b_3x_3+b_4x_4+b_{11}x_1^2+b_{12}x_1x_2+b_{13}x_1x_3+b_{14}x_1x_4+b_{22}x_2^2+ \\ b_{23}x_2x_3+b_{24}x_2x_4+b_{33}x_3^2+b_{34}x_3x_4+b_{44}x_4^2 \tag{3-2}$$

若 4 个因素中两两因素间的交互作用，只考虑 $x_2 \times x_3$，其他的可以不予考虑，则回归模型可简化为

$$y=b_0+b_1x_1+b_2x_2+b_3x_3+b_4x_4+b_{11}x_1^2+b_{22}x_2^2+b_{23}x_2x_3+b_{33}x_3^2+b_{44}x_4^2 \tag{3-3}$$

此时，待求的回归系数共 10 个，则所选均匀设计表的试验次数至少应为 11。

若有把握说式（3-3）中的平方项 x_1^2、x_2^2、x_3^2、x_4^2 均可以不予考虑，则回归模型可进一步简化为

$$y=b_0+b_1x_1+b_2x_2+b_3x_3+b_4x_4+b_{23}x_2x_3 \tag{3-4}$$

此时，待求的回归系数共 6 个，则所选的均匀设计表的试验次数至少应为 7。

因为一般很难确定式（3-2）中哪些项应予考虑，哪些项可以不予考虑。取舍的决定一旦发生错误，其不良后果一般是比较严重的。所以，科学的方法是采用逐步回归的方法来进行回归，在计算机程序中自动地根据回归系数的显著性检验结果来决定每一项的取舍问题。

(4) 均匀设计试验结果的分析

首先求出回归式。若求回归式用的不是逐步回归法，则应做两件事：

第一，按第 2 章“实验数据处理”对回归式进行显著性检验。

第二，按下面讲的方法对各个回归系数进行显著性检验。

① 假设所求之回归式为

$$y=b_0+b_1^* x_1+b_2^* x_2+b_3^* x_3+b_{23}^* x_2 x_3 \tag{3-5}$$

若令 $x_1=X_1$，$x_2=X_2$，$x_3=X_3$，$x_2x_3=X_4$，$b_1^*=b_1$，$b_2^*=b_2$，$b_3^*=b_3$，$b_{23}^*=b_4$，则回归式变为线性方程式

$$y=b_0+b_1X_1+b_2X_2+b_3X_3+b_4X_4 \tag{3-5a}$$

写出以上线性回归的正规方程系数矩阵和右端项矩阵

$$\boldsymbol{L}=(l_{jj})=\begin{bmatrix} l_{11} & l_{12} & \cdots & l_{1m} \\ l_{21} & l_{22} & \cdots & l_{2m} \\ \vdots & \vdots & & \vdots \\ l_{m1} & l_{m2} & \cdots & l_{mm} \end{bmatrix} \tag{3-6}$$

$$\boldsymbol{L}_y=(l_{iy})=\begin{bmatrix} l_{1y} \\ l_{2y} \\ \vdots \\ l_{my} \end{bmatrix} \tag{3-7}$$

② 求矩阵 $\boldsymbol{L}$ 的逆矩 $\boldsymbol{L}^{-1}=\boldsymbol{C}$

$$\boldsymbol{C}=(c_{jj})=\begin{bmatrix} c_{11} & c_{12} & \cdots & c_{1m} \\ c_{21} & c_{22} & \cdots & c_{2m} \\ \vdots & \vdots & & \vdots \\ c_{m1} & c_{m2} & \cdots & c_{mm} \end{bmatrix} \tag{3-8}$$

③ 求线性回归式中各项的偏回归平方和

$$P_j=\frac{b_j^2}{c_{ij}} \tag{3-9}$$

在二元线性回归的情况下，偏回归平方和按下式计算

$$P_1=b_1^2\left(l_{11}-\frac{l_{12}^2}{b_{22}}\right) \tag{3-10}$$

$$P_2=b_2^2\left(l_{22}-\frac{l_{12}^2}{b_{11}}\right) \tag{3-11}$$

④ 求回归式中各项的方差（各项的自由度 $f_j=1$）

$$V_j=\frac{P_j}{f_j}=P_j \tag{3-12}$$

⑤ 求剩余方差 $V_{余}$

y 的离差平方和　　$S_y=\sum y_i^2-\frac{1}{n}(\sum y_i)^2=l_{yy}$

回归平方和　　$S_{回}=b_1l_{1y}+b_2l_{2y}+\cdots$

剩余平方和　　$S_{余}=S_y-S_{回}$

$S_{余}$ 的自由度　　$f_{余}=n-1-m$（m 为线性回归自变量的个数）

所以
$$V_{余}=\frac{S_{余}}{f_{余}}$$

⑥ 求回归式中各项的 F

$$F_j=\frac{V_j}{V_{余}} \tag{3-13}$$

⑦ 由 F 分布表查出：$F(\alpha=0.1, f_1=1, f_2=f_{余})$；$F(\alpha=0.05, f_1=1, f_2=f_{余})$；$F(\alpha=0.10, f_1=1, f_2=f_{余})$。

与回归式中各项的 F_j 值比较大小，引出回归式中各项的影响是否显著的结论，将影响不显著的项剔除后，重新进行回归。

无论回归是否使用了逐步回归的方法，下面应做的事都是对回归式各项对 y 影响的大小进行排队，找出主要矛盾和次要矛盾。为此应按下式求出校准回归系数

$$b'_j=b_j\sqrt{\frac{l_{ij}}{l_{yy}}} \tag{3-14}$$

b'_j 的绝对值愈大，该项对 y 的影响就愈大。

例 3-8 在啤酒（无芽酸）生产中的某项试验中，选择如下的因素和水平，见表 3-29(a)。

表 3-29(a)　例 3-8 因素水平

水平 因素	1	2	3	4	5	6	7	8	9
底水 x_1/g	136.5	137	137.5	138	138.5	139	139.5	140	140.5
吸氨时间 x_2/min	170	180	190	200	210	220	230	240	250

选用 $U_9(9^6)$ 安排试验，由它的使用表知应选第 1、3 列，试验指标：吸氨量 y，见表 3-29(b)。

表 3-29(b)　试验方案

第 1 列 x_{i1}	1(136.5)	2(137)	3(137.5)	4(138)	5(138.5)	6(139)	7(139.5)	8(140)	9(140.5)
第 3 列 x_{i2}	4(200)	8(240)	3(190)	7(230)	2(180)	6(220)	1(170)	5(210)	9(250)
吸氨量 y/g	5.8	6.3	4.9	5.4	4.0	4.5	3.0	3.6	4.1

解　(1) 取回归模型为

$$\hat{y}=b_0+b_1x_1+b_2x_2$$

(2) 按第 3 章介绍的线性回归方法，求得回归式为

$$\hat{y}=96.58-0.697x_1+0.0218x_2 \tag{3-15}$$

(3) 对回归式各项显著性的检验

① 写出线性方程　　$\hat{y}=96.58-0.697x_1+0.0218x_2$

② 正规方程的系数矩阵和右端项矩阵

$$\begin{bmatrix} l_{11}=15 & l_{12}=30 \\ l_{21}=30 & l_{22}=6000 \end{bmatrix}\begin{bmatrix} l_{1y}=-9.8 \\ l_{2y}=110 \end{bmatrix}$$

③ 二元线性回归，不求逆矩阵，即可求偏回归平方和

$$P_1=b_1^2\left(l_{11}-\frac{l_{12}^2}{l_{22}}\right)=(-0.697)^2\times\left(15-\frac{30^2}{6000}\right)=7.21$$

$$P_2=b_2^2\left(l_{22}-\frac{l_{12}^2}{l_{11}}\right)=(0.0218)^2\times\left(6000-\frac{30^2}{15}\right)=2.82$$

④ 回归式中各项的方差

$$V_1=P_1=7.21,\ V_2=P_2=2.82\quad (f_j=1)$$

⑤ 求 $V_{余}$　y 的离差平方和

$$S_y=\sum y_i^2-\frac{1}{n}(\sum y_i)^2=l_{yy}=9.24$$

回归平方和　$S_{回}=b_1 l_{1y}+b_2 l_{2y}=(-0.697)\times(-9.8)+0.0218\times110=9.2286$

剩余平方和　$S_{余}=S_y-S_{回}=9.24-9.2286=0.0114$

$S_{余}$ 的自由度　$f_{余}=n-1-m=9-1-2=6$

剩余方差　$V_{余}=\dfrac{S_{余}}{f_{余}}=\dfrac{0.0114}{6}=0.0019$

⑥ 求各项的 F

$$F_1=\frac{V_1}{V_{余}}=\frac{7.21}{0.0019}=3.79\times10^3$$

$$F_2=\frac{V_2}{V_{余}}=\frac{2.82}{0.0019}=1.484\times10^3$$

⑦ 查 F 分布表

$$F(\alpha=0.01, f_1=1, f_2=6)=13.75<(F_1, F_2)$$

可得结论：x_1、x_2 两项对 y 的影响均在 $\alpha=0.01$ 水平上显著。

（4）对回归式的显著性检验

回归平方和 $S_{回}$ 的自由度　$f_{回}=2$

回归方差　$V_{回}=\dfrac{S_{回}}{f_{回}}=\dfrac{9.2286}{2}=4.61$

剩余方差　$V_{余}=0.0019$

剩余标准差　$s=\sqrt{V_{余}}=4.4\times10^{-2}$

回归式预报 y 值的绝对误差的最大值为 $2s=8.8\times10^{-2}$，平均值 $\bar{y}=4.62$，$\bar{y}$ 的最大相对误差

$$E_r(\bar{y})=\frac{2s}{\bar{y}}=1.9\times10^{-2}$$

所以　$F_{回}=\dfrac{V_{回}}{V_{余}}=\dfrac{4.61}{0.0019}=2.436\times10^3$

查 F 分布得

$$F(\alpha=0.01,\ f_1=2,\ f_2=6)=10.92<F_{回}$$

可得结论：回归式在 $\alpha=0.01$ 水平上显著。

(5) 回归式各项对 y 影响大小的排列问题

标准回归系数

$$b_1'=b_1\sqrt{\frac{l_{11}}{l_{yy}}}=(-0.697)\times\sqrt{\frac{15}{9.24}}=-0.888$$

$$b_2'=b_2\sqrt{\frac{l_{22}}{l_{yy}}}=(0.0218)\times\sqrt{\frac{6000}{9.24}}=-0.556$$

$$|b_1'|>|b_2'|$$

可得到的结论：①x_1 对 y 的影响大于 x_2，但两者影响的大小差别不大，可以认为两者都是主要矛盾。②由回归式 $\bar{y}=96.58-0.697x_1+0.0218x_2$ 可见 y 随 x_1、x_2 的变化规律为：x_1 增大，y 减小；x_2 增大，y 也增大。③最适宜操作条件的确定，因为试验指标 y 为吸氨量，其值愈大愈好，根据 y 随 x_1、x_2 的变化规律，为提高 y 值，适宜操作条件为 $x_1=x'_{1,\min}=136.5\text{g}$，$x_2=x'_{2,\max}=250\text{min}$。此时，$y=6.89\text{g}$，比所有实验数据点的 y 值都大。

3.2.2 序贯试验设计方法

(1) 选择试验点位置的意义

举两个简单例子说明。例如，估计废水生化耗氧量模型 $y=L(1-\mathrm{e}^{-k\tau})$ 中的参数 k、L。由于 $\left.\frac{\mathrm{d}y}{\mathrm{d}\tau}\right|_{\tau=0}=kL$，说明在反应的前期，参数 k 和 L 相关密切。所以，如在 $\tau\to 0$ 的小范围内进行试验，就难以得到准确的 k 和 L。因为 k 的任何偏差都会由于 L 的变化而补偿。因此，这个试验必须在较大时间范围内进行才可靠。又比如，在模型筛选中，要用试验来区分反应是按 $A\longrightarrow B\longrightarrow C$ 进行，还是按 $A\longrightarrow B\rightleftharpoons C$ 进行。根据这两种历程的反应动力学特征，B 的浓度与时间 τ 的关系由图 3-10 中两条示意曲线表示。

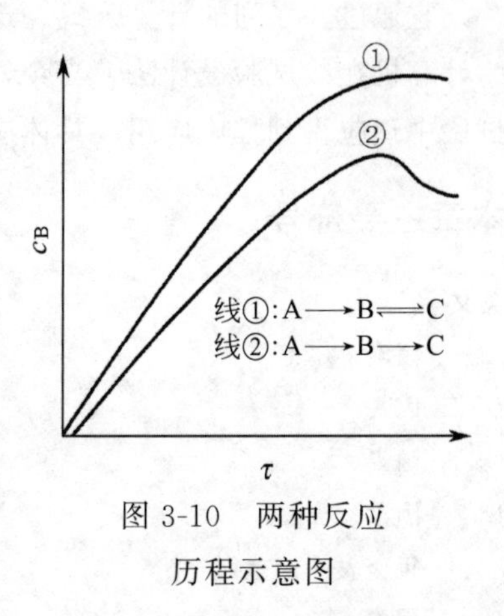

图 3-10 两种反应历程示意图

要区分这两种不同反应机理所确定的数学模型，应该在反应后期测定 B 的浓度变化情况来加以区分，完全没有必要在均匀时间间隔内进行试验。如果用反应前期取得的数据来判别，则更是徒劳的，这就是模型筛选的试验设计目的。这两个例子说明，不同试验向人们提供的信息是不同的，试验点位置取得不好，即使试验数据点再多，数据计算再准确，也无法达到预期的目的。当然，对于上面这种简单情况，可以根据一定的专业知识通过定性分析来确定恰当的试验点。然而，对复杂模型，尤其是多因素模型就很难靠定性分析确定试验点，而必须借助某种手段加以确定。目前已有很多种试验设计方法，只是各种方法有各自的目的和出发点。比如 3.1 节介绍的正交试验设计法的特点是在等概率条件下，比较各变量对指标的影响，即运用方差分析方法将变量变化对试验指标的影响与试验误差的影响加以分析比较；检查它的显著性程度来确定该变量是否重要。如果主要是对几个数学模型进行鉴别或目的是为了参数估计，宜用序贯试验设计法。

（2）序贯试验设计的特点

传统的试验设计方法都是一次完成试验安排。在这些试验全部完成以后再进行分析整理，显然“先试验，后整理”的工作是不尽合理的。一个成熟的试验工作者总是不断地从试验中获得信息，结合专业知识进行判断，试验过程是研究者对研究对象逐步认识的过程。因此，试验计划不断改变，试验方案不断修正是正常的。边试验，边整理才是一个合理的试验设计方法，这样的试验设计方法称为序贯试验设计。1959 年以来，G. E. P. Box 等建立了以数学模型参数估计和模型筛选为目的的序贯试验设计方法。这个方法的特点是先做少数几个初步选定的试验，以获得初步信息，丰富试验者对过程的认识，然后在此基础上作出判断，以确定和指导后续试验的条件和试验点的位置。这样，信息在过程中有交流、反馈，因此能最大限度地利用已进行的试验所提供的信息，使后续的试验安排在此刻最优的条件下进行，这就是序贯设计的整个思想，如图 3-11 所示。

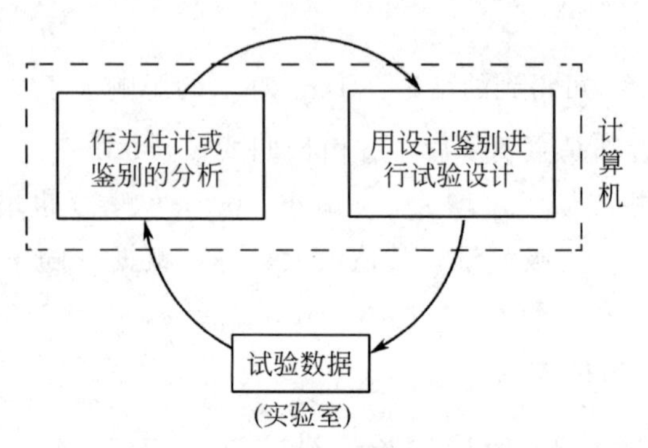

图 3-11 序贯设计构思示意图

它通过一系列的计算公式、逻辑判断，并均在计算机上执行，因此也称这样的试验设计为计算机在线试验设计法。当今，在计算机已广泛应用的时代里，这类试验设计法在科研和试验中理应得到推广应用。具体应用可查阅相关专著。

本章主要符号

英文

A　因素

B　因素

C　因素

D　因素；极差

e　正交表中误差列

E　因素

f　自由度

f_e　试验误差的自由度

f_j　正交表第 j 列因素的自由度

F　方差比

F_j　正交表第 j 列因素的 F 值

F_{min}　F 的最小值

j　正交表上列的序号

k_j　正交表第 j 列因素同一水平出现的次数

l_{ij}　变量

L　正交表的代号

m　正交表的列数；变量个数

n　试验的次数

P　偏回归平方和

S　总的偏差平方和；离差平方和

S_A　因素 A 的偏差平方和

S_j　正交表第 j 列因素的偏差平方和

S_e　试验误差的偏差平方和

U　均匀设计表的代号

V_e　试验误差列的方差

V_j　正交表第 j 列因素的方差；回归式中各项方差

x　因素

$\overline{x}$　平均值

y　指标

z　因素

希文		j，k	第j个或k个变量
α	显著性水平；步长	i	第i次试验
ε	误差代号	min	最小
下标		max	最大
e	误差	1，2，3，…	因素序号

习　题

3-1　某化工厂拟用正交试验法安排试验，考虑的因素和水平如下：

因素		温度/℃ A	加碱量/kg B	催化剂种类 C
水平	1	80	35	甲
	2	85	48	乙
	3	90	55	丙

要考察的交互作用有$A \times B$、$A \times C$、$B \times C$。写出正交试验法的表头设计方案。

3-2　某生产厂想通过试验找出合适的原料配比和固化条件，以提高光弹性材料的性能。考虑的因素水平如下：

因素		失水苹果酸酐/% A	苯甲酸二丁酯/% B	低温固化时间/d C	高温固化时间/h D
水平	1	39	5	10	12
	2	32	10	7	6
	3	25			
	4	46			

要考察的交互作用有$A \times C$、$A \times B$、$B \times C$。写出正交试验法的表头设计方案。

3-3　在用不发芽的大麦制造啤酒而进行的无芽酶试验中，选择的因素和水平如下：

因素		赤霉素的浓度/(mg/kg大麦) A	氨水含量/% B	吸氨量/g C	底水量/g D
水平	1	2.25	0.25	2	136
	2	1.50	0.26	3	138
	3	3.00	0.27	4	
	4	0.75	0.28	5	

考察的指标是粉状粒y(百分数越高越好)。选用的正交表为$L_{16}(4^3 \times 2^6)$，将因素A、B、C、D分别放在1、2、3、9四列中，实验结果如下，对此结果进行极差与方差分析。

因素		1 A	2 B	3 C	9 D	粉状粒 y/%	因素		1 A	2 B	3 C	9 D	粉状粒 y/%
试验号	1	1	1	1	1	59	试验号	9	3	1	3	1	36
	2	1	2	2	2	48		10	3	2	4	2	55
	3	1	3	3	2	34		11	3	3	1	2	56
	4	1	4	4	1	20		12	3	4	2	1	39
	5	2	1	2	2	39		13	4	1	4	2	18
	6	2	2	1	1	48		14	4	2	3	1	35
	7	2	3	4	1	23		15	4	3	2	1	34
	8	2	4	3	2	29		16	4	4	1	2	46

第4章

化工实验参数测量方法

随着化学工业和工程的不断发展，人们对其认识需求的不断增多，因而对于实验方法和测量技术提出了更高的要求。为了满足这种需要，本章将简要介绍压力、流量、温度等参数的测量技术方面的内容。

4.1 测量仪表的基本技术性能

4.1.1 测量仪表的静态特性

静态特性表示测量仪表在被测输入量的各个值处于稳定状态下的输出与输入之间的关系。测量仪表的静态特性包括仪表的精度、线性度、灵敏度等。

(1) 精度

仪表的精度，即所得测量值接近真实值的准确程度。

在任何测量过程中都必然存在着测量误差，因而在用测量仪表对实验参数进行测量时，不仅需要知道仪表的测量范围（即量程），而且还应知道测量仪表的精度，以便估计测量值的误差的大小。测量仪表的精度通常用规定的正常条件下最大的或允许的相对误差 $\delta_{允}$ 表示，即

$$\delta_{允}=\frac{|x_{测}-x_{标}|_{\max}}{量程上限值-量程下限值}\times 100\% \tag{4-1}$$

式中 $x_{测}$——被测参数的测量值；

$x_{标}$——被测参数的标准值（即标准表所测的数值或比被校表精度高的仪表所测数值）；

$|x_{测}-x_{标}|$——测量值的绝对误差，$D(x_{测})$。

由式（4-1）可以看出，测量仪表的精度不仅与绝对误差有关，还与该仪表的测量范围有关。

仪表精度等级（p 级）具体划分如第1章1.5.1.1节所述，它所表示的是在规定的正常工作条件下的相对误差，称为仪表的基本误差。如果仪表不在规定的正常工作条件下工作，由于外界条件变动而引起的额外误差，称为仪表的附加误差。

所谓规定的正常工作条件是：环境温度为（25±10)℃；大气压力为（100±4)kPa；周围大气相对湿度为（65±15)%；无振动，除万有引力场以外无其他物理场。

(2) 线性度

对于理论上具有线性刻度特性的测量仪表，往往会由于各种原因影响，使得仪表的实际

特性偏离理论上的线性特性。非线性误差是指被校验仪表的实际测量曲线与理论直线之间的最大差值，如图 4-1 所示。

线性度又称非线性，是表征测量仪表输出与输入校准曲线与所选用的拟合直线（作为工作直线）之间吻合（或偏离）程度的指标。通常用相对误差来表示线性度，即

$$\delta_{L}=\pm\frac{\Delta L_{max}}{y_{F.S.}}\times100\% \tag{4-2}$$

式中　ΔL_{max}——输出值与拟合直线间的最大差值；

$y_{F.S.}$——理论满量程输出值。

一般要求测量仪表线性度要好，这样有利于后续电路的设计及选择。

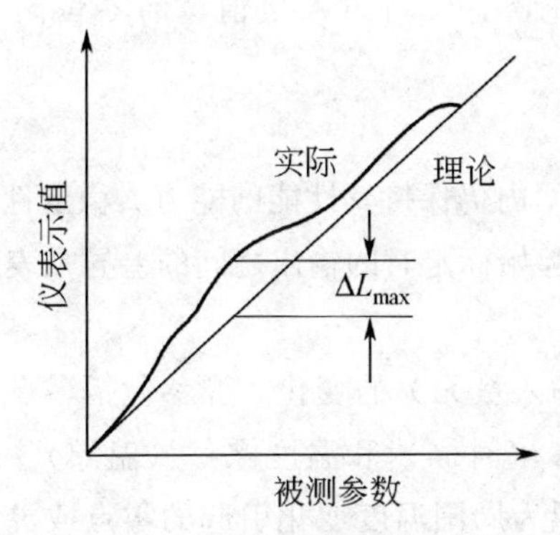

图 4-1　非线性误差特性示意图

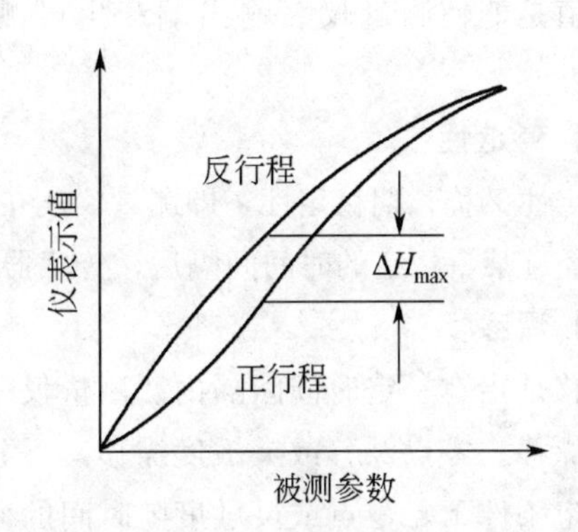

图 4-2　仪表的回差特性示意图

(3) 回差（又称变差）

回差是反映测量仪表在正（输入量增大）反（输入量减小）行程过程中输出-输入曲线的不重合程度的指标。通常用正、反行程输出的最大差值 ΔH_{max} 计算（如图 4-2 所示），并以相对值表示。

$$\delta_{H}=\frac{\Delta H_{max}}{y_{F.S.}}\times100\% \tag{4-3}$$

(4) 灵敏度和灵敏限

① 灵敏度（又称静态灵敏度）是测量仪表输出量增量与被测输入量增量之比。线性测量仪表的灵敏度就是拟合直线的斜率，非线性测量仪表的灵敏度不是常数，为输出对输入的导数。在静态条件下指仪表的输出变化与输入变化的比值，即

$$s=\frac{\Delta a}{\Delta x} \tag{4-4}$$

式中　s——仪表的灵敏度；

Δa——仪表的输出变化值；

Δx——被测参数变化值。

② 灵敏限是指能引起仪表输出变化时被测参数的最小（极限）变化量。一般，仪表灵敏限的数值应不大于仪表的最大绝对误差的二分之一。即

$$\text{灵敏限}\leqslant\frac{1}{2}\left|x_{\text{测}}-x_{\text{标}}\right|_{max} \tag{4-5}$$

结合式（4-1）可知

$$|x_{测}-x_{标}|_{max}=\delta_{允}\times(量程上限-量程下限)$$

$$灵敏限\leqslant\frac{精度等级}{2\times100}\times(量程上限-量程下限) \tag{4-6}$$

只要灵敏限满足式（4-6）即可，过小的灵敏限不但没有必要，反而使仪表造价高，不经济。

（5）重复性

重复性是衡量测量仪表在同一条件下，输入量按同一方向作全量程连续多次变化时，所得特性曲线间一致程度的指标。各条特性曲线越靠近，重复性越好。

（6）阈值

阈值是能使测量仪表输出端产生可测变化量的最小被测输入量值，即零位附近的分辨力。

（7）稳定性

稳定性又称长期稳定性，即测量仪表在相当长时间内仍保持其性能的能力。稳定性一般以室温下经过某一规定的时间间隔后，传感器的输出与起始标定时的输出之间的差异来表示。

（8）漂移

漂移是指在一定时间间隔内，测量仪表输出与输入量无关的变化。漂移包括零点漂移和灵敏度漂移。零点漂移或灵敏度漂移又可分时间漂移（时漂）和温度漂移（温漂）。时漂是指在规定条件下，零点或灵敏度随时间的变化；温漂为周围温度变化引起的零点或灵敏度的漂移。

4.1.2 测量仪表的动态特性

动态特性是反映测量仪表对于随时间变化的输入量的响应特性。当用仪表对被测量的数值进行测量时，被测量突然变化后，仪表指示值总是要经过一段时间后才能准确地显示出被测量。反应时间就是用来衡量仪表能不能尽快反映出参数变化的品质指标。仪表应该具有合适的反应时间，反应时间长，说明仪表需要较长时间才能给出准确的指示值时，那就不适宜测量变化较快的参数。因为在这种情况下，当仪表尚未准确地显示出被测值时，参数本身却早已改变了，使仪表始终不能指示出参数瞬时值的真实情况。所以，仪表反应时间的长短，实际上反映了仪表动态特性的好坏。

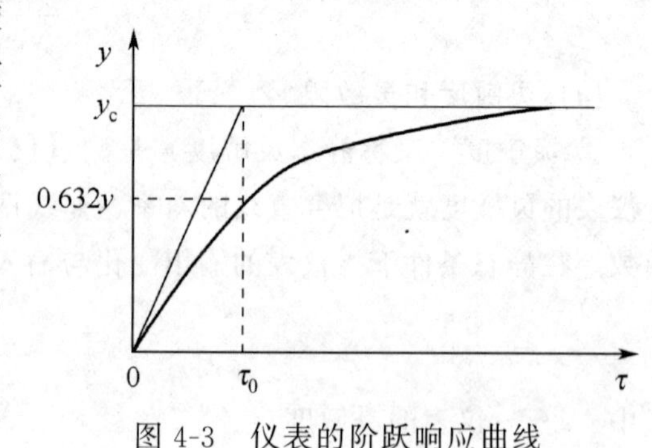

图 4-3 仪表的阶跃响应曲线

当给测量仪表输入一个单位阶跃信号时，如式（4-7），其输出信号为阶跃响应。

$$y(\tau)=\begin{cases}0 & \tau\leqslant0\\ y_c & \tau>0\end{cases} \tag{4-7}$$

衡量阶跃响应的指标参见图 4-3。

① 时间常数 τ_0 测量仪表输出值上升到稳态值 y_c 的 63.2%所需的时间。

② 响应时间 τ_s 输出值达到允许误差范围所经历的时间。

仪表的反应时间有不同的表示方法，可用时间常数表示，也可以用响应时间来表示。关于仪表的动态特性还可以用响应频率来表示，其等于时间常数的倒数。

4.2　压力差测量

化工生产过程和化工基础实验中经常要考察流体流动阻力、某处压力或真空度和用节流式流量计测量流量，这些过程的实质都是进行压力差的测量。为了准确地测量压力差，需要了解测压的原理、测压计的分类、测压计的使用方法及测压过程中需要注意的事项等。本节从实用的角度，对上述内容进行简述。

4.2.1　液柱式压差计

液柱式压差计是基于流体静力学原理设计的。结构简单，精度较高。既可用于测量流体的压力，又可用于测量流体管道两点间的压力差。它一般由玻璃管制成，常用的工作液体有水、水银、酒精等，所用液体与被测介质接触处必须有一个清楚而稳定的分界面以便准确读数。因玻璃管的耐压能力低和长度所限，只能用来测量较低的压力、真空度或压差。

- U 形管压差计
- 倒置 U 形管压差计
- 斜管压差计
- U 形管双指示液压差计

液柱式压差计按构成方式分，常用的主要有 U 形管压差计、倒置 U 形管压差计、单管压差计、斜管压差计、U 形管双指示液压差计。其结构及特性见表 4-1。

表 4-1　液柱式压差计的结构及特性

名称	示意图	测量范围	静态方程	备注
U 形管压差计	p_0, p, 1—1, 2—2, h_1, h	高度差 h 不超过 800mm	$\Delta p = hg(\rho_A - \rho_B)$（液体） $\Delta p = hg\rho$（气体）	零点在标尺中间，用前不需调零，常用作标准压差计校正流量计
倒置 U 形管压差计	空气, h, 液体, p	高度差 h 不超过 800mm	$\Delta p = hg(\rho_A - \rho_B)$（液体） 当 $\rho_B \ll \rho_A$ 时 $\Delta p = hg\rho_A$	以待测液体为指示液，适用于较小压差的测量
单管压差计	p_0, 1—1, h_1, p, 0—0, 2—2, h	高度差 h 不超过 1500mm	$\Delta p = h_1\rho\left(1+\frac{S_1}{S_2}\right)g$ 当 $S_1 \ll S_2$ 时 $\Delta p = h_1\rho g$ S_1：垂直管截面积 S_2：扩大室截面积（下同）	零点在标尺下端；用前需调整零点，可用作标准器

续表

名称	示意图	测量范围	静态方程	备注
斜管压差计	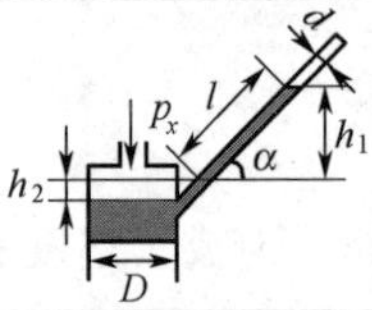	高度差 h 不超过 200mm	$\Delta p=l\rho g(\sin\alpha+S_1/S_2)$ 当 $S_2 \gg S_1$ 时 $\Delta p=l\rho g\sin\alpha$	α 小于 15°～20°时，可改变 α 的大小来调整测量范围。零点在标尺下端，用前需调整
U形管双指示液压差计	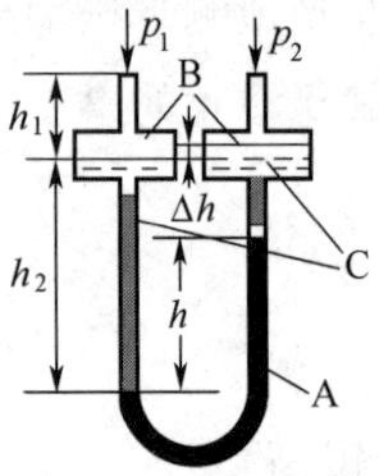	高度差 h 不超过 500mm	$\Delta p=hg(\rho_A-\rho_C)$	U形管中装有 A、C 两种密度相近的指示液，且两臂上方有“扩大室”，旨在提高测量精度

液柱式压差计使用时要注意以下几点：①被测压力不能超过仪表的测量范围。有时因被测对象突然增压或操作不当造成压力增大，会使工作液被冲走，如果是水银，还可能造成污染和中毒。②被测介质不能与工作液混合或起化学反应，否则，应更换其他工作液或采取加隔离液的方法。③液柱压差计安装位置应避开过热、过冷和有振动的地方。④由于液体的毛细现象及表面张力作用，会引起玻璃管内液面呈弯月状。读取压力值时，观察水或其他对管壁浸润的工作液时应看凹面最低处，观察水银或其他对管壁不浸润的工作液时应看凸面最高点。⑤工作液为水或其他透明液体时，可在水中加入一点红墨水或其他颜色以便于观察读数。⑥在使用过程中保持测量管和刻度标尺的清晰，定期更换工作液。

4.2.2 弹性式压力计

弹性式压力计是利用各种形式的弹性元件，在被测介质压力的作用下，使弹性元件受压后产生弹性变形的原理而制成的测压仪表。这种仪表具有结构简单、使用方便、读数清晰、牢固可靠、价格低廉、测量范围宽等优点，可以用来测量几百帕到数千兆帕范围内的压力，因此在工业上应用很广泛。

常用弹性压力计的测压元件的结构和特性如表 4-2 所示，其中波纹膜片和波纹管多用于微压和低压测量，单圈和多圈弹簧管可用于高、中、低压，直到真空度的测量。

表 4-2 弹性压力计的测压元件的结构和特性

类别	名称	结构示意图	测压范围/Pa		输出特性	动态特性	
			最小	最大		时间常数/s	自振频率/Hz
薄膜式	平薄膜	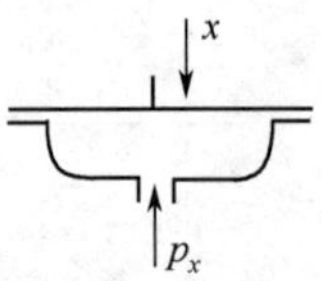	$0\sim10^4$	$0\sim10^8$	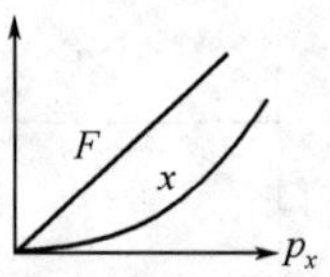	$10^{-5}\sim10^{-2}$	$10\sim10^4$
	波纹膜	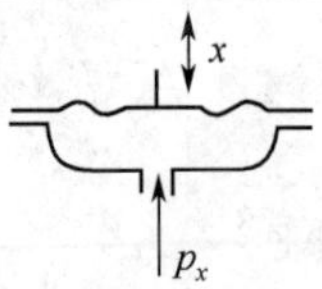	$0\sim1$	$0\sim10^6$	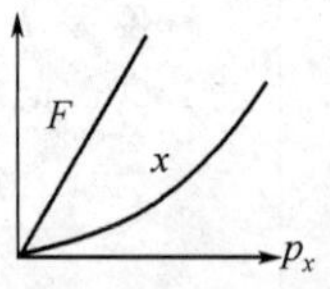	$10^{-2}\sim10^{-1}$	$10\sim10^2$

续表

类别	名称	结构示意图	测压范围/Pa		输出特性	动态特性	
			最小	最大		时间常数/s	自振频率/Hz
薄膜式	挠性膜		$0\sim10^{-2}$	$0\sim10^{5}$		$10^{-2}\sim1$	$1\sim10^{2}$
波纹管式	波纹管		$0\sim1$	$0\sim10^{6}$		$10^{-2}\sim10^{-1}$	$10\sim10^{2}$
弹簧管式	单圈弹簧管		$0\sim10^{2}$	$0\sim10^{9}$		—	$10^{2}\sim10^{3}$
	多圈弹簧管		$0\sim10$	$0\sim10^{8}$		—	$10\sim10^{2}$

注：F—力；x—位移。

现以最常见的单圈弹簧管式压力计为例，说明弹性式压力计的工作原理。弹簧管式压力计主要由弹簧管、齿轮传动机构、示数装置（指针和分度盘）以及外壳等几部分组成，其结构如图 4-4 所示。单圈弹簧管是一根弯成圆弧形的椭圆截面的空心金属管子。管子的一端固定在接头 9 上，另一端即自由端 B 封闭并通过齿轮传动机构和指针连接。当通入被测的压力 p 后，由于椭圆形截面在压力 p 的作用下将趋于圆形，弯成圆弧形的弹簧管随之产生向

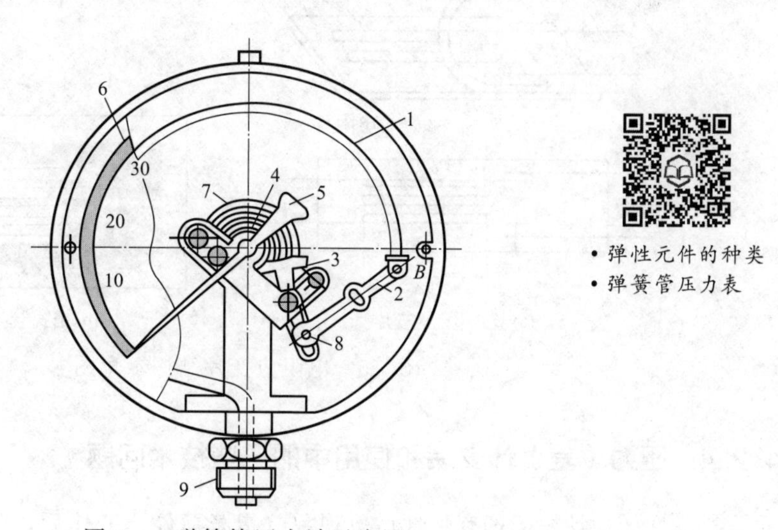

图 4-4　弹簧管压力计示意图

1—弹簧管；2—拉杆；3—扇形齿轮；4—中心齿轮；5—指针；6—面板；7—游丝；8—调整螺钉；9—接头

外挺直的扩张变形。由于变形，使弹簧管的自由端 B 产生位移。输入压力 p 越大，产生的变形也越大，由于输入压力与弹簧管自由端 B 的位移成正比，所以，只要测得 B 点位移量，就能反映压力 p 的大小。

4.2.3 压力（差）传感器

随着工业自动化程度不断提高，仅仅采用就地指示仪表测定待测压力远远不能满足要求，往往需要转换成容易远传的电信号，以便于集中检测和控制。压差传感器能够将被测压力（差）变换成电阻、电流、电压、频率等形式的信号来进行测量。这种方法在自动控制系统中具有广泛用途和重要作用，除用于一般压力（差）测量外，也适用于快速变化和脉动压力的测量。常用的压力（差）传感器有应变片式、电容式、霍尔片式等等。

现以应变片式压力（差）传感器为例，说明压力传感器的工作原理。以电阻应变片为转换元件的电阻应变式传感器，主要由弹性元件、粘贴于其上的电阻应变片、输出电信号的电桥电路及补偿电路构成。其中感受被测物理量的弹性元件是其关键部分，结构形式有多样，旨在提高感受被测物理量的灵敏性和稳定性。电阻应变片有金属应变片（金属丝或金属箔）和半导体应变片两类，其中丝式和箔式电阻应变片的结构如图 4-5 所示。图 4-6 是应变片式压力传感器的原理图。弹性应变筒 1 的上端与外壳 2 固定在一起，下端与不锈钢密封膜片 3 紧密接触，应变片 r_1 沿弹性应变筒轴向贴放，r_2 沿径向贴放。当被测压力 p 作用于膜片而使弹性应变筒受轴向压力变形时，沿轴向贴放的应变片 r_1 也将产生轴向压缩应变 ε_1，于是 r_1 的阻值变小；而沿径向贴放的应变片 r_2，由于本身受到横向压缩将引起纵向拉伸应变 ε_2，于是 r_2 阻值变大。然后通过桥式电路获得相应的电势输出，并用毫伏计或其他记录仪表显示出被测压力。

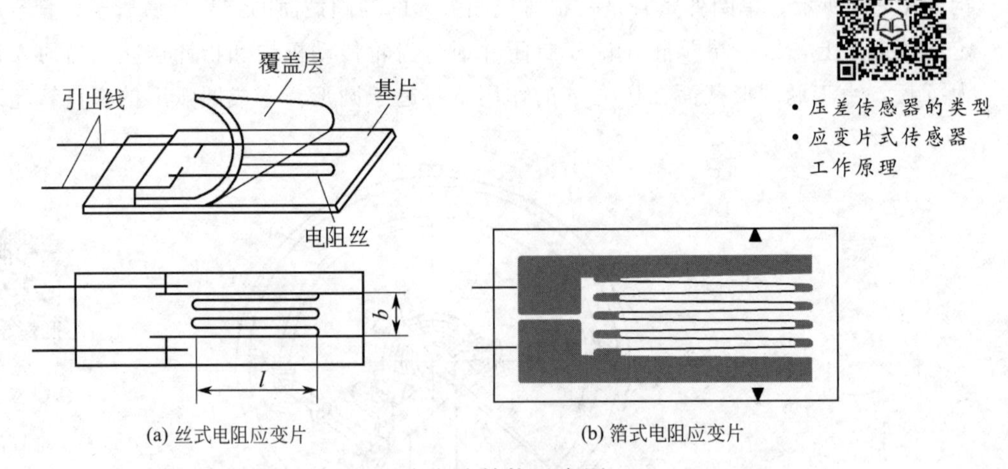

(a) 丝式电阻应变片　　(b) 箔式电阻应变片

图 4-5　电阻应变片结构示意图

4.2.4 压力（差）计安装和使用中的一些技术问题

① 弹性压力计一般都有弹性后效现象（指载荷停止变化后，弹性元件还继续变形的现象）。因此其静态特性必然出现较大变差，同一实际压力下的压力计读数因压力递增或递减而异。

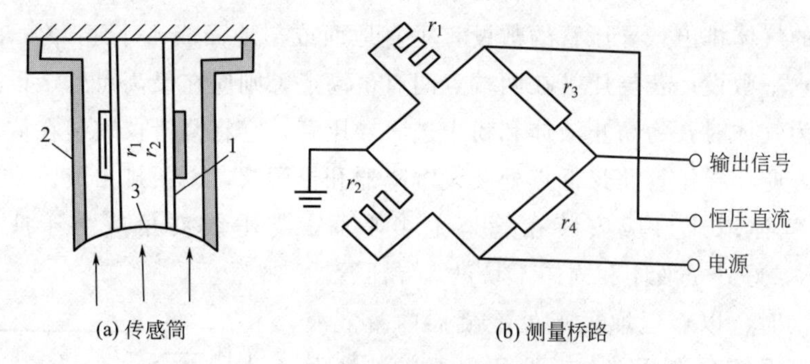

图 4-6　应变片式压力传感器测量示意图

1—应变筒；2—外壳；3—密封膜片

② 若被测介质为液体，在取压点与测量仪表之间的导压管内有气体存在；或被测介质为气体而导压管内有液体存在，都会造成测量误差。如图 4-7 所示，被测介质为液体，靠近压力表的一段导压管内有气体存在。此时

$$p+h\rho_L g=p'+h\rho_G g \tag{4-8}$$

$$p'-p=h(\rho_L-\rho_G)g$$

压力表所感受的压力 p' 比被测压力 p 大，两者差值为 $h(\rho_L-\rho_G)g$。

当被测压力很小或测量精度要求较高时，第二相影响比较显著，应采取有效措施避免。

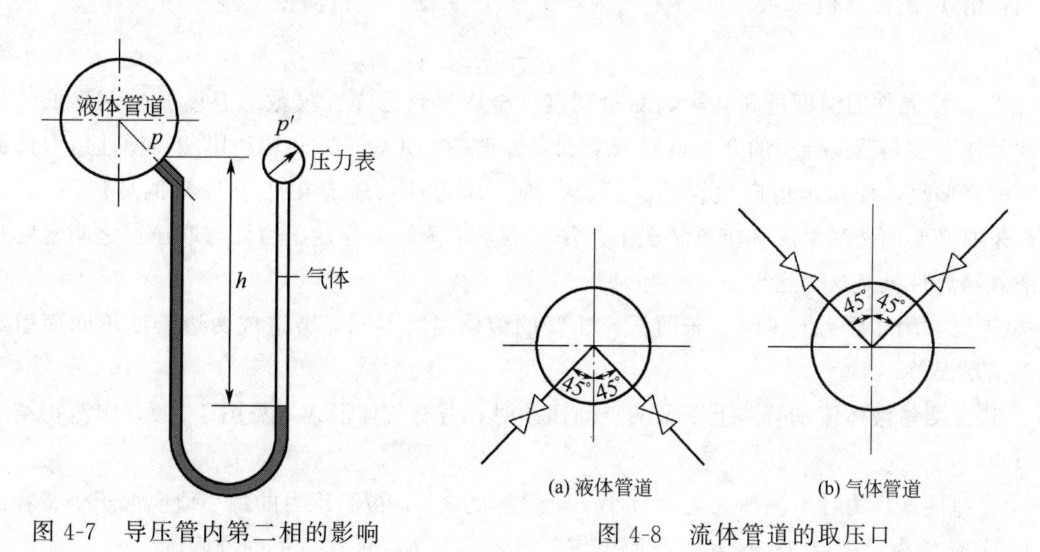

图 4-7　导压管内第二相的影响　　图 4-8　流体管道的取压口

被测介质为液体时：a. 为防止气体和固体颗粒进入导压管，水平或侧斜管道中取压口应安装在管道下半平面，且与垂线的夹角 $\alpha=45°$，如图 4-8(a) 所示。b. 若测量系统两点的压力差时，应尽量将压差计装在取压口下方，使取压口至压差计之间的导压管方向都向下。这样，气体就较难进入导压管。如测量压差的仪表不得不装在取压口上方，则从取压口引出的导压管应先向下敷设 1000mm，然后再转弯向上通往压差测量仪表。目的是形成 1000mm 的液封，阻止气体进入导压管。c. 实验时，首先将导压管内原有的空气排除干净。为了便

于排气，应在每根导压管与测量仪表的连接处安装一个放空阀，利用取压点处的正压，用液体将导压管内的气体排出；导压管的敷设宜垂直地面或与地面成不小于 1/10 的倾斜度。注意导压管不宜水平敷设；若导压管在两端点间有最高点，则应在最高点处装设集气罐。

被测介质为气体时：为防止液体和粉尘进入导压管，宜将测量仪表装在取压口上方。若必须装在下方，应在导压管路最低点处装设沉降器和排污阀，以便排出液体或粉尘。在水平或倾斜管中，气体取压口应安装在管道上半平面，与垂线夹角应小于或等于 45°，如图 4-8(b) 所示，好处是液体和固体不易进入导压管。

介质为蒸汽时：以靠近取压点处冷凝器内凝液液面为界，将导压系统分为两部分：取压点至凝液液面为第一部分，内含蒸汽，要求保温良好。凝液液面至测量仪表为第二部分，内含冷凝液，要求两冷凝器内液面高度相等。第二部分起传递压力信号的作用。导压管的第二部分和压差测量仪表均应安装在取压点和冷凝器下方。冷凝器应具有足够大的容积和水平截面积。

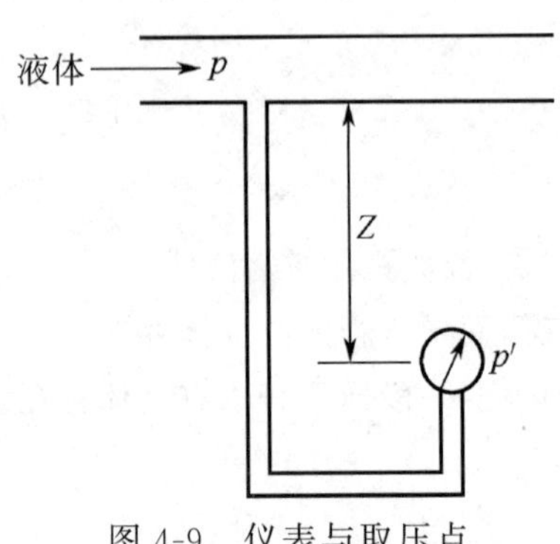

图 4-9　仪表与取压点不等高的影响

③ 若被测介质为液体，且取压点与测量仪表不在同一水平面上，也会使测量结果产生误差，应予校正。在图 4-9 中，因为测量仪表比取压点低 Zm，所以测量值 p' 比被测值 p 大，两者之差为：$p'-p=\rho gZ$。故被测值 p 应按下式计算

$$p=p'-\rho gZ \tag{4-9}$$

④ 弹性元件的温度过高会影响测量精度。金属材料的弹性模数随温度升高而降低。如弹性元件直接与较高温度的介质接触或受到高温设备（如炉子）热辐射影响，弹性压力计的指示值将偏高，使指示值产生误差。因此，弹性压力计一般应在低于 50℃ 的环境下工作，或在采取必要的防高温隔热措施情况下工作。测量水蒸气的弹性压力计与取压点之间常安装一圈式隔离件就是这个道理。

⑤ 当被测介质为液体时，若两根导压管的液体温度不同，会造成两边密度不同而引起压差测量误差。

⑥ 在测量液体流动管路上下游两点间压差时，若有气体混入（见图 4-10），则测得结果不可取。

⑦ 弹性式压力计所测压力范围宜小于全量程的 3/4，被测压力的最小值应大于全量程的 1/3。前者是为了避免仪表因超负荷而破坏，后者是为了保证测量值的准确度。

⑧ 隔离器和隔离液。测量高黏度、有腐蚀性、易冻结、易析出固体物的被测流体时，应采用隔离器和隔离液，以免被测流体与压差测量仪表直接接触，而破坏仪表的正常工作性能。隔离器的结构形式示于图 4-11 中。

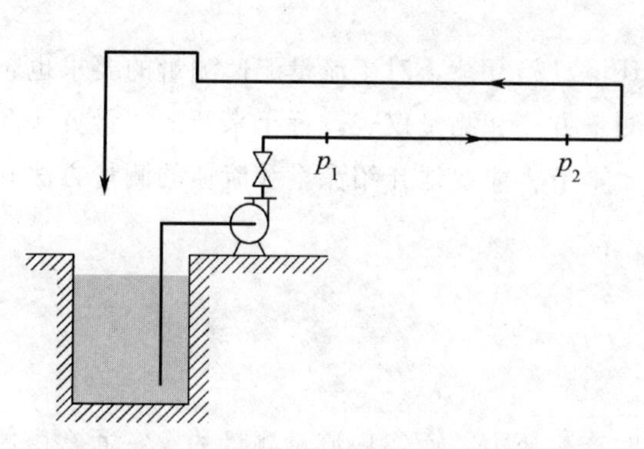

图 4-10　易混入气体的液相流动系统

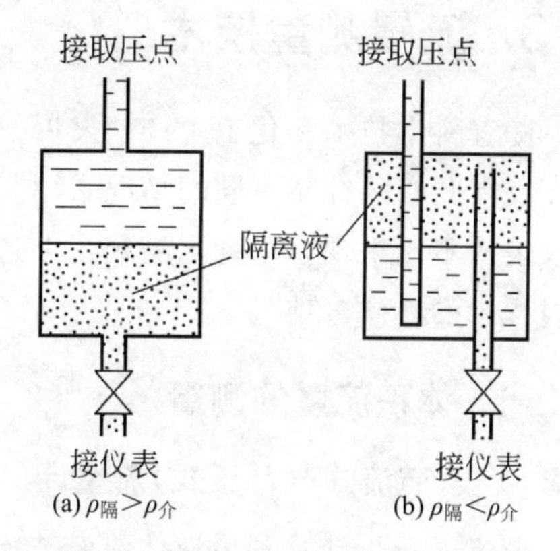

图 4-11　隔离器的结构形式图

测量压差时，正负两隔离器内两液体界面的高度应相等且保持不变。因此，隔离器应具有足够大的容积和水平截面积。

隔离液除与被测介质不互溶之外，还应与被测介质不起化学反应，且冰点足够低，能满足具体问题的实际需要。

⑨ 放空阀、切断阀和平衡阀的正确用法。图 4-12 是压差测量系统的安装示意图。切断阀 1、2 是为了检修仪表用。放空阀 5、6 的作用是排除对测量有害的气体或液体。平衡阀 3 打开时能平衡压差测量仪表两个输入口的压力，使仪表所承受的压差为零，可避免因过大的（p_1-p_2）信号冲击或操作不当而损坏压差测量仪表。所谓操作不当是指，在无平衡阀或平衡阀未打开的情况下，在两切断阀不能同时处于开、闭状态，假设阀 1 开、阀 2 闭时，若放空阀 6 突然被打开或刚被打开过，则压差测量仪表将承受很大的非常态压差，使弹性式仪表的敏感元件性能发生变化，产生意外的误差，甚至仪表受损坏。解决的办法是：a. 设置平衡阀，且将平衡阀装在切断阀与测量仪表之间，如图 4-12 所示；b. 实验装置开始运转之前和停止运转之前，应先打开平衡阀；c. 关闭平衡阀之前应认真检查两个切断阀，当两个切断阀均已打开或均已关闭时，才能关闭平衡阀；d. 打开放空阀 5 或 6 之前，务必先打开平衡阀。

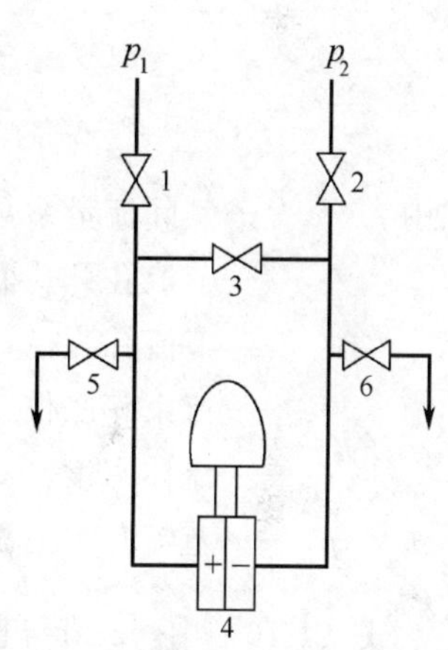

图 4-12　压差测量系统的安装示意图

1,2—切断阀；3—平衡阀；4—压差测量仪表；5,6—放空阀

上述操作很容易被忽视。但实际上它很可能是差压传感器（变送器）性能不稳定和常出毛病的主要原因之一。

⑩ 全部导压管应密封良好，无渗漏现象。有时小小的渗漏会造成很大的测量误差。因此安装好导压管后应做一次耐压试验。试验压力为操作压力的 1.5 倍。气密性试验压力为 53.3kPa。

⑪ 为了避免反应迟缓，导压管的最大长度不得超过 50m。

4.3 流量测量技术

随着科学技术和化工生产的发展，生产环境日趋复杂，对于流量流速测量的要求也越来越高，因此必须针对不同的情况采用不同的测量方法和测量仪表。近年来新的测量方法和测量仪表的不断出现，已基本满足了上述要求。本节将简要地介绍流量和流速的测量方法和使用过程中的注意事项。

4.3.1 体积流量的测量

4.3.1.1 节流式（差压式）流量计

节流式流量计是利用液体流经节流装置时产生压力差而实现流量测量的。它通常由能将被测流量转换成压力差信号的节流件（如孔板、喷嘴等）和测量压力差的差压计组成。

（1）流量基本方程

表示流量和压差之间关系的方程称为流量基本方程［式(4-10)］，它是由连续性方程和伯努利方程导出。

$$q_V=\alpha A_0\varepsilon\sqrt{\frac{2}{\rho}(p_1-p_2)}\ (\mathrm{m^3/s}) \tag{4-10}$$

$$A_0=\frac{\pi}{4}d_0^2$$

式中 α——实际流量系数（简称流量系数）；

A_0——节流孔开孔面积，m^2；

d_0——节流孔直径，m；

ε——流束膨胀校正系数，对不可压缩性流体，$\varepsilon=1$，对可压缩性流体，$\varepsilon<1$；

ρ——流体密度，kg/m^3；

p_1-p_2——节流孔上下游两侧压力差，Pa。

式（4-10）中，ε 值与直径比 $\beta\left(\beta=\frac{d_0}{D}\right)$、压力相对变化值 $\Delta p/p_1$、气体等熵指数 k 及节流件的形式等因素有关；实际流量系数 α 是一影响因素复杂、变化范围较大的量，其数值与下列因素有关：

① 节流装置的形式；

② 截面比 m 和直径比 β，即 $m=\frac{A_0}{A}=\frac{d_0^2}{D^2}$，$\beta=\frac{d_0}{D}$（式中 A、D 分别为管道的截面积和内径）；

③ 按管道计算的雷诺数 Re_D，即 $Re_D=\frac{u_D D\rho}{\mu}$；

④ 各节流件的取压方式；

⑤ 管道的内壁粗糙度；

⑥ 孔板入口边缘的尖锐程度。

实际流量系数 α 与诸因素的关系常用如下数学形式表示：

标准孔板 $\alpha=k_1k_2k_3\alpha_0$

其他标准节流件　　　　$\alpha = k_1 k_2 \alpha_0$

式中　α_0——原始流量系数（它是在光滑管中，管内雷诺数 Re_D 大于界限雷诺数 Re_K 的条件下，用实验方法测得的）；

k_1——黏度校正系数；

k_2——管壁粗糙度校正系数；

k_3——孔板入口边缘不尖锐程度的校正系数。

以上各值均可以从参考文献［10］中查到。

(2) 流量系数与雷诺数 Re_D 之间的关系

这里指的流量系数包括实际流量系数 α 和原始流量系数 α_0；两者数值不同，但随 Re_D 变化的规律相似。

在节流件的结构形式和尺寸、取压方式及管道粗糙度均一定的情况下，实际流量系数 $\alpha = f(Re_D, m)$。对于几何相似的节流装置，因为 m 一定，故流量系数 α 仅随雷诺数 Re_D 而变，即 $\alpha = \phi(Re_D)$。

图 4-13 示出了某一具体节流装置的 α 与 Re_D 的关系。由图可见，当管道的雷诺数 Re_D 较小时，α 随 Re_D 的变化很大，且规律复杂。当 Re_D 大于某一界限值（Re_K）以后，α 即不再随 Re_D 变，而趋向于一个常数。

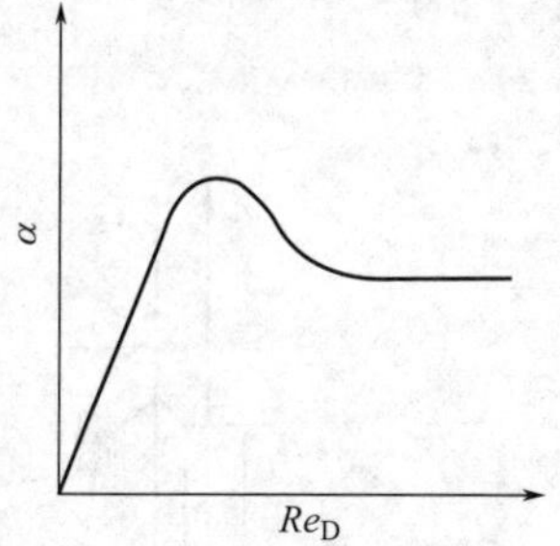

图 4-13　α 与 Re_D 的关系

因为只有在 α 为常数的情况下，流量基本方程中的流量 q_V 与压差（$p_1 - p_2$）才具有比较简单、明确而且容易确定的数学关系，因而也便于确定直读流量标尺的刻度。所以一般都千方百计地让流量计在 α 为常数的范围内测量。这样，界限雷诺数的确定就成了一个十分重要的问题。图 4-14 为三种标准节流件的 α_0-Re_D 关系图。

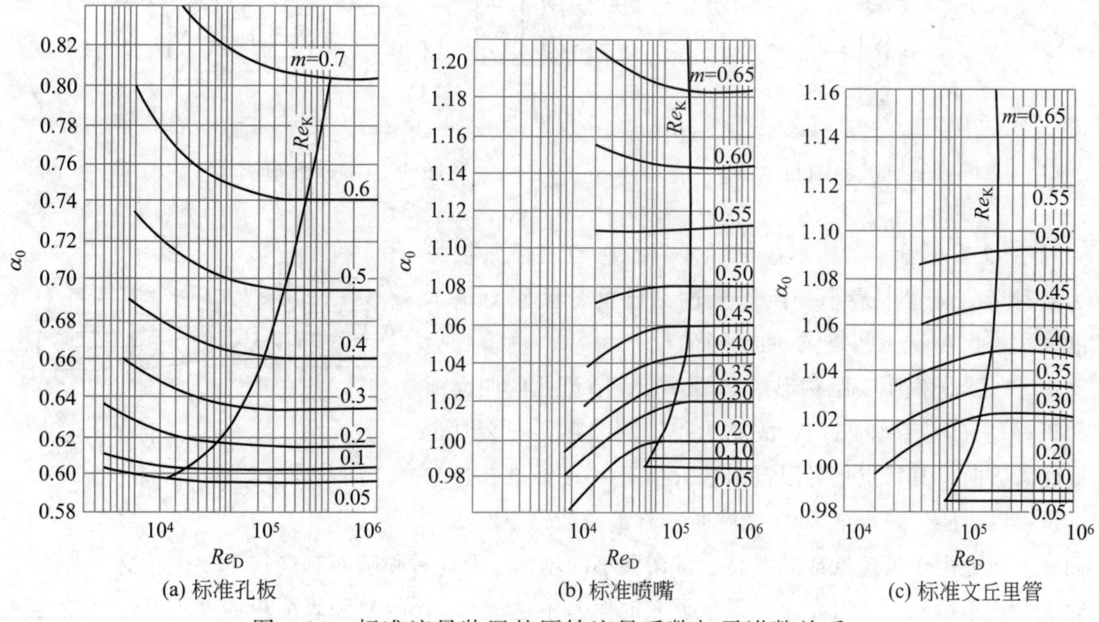

(a) 标准孔板　　(b) 标准喷嘴　　(c) 标准文丘里管

图 4-14　标准流量装置的原始流量系数与雷诺数关系

(3) 节流装置

标准节流装置由标准节流元件、标准取压装置和节流件前后测量管三部分组成。下面简介几种节流元件。

① 孔板　结构形式如图 4-15 所示。A_1 为上游端面；A_2 为下游端面；δ_1 为孔板厚度；δ_2 为孔板开孔厚度；d 为孔径；α 为斜面角；G、H 和 I 为上下游开孔边缘。

孔板的特点：结构简单，易加工，造价低，但能量损失大于喷嘴和文丘里管流量计。

孔板安装应注意方向，不得装反。加工时要求严格，特别是 G、H 和 I 处要尖锐，无毛刺等，否则将影响测量精度。因此对于在测量过程中易使节流装置变脏，磨损和变形的脏污或腐蚀性的介质中不宜使用孔板。

② 喷嘴　结构形式如图 4-16。特点是能量损失高于文丘里管；有较高的测量精度；对腐蚀性大、易磨损喷嘴和脏污的被测介质不太敏感。所以，在测量这类介质时，可选用喷嘴。此外，喷嘴前后所需的直管段长度较短。

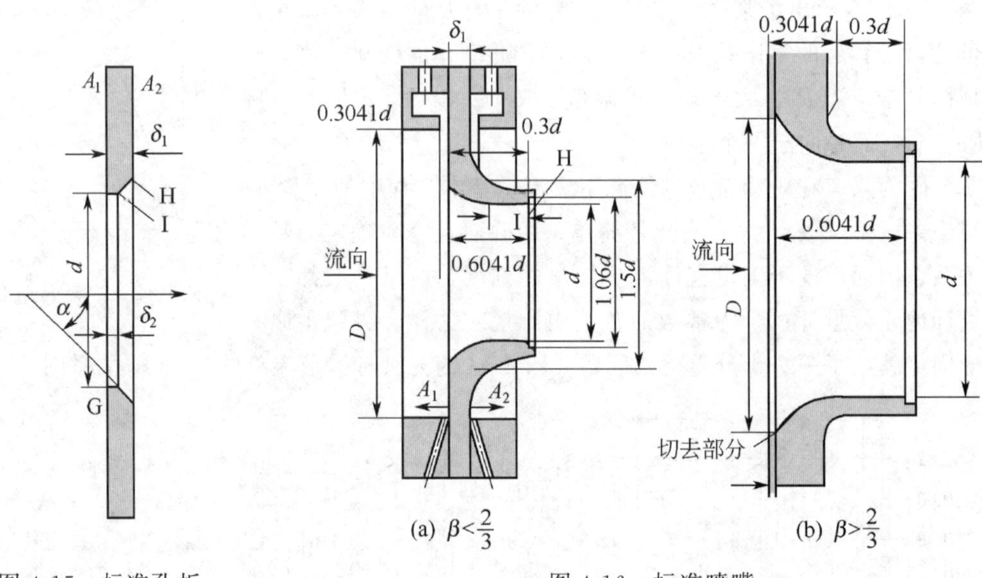

图 4-15　标准孔板

图 4-16　标准喷嘴

③ 文丘里管　结构形成如图 4-17。特点是能量损失为各种节流装置中最小，流体流过文丘里管后压力基本能恢复。但制造工艺复杂，成本高。

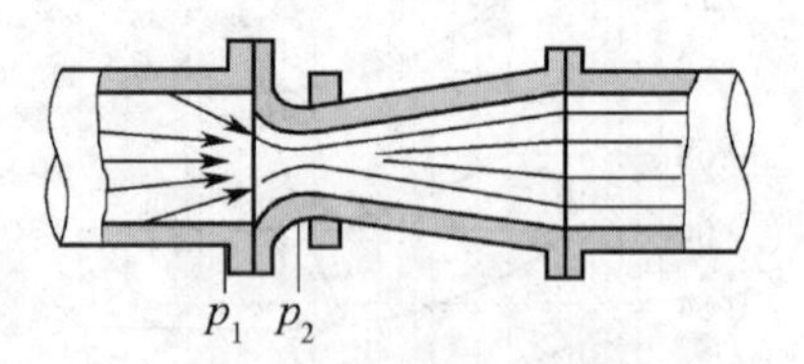

图 4-17　文丘里管及其节流现象的示意图

④ 1/4 圆喷嘴　结构形式如图 4-18。节流孔的曲面弧线正好是一个圆周的 1/4，故称为 1/4 圆喷嘴。安装时也应注意方向。其特点是界限雷诺数 Re_K 远小于标准孔板和标准喷嘴，Re_D 减小至 200～500 时，流量系数仍不随 Re_D 而变，故适用于流速低或黏度高、雷诺数小的场合。但此种喷嘴对制造技术要求较高。若喷嘴轮廓制造不精确（一般要求圆弧半径 r 的偏差不超过 0.01mm）和表面粗糙度不够，可能会使流束与喷嘴开孔内壁之间产生脱流现象，导致流量系数不稳定，产生严重的流量测量误差。

⑤ 圆缺孔板　用标准孔板测量含有固体颗粒、各种浆液等脏污介质的流量时，若在孔板前后积存沉淀物，则会改变管道的实际截面和流量系数，这时可改用图 4-19 所示圆缺孔板。

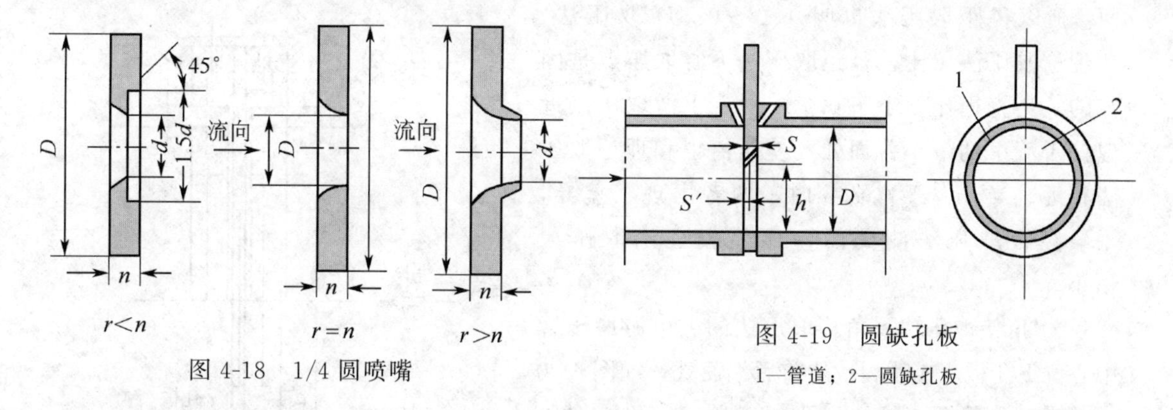

图 4-18　1/4 圆喷嘴

图 4-19　圆缺孔板

1—管道；2—圆缺孔板

圆缺孔板的适用范围为：

管径　$50\text{mm} \leqslant D \leqslant 500\text{mm}$；

截面比　$0.1 \leqslant m \leqslant 0.5\left(m=\dfrac{\text{圆缺开孔面积}\ A_{\text{h}}}{\text{管道截面积}\ A}\right)$；

雷诺数　$5\times10^3 \leqslant Re_{\text{D}} \leqslant 2\times10^6$；

圆缺开孔圆筒形长度　$S'=(0.005\sim0.02)D$；

厚度　$\delta=(0.02\sim0.05)D$。

(4) 取压方式

节流式流量计的输出信号是节流件前后取出的差压信号，不同的取压方式，取出的压差值也不同，对于同一个节流件，它的流量系数也将不同。目前国际上通常采用的取压方式有理论取压法、径距取压法（1.0～0.5D 取压法）、角接取压法和法兰取压法，图 4-20 表示各种取压方式的取压位置。

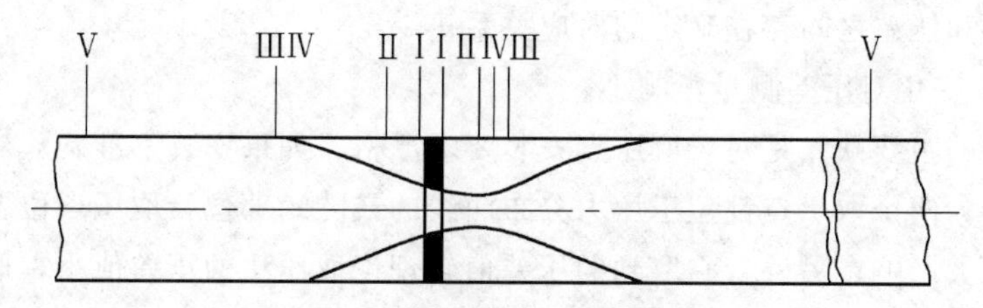

图 4-20　各取压法的取压位置

① 理论取压法　理论取压法上游取压管中心位于距孔板前端面一倍管道直径 D 处，下游取压管中心位于流束最小截面处，如图 4-20 中截面Ⅳ—Ⅳ。在推导节流装置流量方程时，用的正是这两个截面取出的压力差，所以称为理论取压法。但是，孔板后流束最小截面与孔径比和流量有关。即随着孔径比和流量的不同，最小流束截面始终在变化。而取压点只能选在一个固定位置，因此，在整个流量测量范围内，流量系数不能保持恒定。另外，由于取压点远离孔板端面，难以实现环室取压，对测压准确度会带来一定的影响。理论取压法的优点是所测得的差压较大。

② 径距取压法　径距取压法上游取压管中心位于距离孔板（或喷嘴）前端面一倍管道直径 D 处，下游端取压管中心距离孔板（或喷嘴）前端面 $0.5D$ 处，如图 4-20 中Ⅲ—Ⅲ截面。所以径距取压法也叫 $1.0\sim0.5D$ 取压法。和理论取压法相比，径距取压法下游取压点是固定的，当直径比 β 小于 0.735 时，下游取压点近似位于流束的最小截面处，差压值也和理论取压法相近。当 β 大于 0.735 时，两者出现了差异，一般径距取压法测到的差压值较理论取压法稍小。

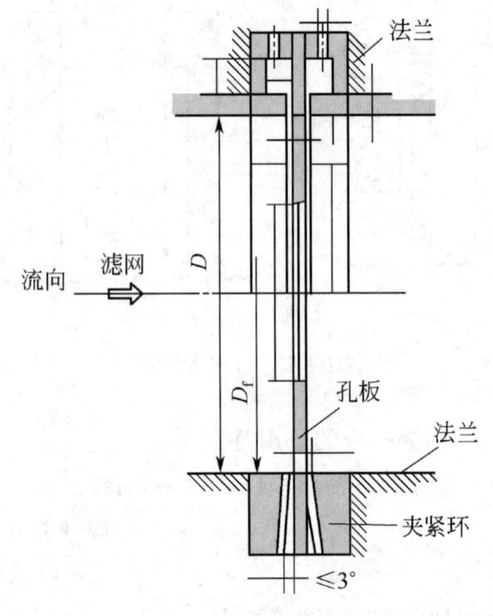

图 4-21　角接取压法

③ 角接取压法　角接取压法的上下游取压管中心位于孔板（或喷嘴）的前后端面处，如图 4-20 中的Ⅰ—Ⅰ截面，具体到孔板流量计，角接取压包括单独钻孔取压和环室取压，如图 4-21 所示，图中上部为环室取压，下部为单独钻孔取压示意图。它由前夹紧环和后夹紧环两部分组成。前、后夹紧环的 D_f 应相等，且等于管道内径 D，允许 $1.0D\leqslant D_f\leqslant1.02D$，但不允许夹紧环内径小于管道内径。夹紧环的轴线与孔板上、下游侧端面的夹角不大于 3°，上、下游侧取压孔直径应相等。角接取压标准孔板的适用范围为管径 $D=50\sim100\text{mm}$；直径比 $\beta=0.22\sim0.80$；最小雷诺数 $Re_{D,\min}=(0.05\sim1.98)\times10^5$，随 β 而变。角接取压法的主要优点：

ⓐ 易于采取环室取压，使压力均衡，从而提高差压的测量准确度，同时可以缩短前后安装的直管段；

ⓑ 当实际雷诺数大于界限雷诺数时，流量系数只与直径比 β 有关，对于一定的 β，流量系数恒定，流量和压差之间存在确定的对应关系；

ⓒ 沿程损失变化对压差测量影响小。

角接取压法的主要缺点是对于取压点安装要求严格，如果安装不准确，对测量准确度影响较大，这是因为两个取压点都位于压力分布曲线的最陡峭部位，取压点位置稍有变化，就对压差测量有较大影响，另外，它取到的压差值较理论取压法的压差值小，取压管的脏污和堵塞不易排除。

④ 法兰取压法　法兰取压法不论管道直径和孔径比 β 的大小，上下游取压管中心均位于距离孔板两侧相应端面 2.54cm 处，如图 4-20 中Ⅱ—Ⅱ截面，法兰取压标准孔板的适用范围为管径 $D=50\sim750\text{mm}$；直径比 $\beta=0.10\sim0.75$；$Re_{D,\min}=(0.08\sim4.0)\times10^5$，随 β 而变。法兰取压标准孔板如图 4-22，图中，b 为取压孔直径，要求 $b\leqslant0.08D$，实际尺寸为 6～12mm。由以上便知，对于小直径的管道（$D<50\text{mm}$），无标准孔板可供选用。这种取压方式在制造和使用上要比理论取压法方便，而且通用性比较大。但流量系数除与 β 和 Re_D 有关外，还与管径 D 有关。

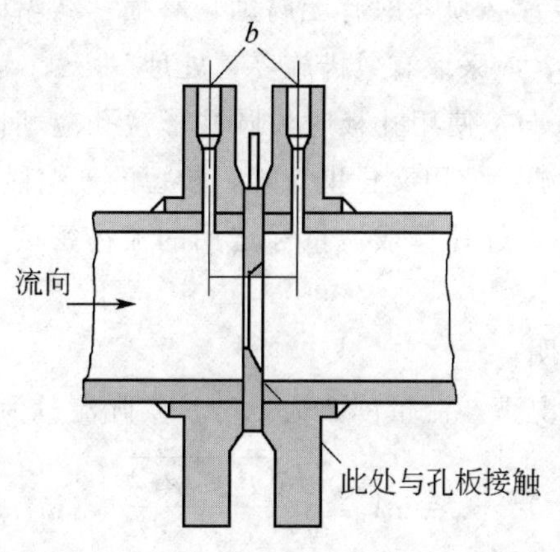

图4-22　法兰取压标准孔板示意图

(5) 节流式流量计使用的技术问题

现场应用节流式流量计时，流量测量误差往往超过国家标准要求的2%，有时甚至达到10%～20%，这样大的误差是不允许的。

节流式流量计是基于如下工作原理：一定的流量使管内节流件前后有一定的速度分布和流动状态，经过节流孔时产生速度变化和能量损失以致产生压力差，通过测量压差获得流量。由此可知，影响速度分布、流动状态、速度变化和能量损失的所有因素都会对流量与压差关系产生影响，使流量与压差关系发生变化，从而导致测量误差。因此，须注意以下几个问题。

① 流体必须为牛顿型流体，在物理上和热力学上是单相的，或者可认为是单相的，且流经节流件时不发生相变化。

② 流体在节流装置前后必须完全充满管道整个截面。

③ 被测流量应该是稳定的，即在进行测量时，流量应不随时间变化，或即使变化也非常缓慢。节流式流量计不适用于对脉动流和临界状态流体的流量进行测量。

④ 保证节流件前后的直管段足够长，一般上游直管段长度为30～50D，下游直管段长度为10D左右；在节流件上下游至少2倍管道直径的距离内，无明显不光滑的凸块、电气焊熔渣、凸出的垫片、露出的取压口接头、铆钉、温度计套管等；安装节流装置用的垫圈，在夹紧之后，内径不得小于管径。

⑤ 需检查安装节流装置的管道直径是否符合设计要求，允许偏差范围为：当$\frac{d_0}{D}>0.55$时，允许偏差为$\pm 0.005D$；$\frac{d_0}{D}\leqslant 0.55$时，允许偏差为$\pm 0.02D$。其中$d_0$为孔径，$D$为管道直径。

⑥ 节流件的中心应位于管道的中心线上，最大允许偏差为$0.01D$。节流件入口端面应与管道中心线垂直。

⑦ 取压口、导压管和压差测量问题对流量测量精度的影响也很大，安装时可参看4.2部分。

⑧ 经长期使用的节流装置必须考虑有无腐蚀、磨损、结垢问题，若观察到节流件的几何形状和尺寸已发生变化时，应采取有效措施妥善处理。

⑨ 注意节流件的安装方向。使用孔板时，圆柱形锐孔应朝向上游；使用喷嘴和 1/4 圆喷嘴时，喇叭形曲面应向上游；使用文丘里管时，较短的渐缩段应装在上游。

⑩ 当被测流体的密度与设计计算或流量标定用的流体密度不同时，应对流量与压差关系进行修正。

修正的办法通过下例说明。

设在原设计或原标定情况下，流量读数为 $q_{V读}$，实际流量为 q_V，流体密度为 ρ，则

$$q_V = q_{V读} = \alpha A_0 \varepsilon \sqrt{\frac{2(p_1 - p_2)}{\rho}} \quad (\mathrm{m^3/s}) \tag{4-11}$$

设在测量条件下，流量读数为 $q_{V读}$，实际流量为 q_V'。流体密度为 ρ'时，有

$$q_V' \neq q_{V读}, \quad q_V' = \alpha A_0 \varepsilon \sqrt{\frac{2(p_1 - p_2)}{\rho'}} \quad (\mathrm{m^3/s}) \tag{4-12}$$

故

$$\frac{q_V'}{q_V} = \frac{q_V'}{q_{V读}} = \sqrt{\frac{1}{\rho'}} \bigg/ \sqrt{\frac{1}{\rho}} = \sqrt{\frac{\rho}{\rho'}}$$

$$q_V' = q_{V读} \sqrt{\frac{\rho}{\rho'}} \quad (\mathrm{m^3/s}) \tag{4-13}$$

上式 $q_{V读}$ 有时是从仪表刻度盘上直接读得的，单位为 $\mathrm{m^3/s}$；有时是压差计测得压力差后，由原标定的流量-压差关系求得的，单位为 $\mathrm{m^3/s}$。

式（4-13）适用于各种气体和液体。但对低压气体，可作如下处理

$$q_V' = q_{V读} \sqrt{\frac{T'p}{Tp'}} \quad (\mathrm{m^3/s}) \tag{4-14}$$

式中　T，p——原设计或标定情况下的温度（K）和压力（Pa）；

T'，p'——测量条件下的温度（K）和压力（Pa）。

必须指出，下列推理和结论是错误的。

因 $q_V = \alpha A_0 \varepsilon \sqrt{\frac{2(p_1 - p_2)}{\rho}}$　（$\mathrm{m^3/s}$）（状态参数为 p、T、ρ 的气体），故由理想气体状态方程可得测量条件（状态参数为 p'、T'、ρ'）下的气体流量为

$$q_V' = \frac{T'p}{Tp'} q_V = \frac{\rho}{\rho'} q_V \quad (\mathrm{m^3/s})$$

显然，上式与式（4-13）和式（4-14）不一致。错误的原因在于未考虑测量条件下的 q_V' 和 ρ' 首先要与（$p_1 - p_2$）共同遵循流量基本方程。

4.3.1.2 转子流量计

转子（浮子）流量计通过改变流通面积的方法测量流量。转子流量计具有结构简单、价格便宜、刻度均匀、直观、量程比（仪器测量范围上限与下限之比）大，使用方便、能量损失较少等特点，特别适合于小流量测量。若选择适当的锥形管和转子材料还可以测量有腐蚀性流体的流量，所以它在化工实验和生产中被广泛采用。转子流量计测量基本误差约为刻度最大值

的±2%。

转子流量计的具体结构形式见图4-23。

(1) 流量基本方程及其应用

设 A_f 为转子的最大截面积，m^2；A_0 为转子最大截面处环形通道的截面积，m^2；p_1、p_2 分别为转子下方和上方的压力，Pa；ρ、ρ_f 分别为流体和转子密度，kg/m^3；V_f 为转子体积，m^3；α 为流量系数。则转子流量计的流量方程可仿照孔板流量计的流量方程式(4-10)得

$$q_V=\alpha A_0\sqrt{\frac{2(p_1-p_2)}{\rho}} \tag{4-15}$$

$$(p_1-p_2)A_f+V_f\rho g=V_f\rho_f g \tag{4-16}$$

式中　$(p_1-p_2)A_f$——压力差造成的向上推力；

$V_f\rho g$——转子所受的浮力；

$V_f\rho_f g$——转子所受的重力。

$$p_1-p_2=\frac{V_f g}{A_f}(\rho_f-\rho) \tag{4-17}$$

故

$$q_V=\left[\alpha\sqrt{\frac{2g}{\rho}\times\frac{V_f(\rho_f-\rho)}{A_f}}\right]A_0 \quad (m^3/s) \tag{4-18}$$

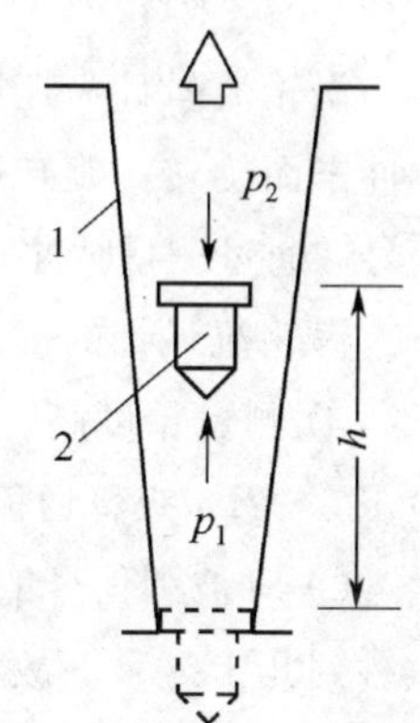

图4-23　转子流量计的示意图

1—锥形管；2—转子

式(4-18)表明流量 q_V 为转子最大截面处环形通道面积 A_0 的函数；q_V 与被测流体的密度 ρ、转子材料和尺寸（ρ_f、A_f、V_f）、流量系数 α 有关。因为使用了锥形管，所以环形通道面积 A_0 随高度而变。

转子流量计的流量与流量读数的关系是用水（对于液体）或空气（对于气体）在20℃、101.325kPa条件（工业基准状态）下标定的。即一般生产厂家是用密度 $\rho_{液}^{\ominus}=998.2kg/m^3$ 的水和密度 $\rho_{气}^{\ominus}=1.205kg/m^3$ 的空气标定的。若被测液体介质密度 $\rho_{液}$ 不等于 $\rho_{液}^{\ominus}$，被测气体介质密度 $\rho_{气}$ 不等于 $\rho_{气}^{\ominus}$ 时，必须对流量标定值 $q_{V液}^{\ominus}$ 或 $q_{V气}^{\ominus}$ 按下式进行修正，才能得到测量条件下的实际流量值 $q_{V液}$ 或 $q_{V气}$。

对于液体

$$q_{V液}=q_{V液}^{\ominus}\sqrt{\frac{\rho_f-\rho_{液}}{\rho_f-\rho_{液}^{\ominus}}\times\frac{\rho_{液}^{\ominus}}{\rho_{液}}} \quad (m^3/s) \tag{4-19}$$

对于气体

$$q_{V气}=q_{V气}^{\ominus}\sqrt{\frac{\rho_f-\rho_{气}}{\rho_f-\rho_{气}^{\ominus}}\times\frac{\rho_{气}^{\ominus}}{\rho_{气}}} \quad (m^3/s)$$

$$\approx q_{V气}^{\ominus}\sqrt{\frac{\rho_{气}^{\ominus}}{\rho_{气}}} \quad (m^3/s) \tag{4-20}$$

(2) 使用转子流量计的注意事项

① 安装必须垂直。

② 转子对黏污垢比较敏感。如果黏附有污垢，则转子质量 m_f、环形通道的截面积 A_0 会发生变化，有时还可能出现转子不能上下垂直浮动的情况，从而引起测量误差。

③ 调节或控制流量不宜采用速开阀门，否则，迅速开启阀门，转子就会冲到顶部，因

骤然受阻失去平衡而将玻璃管撞破或将玻璃转子撞碎。

④ 搬动时应将转子顶住，特别是对于大口径转子流量计更应如此。因为在搬动中，玻璃锥管常会被金属转子撞破。

⑤ 被测流体温度若高于70℃时，应在流量计外侧安装保护罩，以防玻璃管因溅有冷水而骤冷破裂。国产LZB系列转子流量计的最高工作温度有120℃和160℃两种。

4.3.1.3 涡轮流量计

涡轮流量计为速度式流量计，是在动量矩守恒原理的基础上设计的。涡轮叶片因流动流体冲击而旋转，旋转速度随流量的变化而改变。通过适当的装置，将涡轮转速转换成电脉冲信号。通过测量脉冲频率，或用适当的装置将电脉冲转换成电压或电流输出，最终测取流量。

涡轮流量计的优点为：

① 测量精度高。精度可以达到0.5级以上，在狭小范围内甚至可达0.1%。故可作为校验1.5～2.5级普通流量计的标准计量仪表。

② 对被测信号的变化，反应快。被测介质为水时，涡轮流量计的时间常数一般只有几毫秒到几十毫秒。故特别适用于对脉动流量的测量。

(1) 涡轮流量计传感器的结构和工作原理

如图4-24所示，涡轮流量传感器的主要组成部分有前、后导流器，涡轮和支撑，磁电转换器（包括永久磁铁和感应线圈），前置放大器。

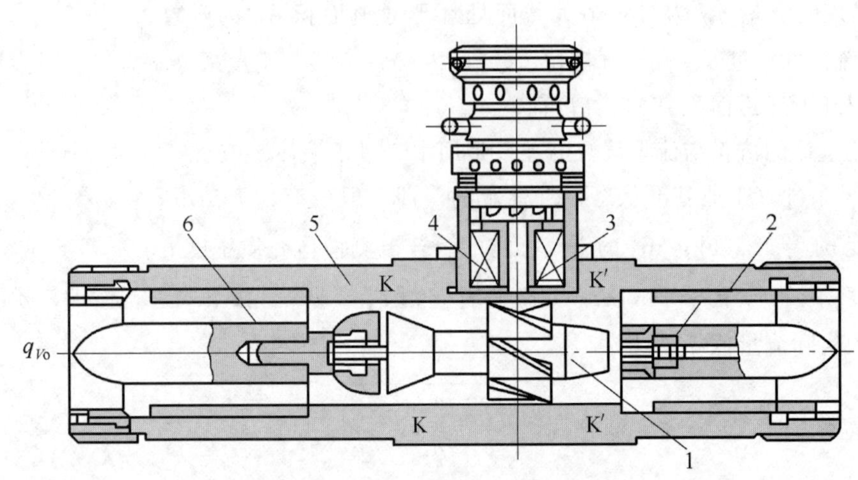

图4-24 涡轮流量计传感器的结构

1—涡轮；2—支撑；3—永久磁铁；4—感应线圈；5—壳体；6—导流器

导流器由导向环（片）及导向座组成。流体在进入涡轮前先经导流器导流，以避免流体的自旋改变流体与涡轮叶片的作用角度，保证仪表的精度。导流器装有摩擦很小的轴承，用以支撑涡轮。轴承的合理选用对延长仪表的使用寿命至关重要。涡轮由导磁的不锈钢制成，装有数片螺旋形叶片。当导磁性叶片旋转时，便周期性地改变磁电系统的磁阻值，使通过涡轮上方线圈的磁通量发生周期变化，因而在线圈内感应出脉冲电信号。在一定流量范围内，导磁性叶片旋转的速度与被测流体的流量成正比，因此通过脉冲电信号频率的大小得到被测流体的流量。

(2) 涡轮流量计的特性

• 涡轮流量计

涡轮流量计的特性曲线有两种表示方法：①脉冲信号的频率 f 与体积流量 q_V 曲线；②仪表常数 ξ 与体积流量 q_V 曲线，如图 4-25 所示。ξ 与 q_V 关系曲线应用较为普遍。仪表常数 ξ 为每升流体通过时输出的电脉冲数（次/L）。它等于脉冲的频率 f/Hz 与体积流量 q_V/(L/s) 之比，即

$$\xi=\frac{f}{q_V} \tag{4-21}$$

故

$$q_V=\frac{f}{\xi} \tag{4-22}$$

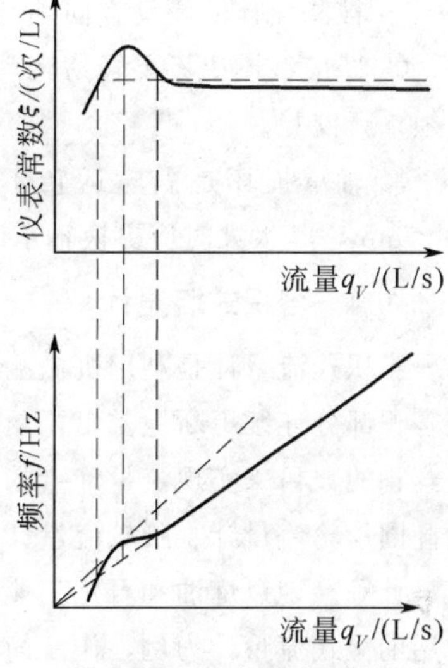

图 4-25 涡轮流量计的特性曲线示意图

从涡轮流量计的特性曲线示意图（图 4-25）可以看出：①流量很小的流体通过流量计时，涡轮并不转动，只有当流量大于某一最小值，能克服启动摩擦力矩时，涡轮才开始转动。②当流量较小时，仪表特性不良。这主要是由于黏性摩擦力矩的影响所致。当流量大于某一数值后，频率 f 与流量 q_V 才近似为线性关系，应该认为这是变送器测量范围的下限。由于轴承寿命和压力损失等条件的限制，涡轮的转速也不能太大，所以测量范围上限也有限制。

介质黏度的变化对涡轮流量计的特性影响很大。一般是随着介质黏度的增大，测量范围的下限提高，上限降低。出厂的涡轮流量计的特性曲线和测量范围是用常温水标定的。当被测介质的运动黏度大于 $5\times10^{-6}\,m^2/s$ 时，黏度的影响不能忽略。此时，如欲维持较高的测量精度，必须提高使用范围的下限，缩小量程比。若需得到较确切的数据，则可用被测实际流体对仪表重新标定。

流体密度的大小对涡轮流量计特性的影响也很大。一是影响仪表的灵敏限，通常是密度大，灵敏限小。所以涡轮流量变送器对大密度流体的感度较好。二是影响仪表常数 ξ 的值。三是影响测量范围的下限。通常是密度大者，测量范围的下限低。

(3) 涡轮流量计的使用技术

① 必须了解被测流体的物理性质、腐蚀性和清洁程度，以便选用合适的涡轮流量计的轴承材料和型式。

② 涡轮流量计的一般工作点最好在仪表测量范围上限数值的 50%以上。这样，流量稍有波动，不致使工作点移到特性曲线下限以外的区域。

③ 应了解介质密度和黏度及其变化情况，考虑是否有必要对流量计的特性进行修正。

④ 由于涡轮流量计出厂时是在水平安装情况下标定的。所以应用时，必须水平安装。否则会引起变送器的仪表常数发生变化。

⑤ 为了确保变送器叶轮正常工作。流体必须洁净，切勿使污物、铁屑、棉纱等进入变送器。因此需在变送器前加装滤网，网孔大小一般为 100 孔/cm^2，特殊情况下可选用 400 孔/cm^2。

⑥ 因为流场变化时会使流体旋转，改变流体和涡轮叶片的作用角度，此时，即使流量稳定，涡轮的转速也会改变，所以为了保证变送器性能稳定，除了在其内部设置导流器之外，还必须在变送器前后分别留出长度为管径 15 倍和 5 倍以上的直管段。实验前，若再在变送器前装设流束导直器或整流器，变送器的精度和重现性将会更加提高。

⑦ 被测流体的流动方向须与变送器所标箭头方向一致。

⑧ 感应线圈决不要轻易转动或移动，否则会引起很大的测量误差。一定要动时，事后必须重新校验。

⑨ 轴承损坏是涡轮运转不好的常见原因之一。轴承和轴的间隙应等于 $(2\sim3)\times10^{-2}$ mm，其太大时应更换轴承。更换后对流量计必须重新作校验。

4.3.1.4 容积式流量计

容积式流量计是利用机械测量元件，把流经测量仪表内的流体分隔（隔离）为单个的固定容积部分连续不断地排出，而后通过计数单位时间或某一时间间隔内经仪表排出的流体固定容积的数目来实现流量计量的。该类流量计种类很多，按其测量元件形式和测量方式可分为椭圆齿轮流量计、腰轮流量计、刮板流量计、旋转活塞流量计、往复式活塞流量计和湿式流量计等。现以炼油和石化工业对高黏度介质的流量测量中常用的椭圆齿轮流量计和实验室常用的湿式流量计为例，作一简要介绍。

(1) 椭圆齿轮流量计

工作原理

图 4-26 为椭圆齿轮流量计测量部分的结构示意图，它主要由两个相互啮合的椭圆形齿轮及其外壳（计量室）构成。

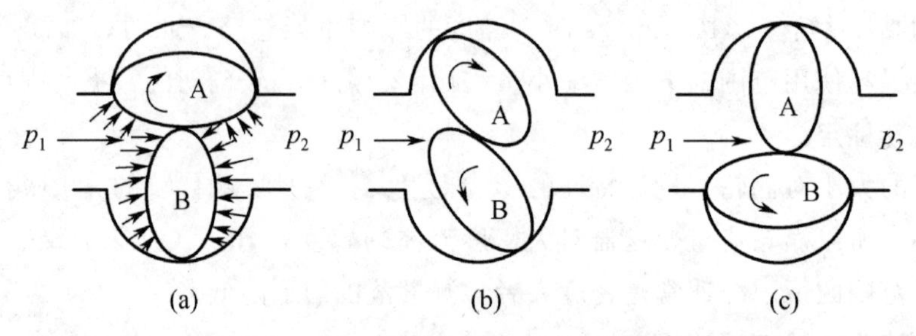

图 4-26 椭圆齿轮流量计原理图

椭圆齿轮是靠齿轮上下游被测介质因压力 p_1 和 p_2 不同所产生的力矩旋转的。当齿轮处于图 4-26(a) 所示位置时，p_1、p_2 作用在轮 B 上的合力矩为零，p_1、p_2 作用在轮 A 上的合力矩使轮 A 沿顺时针方向转动。若继续转动，即可将轮 A 与壳体间半月形容积内的介质排至出口侧，同时带动轮 B 作逆时针方向旋转。当两轮转动到图 4-26(b) 所示的位置时，p_2 作用在轮 A 上的合力矩为零，p_1 作用在轮 A 上的力矩为顺时针方向，p_1 作用在轮 B 上的合力矩为零，p_2 作用在轮 B 上的力矩为顺时针方向，但因 $p_1>p_2$，故轮 A 仍迫使轮 B 作逆时针方向转动。当两轮转动到图 4-26(c) 所示的位置时，p_1、p_2 作用在轮 A 上的合力矩为零，p_1、p_2 作用在轮 B 上的合力矩使轮 B 作逆时针方向转动，若继续转动，即可将轮 B 与壳体间半月形容积内的介质排至出口侧，同时带动轮 A 作顺时针旋转。从图 4-26(a)～图

4-26(c)，轮 A 和轮 B 都转动了 1/4 周，排出的介质体积为一个半月形容积，所以轮 A 和轮 B 每转动一周所排出的被测介质体积为半月形容积的 4 倍，因此通过椭圆齿轮流量计的体积流量 q_V 为

$$q_V = 4nV_o \tag{4-23}$$

式中　n——椭圆齿轮的转速，r/s；

V_o——半月形部分的容积，L。

基本特点

① 因为椭圆齿轮流量计是依靠被测介质压力差产生的力矩推动椭圆齿轮旋转而进行流量计量的，所以它与流体的流动状态无关，即与雷诺数 Re 值的大小、密度 ρ、黏度 μ 无关。并且，被测介质的黏度愈大，从齿轮和计量室间的间隙中泄漏出去的泄漏量愈小，即黏度愈大，泄漏误差愈小。故与前述流量计相比，这种流量计特别适用于高黏度介质的流量测量。②从理论上讲，此种流量计的性能与流体的流速 u 无关，而实际上，如果流量过小，仪表泄漏量的影响将加大，造成较大的泄漏误差，故使用流量也有一个最低值。③对被测介质中含有的固体颗粒或其他固体杂物十分敏感，因为容易造成齿轮磨损，泄漏误差增大，或造成堵塞和卡死现象，故在椭圆齿轮流量计的入口侧必须加装过滤器。④若被测介质温度过高，齿轮也有发生膨胀卡死的可能，因此椭圆齿轮流量计应在仪表规定的温度范围内使用。

(2) 湿式流量计

湿式流量计（又称湿式量气计）是一种液封式气体流量计，属容积式流量计。其结构原理如图 4-27 所示。

沉浸在液封面下的金属叶片把计量室分为 A、B、C、D 四室，各室容积相同。在被测气体压差的作用下，叶片绕轴旋转，被测气体由中间入口，依次被液体排向顶部出口。测得叶片转动次数就可以求得气体总量。依图 4-27 的现时位置所示：A 室将开始进气，B 室正在进气，C 室正在排气，D 室排气将完。

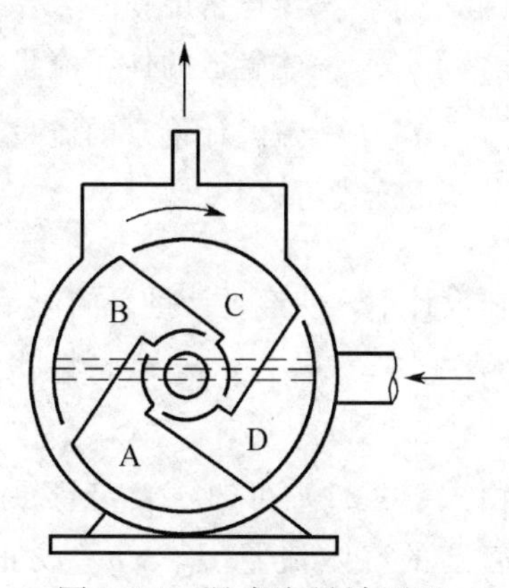

图 4-27　湿式流量计原理

湿式流量计的位置必须严格保持水平，计量室内液封面必须高于转轴，以保证正常工作。湿式流量计在实验室中常作为标准流量计标定其他气体流量计。

4.3.2 质量流量的测量

前面介绍的各种流量计都是测量流体的体积流量。从普遍意义上讲体积流量的测量技术比较成熟，所用的各种流量计的价格也比较适中。所以体积流量计被十分广泛地应用于各流量的测量系统。而在工业生产中，比如：物料衡算、热平衡及经济衡算需要的是质量，而不是体积。通常情况下，将已测量的体积流量乘以密度换算成质量流量。而流体的密度是随流体的温度、压力的变化而变化的。因此，在测量体积流量的同时，必须测量流体的温度和压力，以便将体积流量换算成标准状态下的数值，进而求出质量流量。这样，在温度、压力频繁变化的场合，测量精度难以保证。若采用直接测量质量流量的测量方法，在免去换算麻烦的同时，测量的精度也能有所提高。

质量流量的测量方法，主要有两种方式：

① 直接式，即检测元件直接反映出质量流量；

② 推导式，即同时检测出体积流量和流体的密度，经运算仪器输出质量流量的信号。

4.3.2.1 直接式质量流量测量方法

(1) 差压式测量方法

差压式测量方法是利用孔板和计量泵组合实现质量流量测量的。如图 4-28 所示，在主管道上安装两个结构和尺寸完全相同的孔板 A 和孔板 B，在副管道上装置两个计量泵，并且两者的流向相反，由图可以看出，流经孔板 A 的流量为 $q_V-q_V^*$，流经孔板 B 的流量为 $q_V+q_V^*$，根据差压式流量测量原理，可以写出如下关系

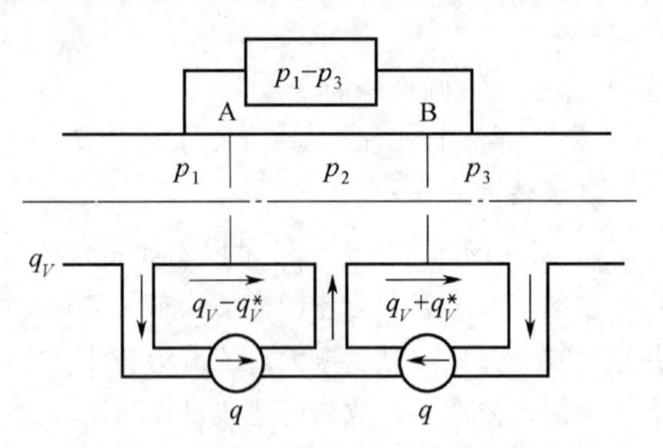

图 4-28　双孔板压差式测量质量流量方法

$$\Delta p_A=k\rho(q_V-q_V^*)^2 \tag{4-24}$$

$$\Delta p_B=k\rho(q_V+q_V^*)^2 \tag{4-25}$$

式中　k——常数；

ρ——流体密度；

q_V——主管道的体积流量；

q_V^*——流经计量泵的流量。

由上式可得

$$\Delta p_B-\Delta p_A=4k\rho q_V q_V^* \tag{4-26}$$

在设计中，使经过计量泵的流量 q_V^* 大于主管道的流量 q_V，当 $p_1<p_2$，$\Delta p_A=p_2-p_1$；当 $p_2>p_3$，$\Delta p_B=p_2-p_3$；将此代入式（4-26），得

$$p_1-p_3=4k\rho q_V q_V^* \tag{4-27}$$

由式（4-27）可知，当定量泵的循环流量一定时，孔板 A 和孔板 B 的压差值与流经主管道的流体流量 q_V^*、q_V 成正比。因此，测出孔板 A、B 前后的压差便可求出质量流量。

(2) 角动量式测量方法

由物理学的动量原理可知，任何物体在外力作用下运动状态发生变化时，其动量随时间的变化率等于其所受的外力，而动量是质量和速度的乘积，因此可以通过检测流束动量（或动量矩）的方法实现质量流量的测量。

这种方法的基本原理是，在与流束轴向正交的方向上，施加一个力，使流体产生一个角加速度，则流体动量矩的变化与质量流量成正比。下面介绍一种角动量式测量方法。

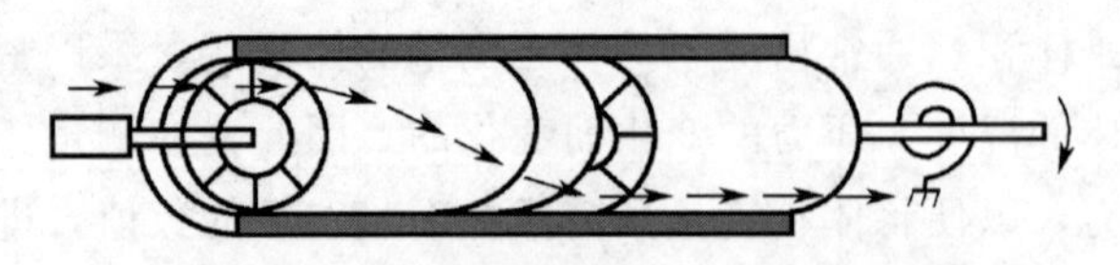

图 4-29　角动量式测量方法示意图

如图 4-29 所示，两个叶轮分别安装在两个短轴上，两个叶轮的结构基本相

同，在边缘处都有流通孔道，由管道流来的流体，都是经过主动轮和从动轮的流通孔道流出。电机以恒定角速度 ω 驱动主动轮，使流体产生具有与叶轮相同的角速度的旋转运动，这一外加速度使流束除原有的轴向动量外，同时具有角动量。从动轮由于受弹簧限制不能旋转，因而流束方向又被校直，即从动轮将主动轮给流束的角动量全部移去。隔离盘是静止的，和两个轮子都不相连，其作用是消除主动轮、从动轮间的黏性交联。

设微小时间间隔 $d\tau$ 通过主动轮的流体质量为 dm，因此对主动轮回转轴产生的转动惯量 dJ，由于主动轮以 ω 的角速度转动，则质量为 dm 流体的动量矩为

$$dH=\omega dJ \tag{4-28}$$

设流体的等效半径为 r，则质量为 dm 流体的转动惯量为

$$dJ=r^2 dm \tag{4-29}$$

将式（4-29）代入式（4-28）得

$$dH=\omega r^2 dm \tag{4-30}$$

假设主动轮旋转产生的流体动量矩全部作用在从动轮上，根据动量矩原理，则从动轮产生的扭力矩为

$$T=\frac{dH}{d\tau} \tag{4-31}$$

由式（4-30）、式（4-31）得

$$T=\omega r^2 \frac{dm}{d\tau}=\omega r^2 q_m \tag{4-32}$$

式中，$q_m=\frac{dm}{d\tau}$为质量流量。当流量计的结构尺寸已确定时，r 为常数。因此，在主动轮的角速度恒定时，作用在限制弹簧上的扭力矩 T 与质量流量 q_m 成正比。亦即测量出从动轮轴上的扭力矩，便可以知道质量流量。

采用此种方法测量，流量计应安装在水平管道上，流量计的上游要有一定的直管段长度；流体中若含有颗粒时，要安装过滤网。

属于动量式的质量流量测量方式有轴流式、径流式和回转仪式多种，上述测量方式只是轴流式中的一种。

(3) 麦纳斯效应测量方法

当流体在横向流过一个绕自己的轴转动的圆柱体时，便产生一个横向力，这个力即垂直于圆柱体的旋转轴，这个现象称为麦纳斯（Magnus）效应。

如图 4-30 所示，在仪表壳体内安装一个圆筒，将仪表分割成两个相等的通道。当圆筒静止时，两个通道的质量流量相等，因而 1、2 两点的压力亦相等。当圆筒以恒定速度回转时，转子的圆周速度叠加到流速上。若转子的回转为如图所示顺时针方向，则在点 1 处流速增大，点 2 外流速减小，其增减量均为转子的圆周速度，即

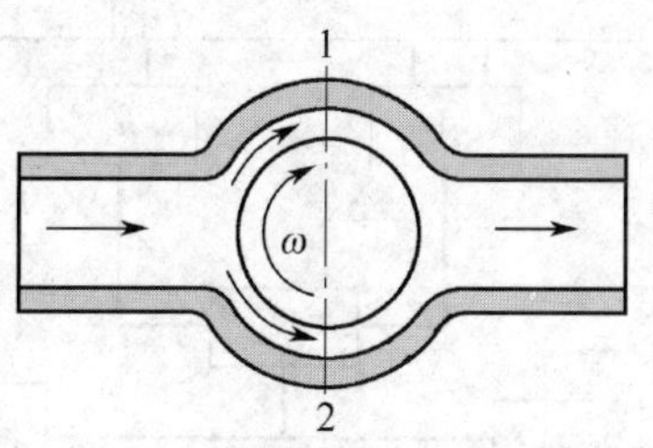

图 4-30　麦纳斯效应测量方法示意图

$$u_1=u_m+u_c \tag{4-33}$$

$$u_2=u_m-u_c \tag{4-34}$$

式中　u_1，u_2——点 1 和点 2 处的流速；

u_m——转子静止时的流速；

u_c——由回转所产生的流速。

假设流动是处于稳定状态，并且流体是均匀的和不可压缩的，则可写出下列表达式

$$p_1+\frac{\rho u_1^2}{2}=p_2+\frac{\rho u_2^2}{2} \tag{4-35}$$

式中　ρ——流体密度；

p_1，p_2——点 1 和点 2 处的压力。

将式（4-33）、式（4-34）代入式（4-35），则得

$$p_2-p_1=2\rho u_m u_c \tag{4-36}$$

又因为质量流量可写成：$q_m=2\rho u_m A$，此处 A 为一边测量通道的截面积，因而

$$p_2-p_1=\left(\frac{q_m}{A}\right)u_c \tag{4-37}$$

如果转子是用同步电机带动，其转速维持不变，则 u_c 为常数，因此点 1，2 间的压力差与质量流量成正比。

4.3.2.2　推导式质量流量的测量方法

一般是采用测量体积流量的仪表配上密度计，并加以运算得出质量流量的信号。密度计可采用同位素、超声波和振动管式等连续测量密度的仪表。随着电子技术的飞速发展和密度计的精度提高。这类测量方法将被日益推广。这种测量方法主要有三种组合方式。

（1）ρq_V^2 变送器和密度计的组合

检测流体 ρq_V^2 值一般有差压式或动压式等流量计的变送器。下面以差压式变送器为例，如图 4-31 所示。由孔板两端测得的压差 Δp 与 ρq_V^2 成比例，并设差压变送器的输出信号为 y，则 y 与 ρq_V^2 成比例；设由密度计来的信号为 x，则 x 与 ρ 成比例，将 x、y 信号输入计算器，并进行开方则得：

$$\sqrt{xy}=k\rho q_V \tag{4-38}$$

式中，k 为比例常数，故可求出质量流量。

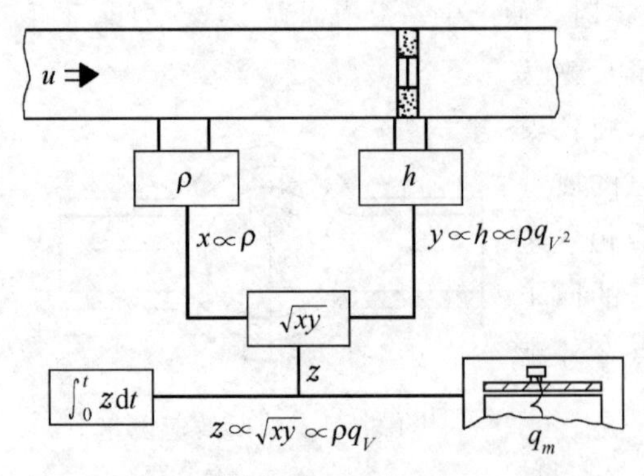

图 4-31　差压流量计和密度计组合方式

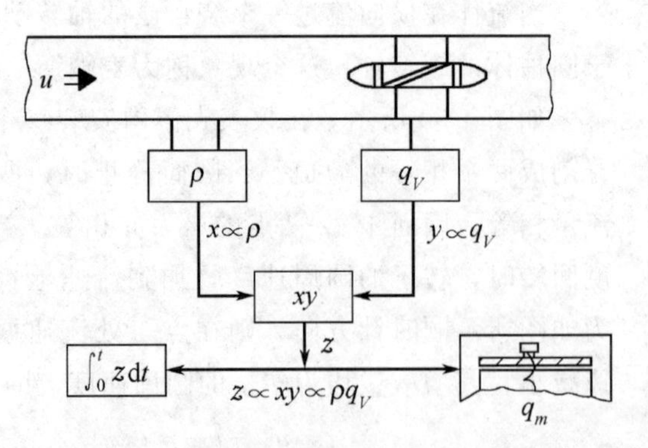

图 4-32　涡轮流量计和密度计组合方式

(2) q_V 变送器和密度计的组合

检测流体体积流量 q_V 的变送器可以采用容积式流量计、超声波流量计、涡轮流量计、电磁流量计、漩涡流量计等。图 4-32 为涡轮流量计与密度计组合。

流量 q_V 变送器输出信号 y 与 q_V 成比例，密度计的输出信号 x 与 ρ 成比例，通过计算并进行乘法运算，得

$$xy=k\rho q_V \tag{4-39}$$

由此求出质量流量。

(3) ρq_V^2 变送器和 q_V 变送器的组合

此种方法的组合原理如图 4-33 所示。即由 ρq_V^2 变送器检测出的 x 信号与 ρq_V^2 成比例，由 q_V 变送器检测出的 y 信号与 q_V 成比例，该检测出信号的比为

$$\frac{x}{y}=\frac{k\rho q_V^2}{q_V}=k\rho q_V \tag{4-40}$$

因此可求出质量流量。

测量 ρq_V^2 和 q_V 的变送器与测量（1）和测量（2）组合方式时相同。

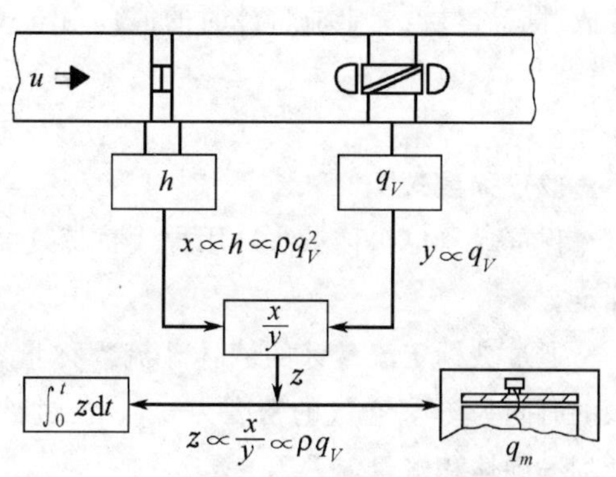

图 4-33　差压流量计和涡轮流量计组合方式

4.3.3　流量计的检验和标定

能够正确地使用流量计，才能得到准确的流量测量值。应该充分了解该流量计构造和特性，采用与其相适应方法进行测量，同时还要注意使用中的维护、管理。每隔适当的时间要标定一次。当遇到下述几种情况，均应考虑需对流量计进行标定。

① 使用长时间放置的流量计；

② 要进行高精度测量时；

③ 对测量值产生怀疑时；

④ 当被测流体特性不符合流量计标定用的流体特性时。

4.3.3.1　液体流量计的标定

标定流量计的方法可按校验装置中的标准器的形式分为：容器式、称重式、标准体积管式和标准流量计式等。

(1) 容器式

容器式（又称体积法）是一种较常用的标定方式，图 4-34 是具有代表性的一例。用泵从贮液槽中抽出试验液体，通过被标定流量计进入标准容器，该容器刻有能准确地求出体积的刻度。从读数玻璃管的刻度上读出在一定时间内进入标准容器的液体的体积，然后用此体积、时间与被标定

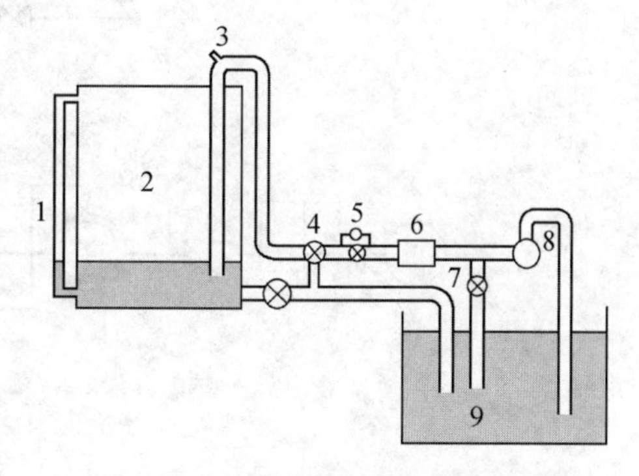

图 4-34　容器式流量计校验装置

1—读数玻璃管；2—标准容器；3—通气孔；4—停止阀；5—流量调节阀；6—被校流量计；7—旁路阀；8—泵；9—贮液槽

流量的示值即可标定该流量计。

当液体流过被标定流量计时，用标准容器求出准确流量的方法：

首先忽略试验液体输入之前容器内壁附着的残留量，流入容器内的液体的体积 V 可以从读数玻璃管中读出数值，然后用标准容器的误差进行修正。若流入流体的体积为 V_1 所需的时间为 τ_1，容器内液体的温度为 t_s，该温度下液体的密度 ρ_s，容器材料的线膨胀系数 A，表征容器读数玻璃管刻度和体积关系的温度为 t_0，被测流体在被标定流量计处的温度为 t，该温度下的流体密度为 ρ，那么用标准容器求得的准确流量 q_{Vs}（将标准容器测得的液体量换算成对应流过被标定流量计时的值）用下式表示

$$q_{Vs}=\frac{V_1[1+2A(t_s-t_0)]}{\tau_1} \tag{4-41}$$

（2）称重式

称重式（也叫称量法）用秤代替带刻度的容器进行标定，该方式主要用于高黏度液体的标定。

通过被标定流量计的液体，流入称量容器内，如果用秤测得流入液体的质量为 m，流入的时间为 τ_1，空气的密度为 $\rho_{空}$，流过被标定流量计的液体密度为 ρ，则流过被标定流量计的准确体积流量 q_{Vs} 为

$$q_{Vs}=\frac{m}{\rho\tau_1}\left(1+\frac{\rho_{空}}{\rho}\right) \tag{4-42}$$

一般来说，液体的密度 ρ 为 $1\sim0.5\text{g/cm}^3$，因此，空气的浮力修正 $\rho_{空}/\rho$ 为 0.1%～0.2%。

（3）标准体积管式

标准体积管式是在使用现场标定流量计的一种方法，把标准体积管作为安装流量计的配管的一部分，随流体而移动的活塞装在内径一定的管路中，可测出该活塞移过两给定点间所需要的时间。如果事先已求出给定点之间管路的体积，则通过测出活塞的移动时间，便可求得准确的流量。把该值与被标定流量计的指示值进行比较而达到标定的目的。此方法的装置如图 4-35。

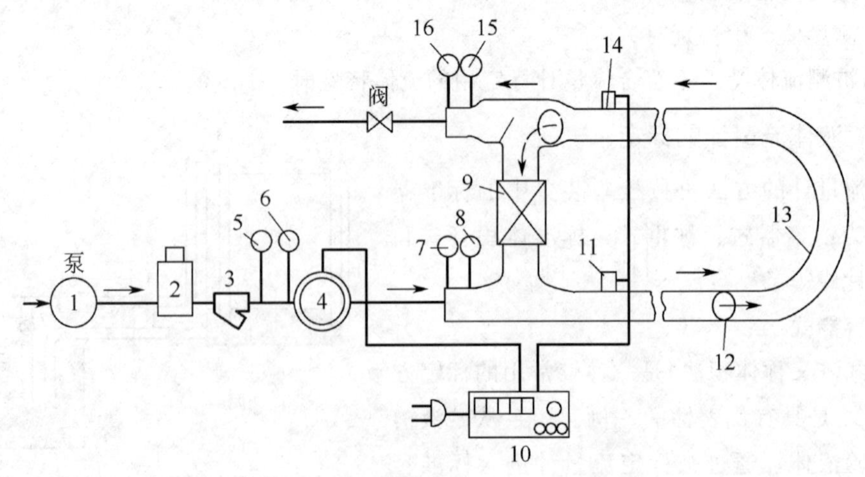

图 4-35 标准体积管式流量计校验装置

1—泵；2—空气分离器；3—过滤器；4—被测流量计；5,7,16—压力计；6,8,15—温度计；9—活塞操作和密封装置；10—脉冲计数器；11—检测器 D_1；12—活塞；13——定体积的管路；14—检测器 D_2

4.3.3.2　气体流量计的标定

标定气体流量计和标定液体流量计一样有各种注意事项。但标定气体流量计时需特别注意测量流过被标定流量计和标准容器的试验气体的温度、压力、湿度，另外对试验气体的特性必须在试验之前了解清楚。例如，气体是否溶于水，在温度、压力的作用下其性质是否会发生变化。

按使用的标准容器形式来划分，校验方式有容器式、声速喷嘴式、肥皂膜试验器式、标准流量计式、湿式流量计式等几种方式。

容器式气体流量计校验装置如图 4-36 所示。将带体积刻度的密封标准容器和被标定流量计用管路连接起来，液体以一定的流量流入或流出容器，测得流入或流出的液体流量，并与被标定流量计的示值进行比较。图 4-36 所示，首先关闭阀 3、阀 4，打开阀 1、阀 2，用供水泵向标准容器内供水，水供足以后，关闭阀 1、阀 2，打开阀 3、阀 4，用排水泵以一定的流量将容器内的水排出。用阀 5 调节流量。从被标定的流量计的指示值和标准容器的读数玻璃管的指示值中求出水的流出流量，然后求出被校流量计的误差。但是，还需对流动的气体的温度、压力、湿度加以修正。气体如果符合理想气体定律，令在 τ 时间内，以标准容器内流出的水的体积为 V，标准容器内的气体温度、压力、水蒸气压力分别为 t_s、p_s、p_{Ds}，在被标定流量计上测得的值为 t、p、p_D，则通过被标定流量计流过的气体的准确体积流量 q_{Vs} 为

$$q_{Vs}=\frac{t}{t_s}\times\frac{p_s-p_{Ds}}{p-p_D}\times\frac{V}{\tau} \tag{4-43}$$

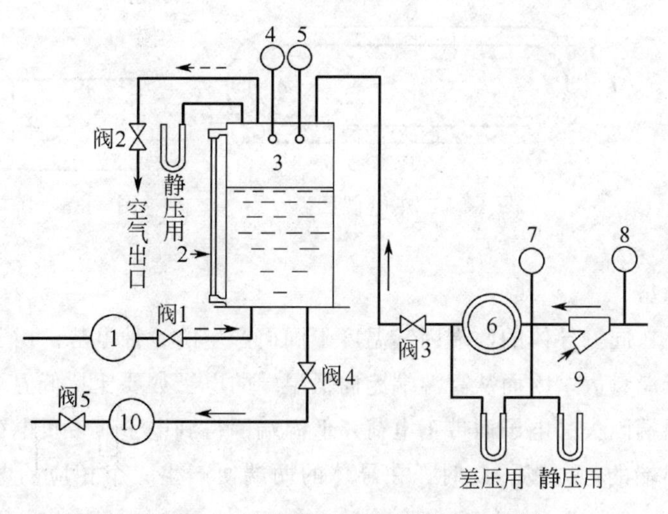

图 4-36　容器式气体流量计校验装置

1—供水泵；2—读数玻璃管；3—标准容器；4,7—温度计；5,8—湿度计；6—被校流量计；9—过滤器；10—排水泵

4.4　温度测量技术

温度是表征物体冷热程度的物理量。温度不能直接测量，只能借助于冷热不同物体的热交换以及随冷热程度变化的某些物理特性进行间接测量。

按测温原理不同，温度测量大体有以下几种方式。

① 热膨胀　固体的热膨胀、液体的热膨胀和气体的热膨胀（定压或定容）。

② 电阻变化　导体或半导体受热后电阻发生变化。

③ 热电效应　不同材质导线连接的闭合回路，两接点的温度如果不同，回路内就产生热电势。

④ 热辐射　物体的热辐射随温度的变化而变化。

此外，还有射流测温、涡流测温、激光测温等方法。

通常将测温仪表分为接触式与非接触式两大类。前者的感温元件与被测介质直接接触；后者的感温元件与被测介质不直接接触。

4.4.1 热电偶温度计

4.4.1.1 热电偶测温原理

把两种不同的导体或半导体连接成图 4-37 所示的闭合回路。如果将它们的两个接点分别置于温度为 t 及 $t_0(t>t_0)$ 的热源中，则在回路内就会产生热电动势（简称热电势），这种现象称为热电效应。这两种不同导体的组合就称为热电偶。每根单独的导体称为热电极。两个接点中，一端称为工作端（测量端或热端），如 t 端。另一端称为自由端（参比端或冷端），如 t_0 端。

在图 4-37 中所示的热电偶回路中，所产生的热电势由两部分组成：接触热电势和温差热电势。

• 热电偶温度计的测温原理

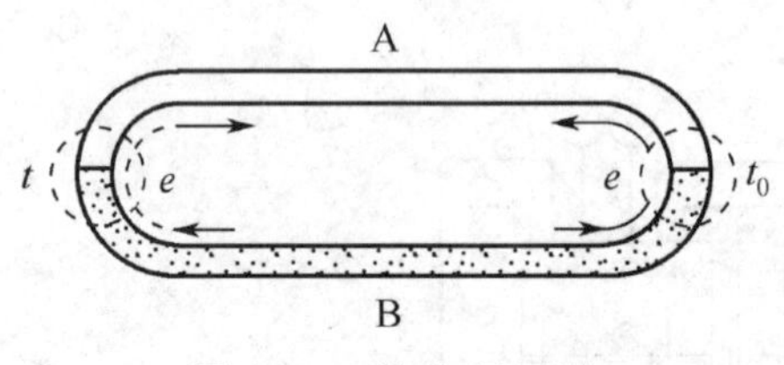

图 4-37　热电偶回路

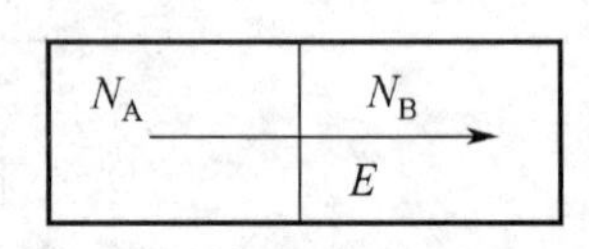

图 4-38　静电场的形成

(1) 温差热电势

温差热电势是在同一导体的两端因其温度不同而产生的一种电势。由于高温端的电子能量比低温端的电子能量大，因而从高温端跑向低温端的电子数要比从低温端跑向高温端的电子数多，结果高温端因失去电子而带正电荷，低温端因得到电子而带负电荷，从而形成一个由高温端指向低温端的静电场。此时，在导体的两端便产生一个相应的电位差，称为温差电势。

对于图 4-37 回路中的 A、B 导体，分别都有温差热电势，根据物理学上的推导，有下列公式

$$e_A(t,t_0)=U_{At}-U_{At_0}=\frac{k}{e}\int_{t_0}^{t}\frac{1}{N_A}\mathrm{d}(N_At) \tag{4-44}$$

$$e_B(t,t_0)=U_{Bt}-U_{Bt_0}=\frac{k}{e}\int_{t_0}^{t}\frac{1}{N_B}\mathrm{d}(N_Bt) \tag{4-45}$$

式中，$e_{A}(t, t_0)$ 和 $e_{B}(t, t_0)$ 分别为导体 A 和 B 在两端温度 t 和 t_0 时的温差热电势；e 为单位电荷；k 为波耳兹曼常数；N_A 和 N_B 分别为导体 A 和 B 的电子密度，它们均为温度 t 的函数。

(2) 接触热电势

当两种导体 A 和 B 接触时，由于两者电子密度不同（如 $N_A > N_B$），电子在两个方向上的扩散速率就不同，从 A 到 B 的电子数多于从 B 到 A 的电子数，从而 A 因失去电子带正电荷，B 因得到电子带负电荷，在 A、B 的接触面上便形成一个从 A 到 B 的静电场 E(见图 4-38)，这样在 A、B 之间形成一个电位差，称为接触热电势。其数值取决于两种不同导体的性质和接触点的温度。根据物理学上的推导，可得到下列公式

$$e_{AB}(t)=U_{At}-U_{Bt}=\frac{kt}{e}\ln\frac{N_{At}}{N_{Bt}} \tag{4-46}$$

$$e_{AB}(t_0)=U_{At_0}-U_{Bt_0}=\frac{kt_0}{e}\ln\frac{N_{At_0}}{N_{Bt_0}} \tag{4-47}$$

式中，$e_{AB}(t)$ 和 $e_{AB}(t_0)$ 为导体 A 和 B 的接点在温度 t 和 t_0 时形成的电位差；N_{At} 和 N_{At_0} 为 A 导体在接点温度为 t 和 t_0 的电子密度；N_{Bt} 和 N_{Bt_0} 为 B 导体在接点温度为 t 和 t_0 的电子密度。

综上所述，这时在热电偶回路中产生的总电势 $E_{AB}(t, t_0)$ 可写成

$$\begin{aligned}E_{AB}(t,t_0)&=e_{AB}(t)+e_{B}(t,t_0)-e_{AB}(t_0)-e_{A}(t,t_0)\\&=\frac{kt}{e}\ln\frac{N_{At}}{N_{Bt}}+\frac{k}{e}\int_{t_0}^{t}\frac{1}{N_B}\mathrm{d}(N_B t)-\frac{kt_0}{e}\ln\frac{N_{At_0}}{N_{Bt_0}}-\frac{k}{e}\int_{t_0}^{t}\frac{1}{N_A}\mathrm{d}(N_A t)\end{aligned} \tag{4-48}$$

由于温差热电势比接触热电势小很多，可忽略不计。又 $t>t_0$，所以在总电势 $E_{AB}(t, t_0)$ 中，以导体 A、B 在 t 端的接触热电势 $e_{AB}(t)$ 所占的比例最大，故总电势 $E_{AB}(t, t_0)$ 的方向取决于 $e_{AB}(t)$ 的方向。因 $N_A > N_B$，故 A 为正极，B 为负极。

对式（4-48）进行推导整理后可得

$$E_{AB}(t,t_0)=\frac{kt}{e}\ln\frac{N_{At}}{N_{Bt}}-\frac{kt_0}{e}\ln\frac{N_{At_0}}{N_{Bt_0}} \tag{4-49}$$

由式（4-49）可知，热电偶总电势与电子密度 N_A、N_B 及其接点温度 t、t_0 有关。电子密度 N_A、N_B 不仅取决于热电偶材料的特性，且随温度变化而变化，并非常数。所以，当热电偶材质一定时，热电偶的总电势 $E_{AB}(t, t_0)$ 成为温度 t 和 t_0 的函数之差，即

$$E_{AB}(t,t_0)=f(t)-f(t_0)=e_{AB}(t)-e_{AB}(t_0) \tag{4-50}$$

式（4-50）就是热电偶的基本公式。从中可以得出以下结论：

① 理论上讲，任何两种金属都可以组成一支热电偶，但有的无实用价值；

② 热电偶所产生的热电势 $E_{AB}(t, t_0)$ 只与组成热电偶的两种金属材料 A、B 及两端接点温度 t、t_0 有关，与热电偶的形状、大小、热电偶丝的粗细无关；

③ 当 A、B 和 t_0 一定时，则热电势 $E_{AB}(t,t_0)=e_{AB}(t)-e_{AB}(t_0)$是温度 t 的单值函数。这就是利用热电偶测温的基本依据。

4.4.1.2 热电偶基本定律

① 图 4-39 所示的热电偶 AB 产生的热电势与 A、B 材料的中间温度 t_3、t_4 无关，只与接点温度 t_1、t_2 有关。即

$$E_{AB}(t_1,t_2)=f(A,B,t_1,t_2) \qquad (4-51)$$

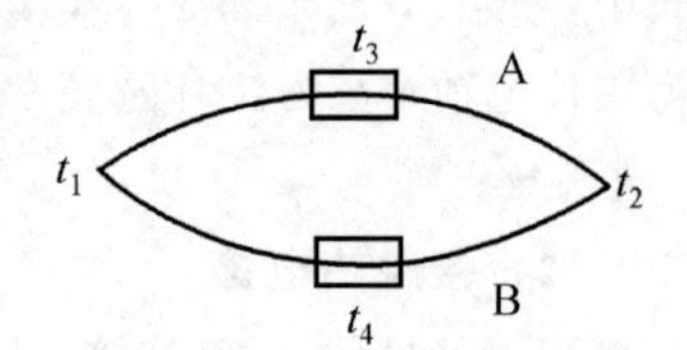

图 4-39 热电偶 AB 所产生的热电势

② 若热电偶 AB 在接点温度为 t_1、t_2 时的热电势为 $E_{AB}(t_1, t_2)$，在接点温度为 t_2、t_3 时的热电势为 $E_{AB}(t_2, t_3)$，则在接点温度为 t_1、t_3 时的热电势有以下关系

$$E_{AB}(t_1,t_3)=E_{AB}(t_1,t_2)+E_{AB}(t_2,t_3) \qquad (4-52)$$

③ 任何两种金属（A、B）对于参考金属（C）的热电势若已知，那么由这两种金属结合而成的热电势是它们对参考金属热电势的代数和，如图 4-40 所示。

$$E_{AB}(t_1,t_2)=E_{AC}(t_1,t_2)+E_{CB}(t_1,t_2)$$

④ 在热电偶回路中任意处接入材质均匀的第三种金属导线，只要此导线的两端温度相同，则第三种导线接入不会影响热电偶的热电势。图 4-41 所示为第三种导线的三种接法。它们均不改变热电偶回路的热电势。

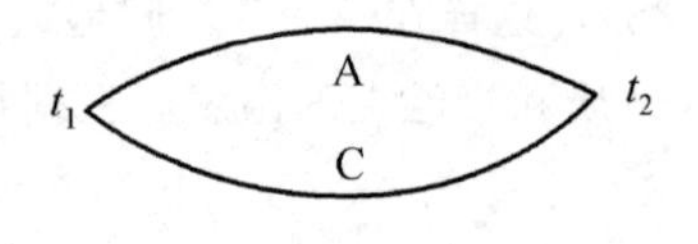

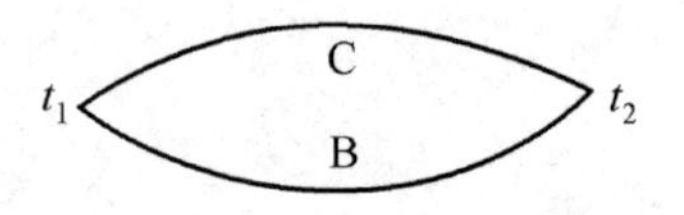

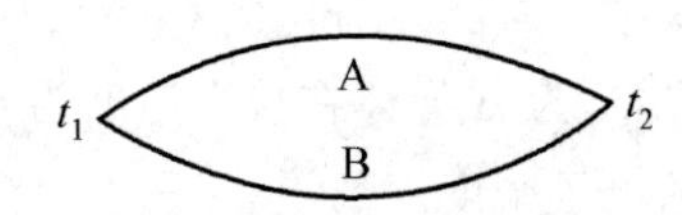

图 4-40 各种金属组成的热电偶的热电势

上述特点是热电偶回路的重要性质。由于有此性质，在测量回路中引入连接导线和仪表，不致影响热电势的大小，而且允许用任何方法焊制热电偶。同时，还可以用开路热电偶对液态金属和金属壁面进行温度测量，即为了提高测量准确度和便于测量，热电偶的工作端不焊在一起，而是将两电极 A、B 的端头插入或焊在被测金属上，如图 4-41(c) 的做法，此时，液态金属和金属壁面作为第三种导体，只要保证两热电极 A、B 接入处的温度一致，就不会对整个回路的总热电势产生影响。

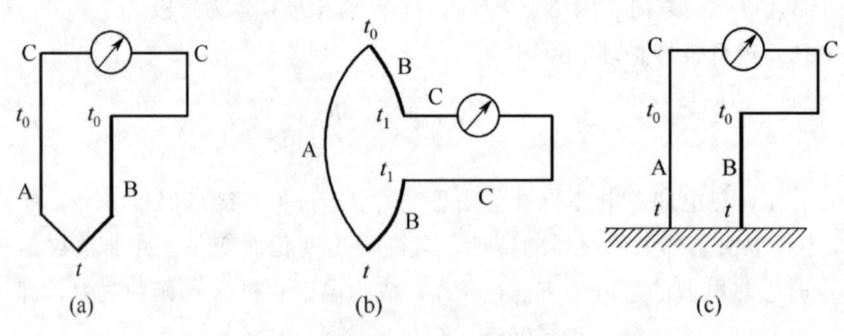

图 4-41 第三种金属导线的接入

4.4.1.3 常用热电偶的种类

理论上任意两种金属导体材料都可以组成热电偶，但实际情况并非如此，对它们还必须进行严格的选择。热电偶材料应满足以下要求：①温度每增加 1℃时所能产生的热电势要大，而且热电势与温度应尽可能成线性关系；②物理化学性能稳定，即在测温范围内其热电性质不随时间而变化，在高温下不被氧化和腐蚀；③材料组织要均匀，要有韧性，便于加工成丝；④重复性好，便于成批生产，而且在应用上保证良好的互换性。

工业上和实验室常用的热电偶种类及特性见表 4-3。

表 4-3　常用热电偶种类及特性

热电偶名称	分度号	测温范围/℃		特点
		长期使用	短期使用	
铂铑$_{30}$-铂铑$_6$	B	300～1600	1800	热电势小，测量温度高，适用于中性和氧化性介质，价格高
铂铑$_{10}$-铂	S	0～1300	1600	热电势小，测量温度高，适用于中性和氧化性介质，价格高
镍铬-镍硅（镍铝）	K	0～1000	1200	热电势大，线性好，适用于中性和氧化性介质，价格便宜
镍铬-康铜	E	0～550	750	热电势大，线性差，适用于氧化及弱还原性介质，价格便宜
铜-康铜	T	−100～350	500	热电势大，线性差，适用于氧化、还原或惰性介质，价格便宜

4.4.1.4　热电偶冷端的温度补偿

由热电偶测温原理可知，只有当热电偶冷端温度保持不变时，热电势才是热端温度的单值函数，因此，必须设法维持冷端温度恒定。为此可采用下述几种措施。

（1）使用补偿导线将冷端延伸至温度恒定处

若冷端距热端（工作端）很近，往往不易使冷端温度恒定。比较好的办法是让冷端远离热端，延伸到恒温或温度波动较小的地方（如检测、控制室内）。若热电极是比较贵重的金属，利用热电极材料做冷端延伸线很不经济，可在热电偶线路中接入适当的补偿导线，如图 4-42 所示。只要热电偶原冷端接点 4、5 两处的温度在 0～100℃之间，将热电偶的冷端接点移至位于恒温器内补偿导线的端点 2 和 3 处，就不会影响热电偶的热电势。

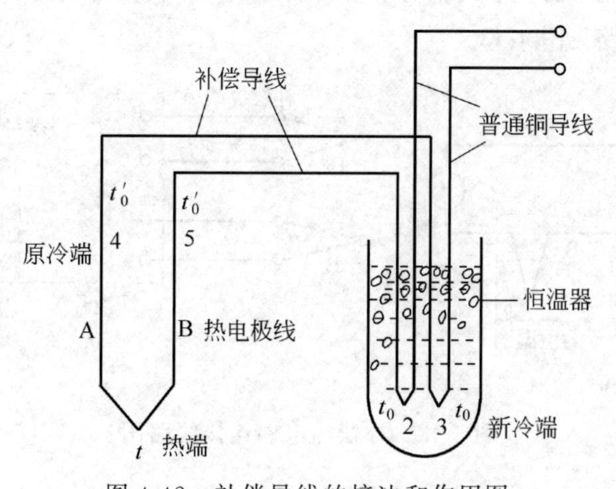

图 4-42　补偿导线的接法和作用图

常用补偿导线列于表 4-4。这些补偿导线的特点是在 0～100℃范围内，与所要连接的热电极具有相同的热电性能，是价格比较低廉的金属。若热电偶也是廉价金属，则补偿导线就是热电极的延长线。

表 4-4 常用热电偶的补偿导线

热电偶名称		补偿导线				标准热电势(工作端为100℃,冷端为0℃)/mV
正极	负极	正极		负极		
		材料	颜色	材料	颜色	
铂铑	铂	铜	红	镍铜	白	0.64±0.03
镍铬	镍硅(镍铝)	铜	红	康铜	白	4.10±0.15
镍铬	考铜	镍铬	褐绿	考铜	白	6.95±0.30
铁	考铜	铁	白	考铜	白	5.75±0.25
铜	康铜	铜	红	康铜	白	4.10±0.15

连接和使用补偿导线时应注意检查极性（补偿导线的正极应连接热电偶的正极）。如果极性连接不对，测量误差会很大；在确定补偿导线长度时，应保证两根补偿导线的电阻与热电偶的电阻之和，不超过仪表外电路电阻的规定值；热电极和补偿导线连接端所处的温度不超过 100℃，否则会由于热电特性不同产生新的误差。

（2）维持冷端温度恒定的方法

① 冰浴法。此法通常先将热电偶冷端放在盛有绝缘油的试管中，然后再将试管放入盛满冰水混合物的容器中，使冷端温度维持 0℃。通常的热电势-温度关系曲线都是在冷端温度为 0℃下得到的。

② 冷端恒温法。将热电偶冷端放入恒温槽中，并使恒温槽温度维持在高于常温的某一恒温 t_0（℃）。此时，与热端温度 t 相对应的热电势 $E(t,0℃)$ 可由下式算出

$$E(t,0℃)=E(t,t_0)+E(t_0,0℃) \tag{4-53}$$

式中，$E(t,t_0)$ 是冷端温度为 t_0（℃）时测得的热电势，$E(t_0,0℃)$ 是从标准热电势-温度关系曲线（取冷端温度为 0℃）查得 t_0 时的热电势。

当多对热电偶配用一台仪表时，为节省补偿导线和不使用特制的大恒温槽，可以加装补偿热电偶，其连接线路见图 4-43。

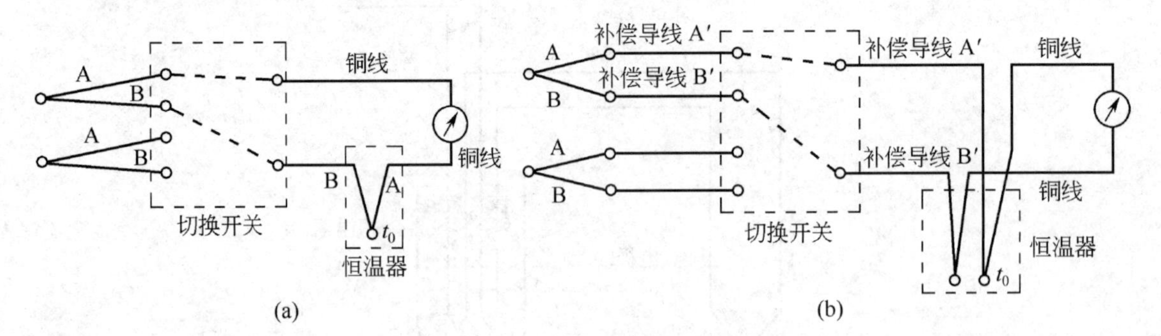

图 4-43 补偿热电偶连接线路图

（3）冷端补偿器法

工业上经常采用冷端补偿器法（见图 4-44），冷端补偿器是一个四臂电桥，其中三个桥臂电阻的温度系数为 0，另一个桥臂采用电阻 $r_{Cu}(t_0)$，r 值可随温度变化，放置在热电偶的冷接点处，当环境温度处于 20℃，电桥平衡；当环境温度不等于 20℃时，电桥将产生相应

的不平衡电压 U_{ab} 与热电偶相叠加，一起输入测量仪表。因此只要设计出冷端补偿器的不平衡电压正好补偿由于冷端温度变化而引起的热电势变化值，仪表便可以指示出正确的温度。

除上述方法外，还可以采用补正系数修正法，或利用微机和单片机进行智能补偿法等。

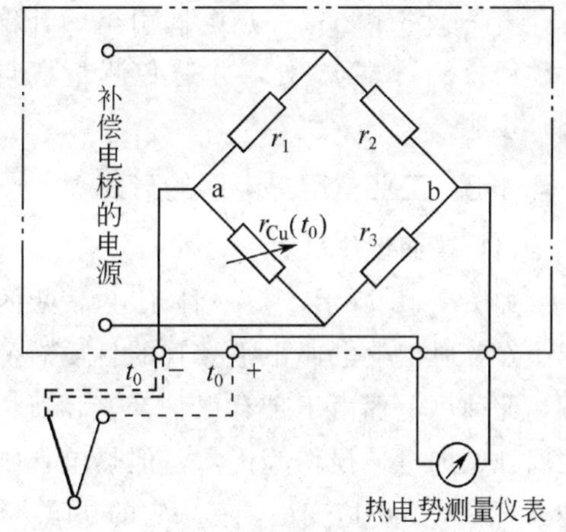

图 4-44　具有补偿电桥的热电偶线路图

4.4.1.5　热电偶的串、并联应用

(1) 两支热电偶串联

按图 4-45 串联两支热电偶，测量两点之间的温度差。应用时要求两热电偶的型号相同；配用的补偿导线相同；两热电偶的热电势 E 与温度 t 的关系应为直线；两热电偶用补偿导线延伸出的新冷端点温度必须一致。

因为两支热电偶在回路中等效于反接，所以仪表测得的是它们的热电势之差，由此可测出 t_1 和 t_2 的温度差值。

(2) 热电偶并联

热电偶并联用于测量多点温度的平均值。由图 4-46 所示的并联线路可测得三个热电偶热电势的平均值，即 $E=\frac{E_1+E_2+E_3}{3}$，如三个热电偶均工作在特性曲线的线性部分，由 E 值便可得到各点温度的算术平均值。为避免 t_1、t_2、t_3 不等时，热电偶回路内的电流受热电偶电阻变化的影响，通常在线路中串联阻值较大的（相对于热电偶电阻）电阻 R_1、R_2、R_3。本法缺点是当某一热电偶烧断时不能及时觉察。

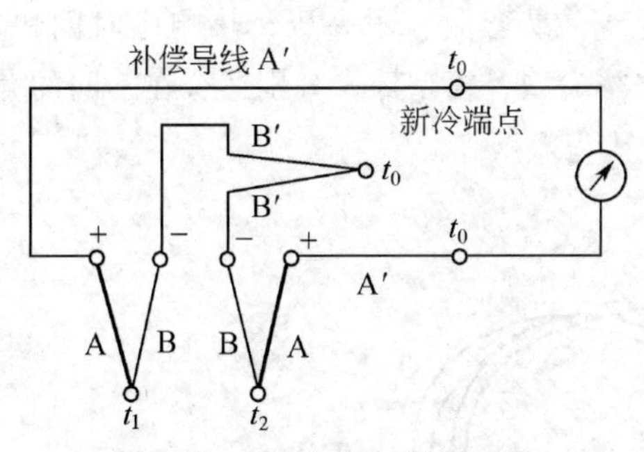

图 4-45　两支热电偶同极性相接的串联电路图

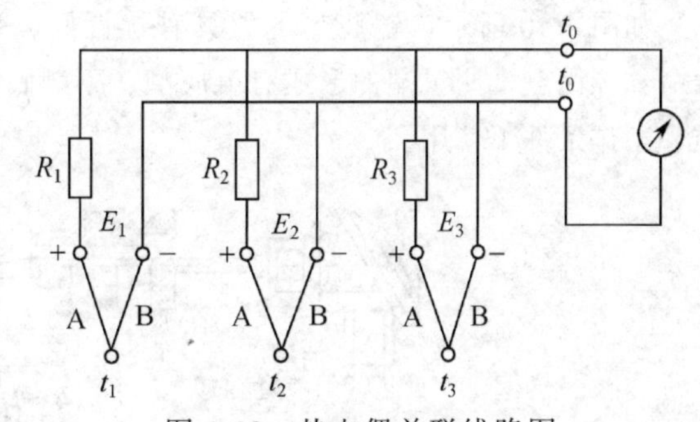

图 4-46　热电偶并联线路图

(3) 多支热电偶串联

按图 4-47 的方式串联多支热电偶，测量它们的热电势之和。串联时热电偶 1 的正极与热电偶 2 的负极相接。应用这种串联线路测出的热电势之和，除以串联数，即得热电势平均值，最后得到 t_1、t_2、t_3 的平均值；此外，测量微小温度变化或微弱辐射能时，用这种串联线路可获得较大的热电势输出或高的输出灵敏度。

串联线路中，每一热电偶引出的补偿导线必须回接到冷端 t_0 处，并避免测量接点（热端）接地。

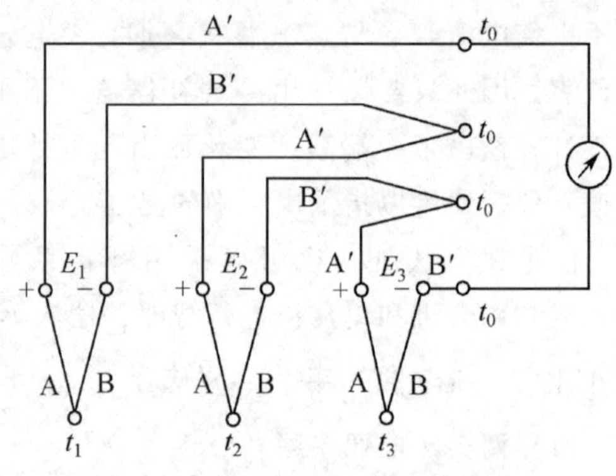

图 4-47　热电偶不同极性相接的串联线路图

4.4.1.6　工业常用热电偶的形式

(1) 普通型热电偶

如图 4-48 所示，是一种工业常见的热电偶。在普通型热电偶中绝缘管的材质有测量范围，此种热电偶由于带有保护套管，所以具有耐腐蚀、抗机械损伤等优点，但热电偶加上保护套管后动态响应变慢，有一定的缺陷。

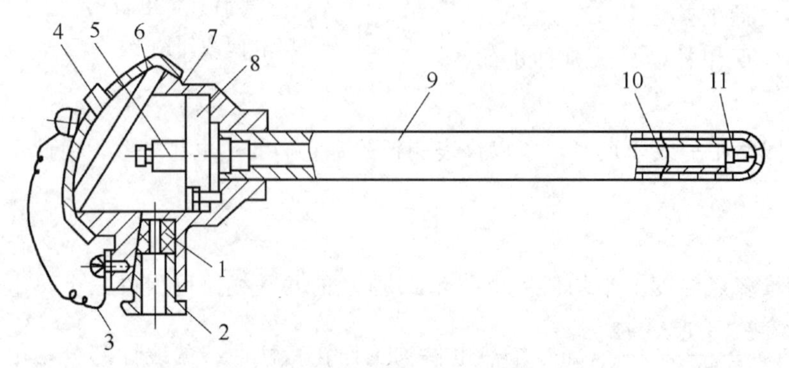

• 普通型热电偶、铠装热电偶的结构

图 4-48　普通型热电偶的基本结构

1—出线口密封圈；2—出线口螺母；3—链条；4—面盖；5—接线柱；6—密封圈；7—接线盒；8—接线座；9—保护套管；10—绝缘子；11—热电偶

(2) 铠装热电偶

如图 4-49 所示，铠装热电偶具有扰性好、强度高、易弯曲、耐高压、热响应时间快、寿命长等优点，测量端的形式有触底型、不触底型和露尖型、帽型等，分别适合在不同的介质和工作条件下使用。

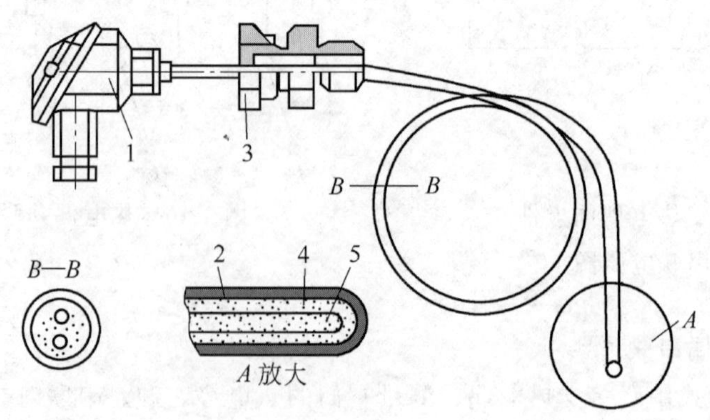

图 4-49　铠装热电偶的基本结构

1—接线盒；2—金属套管；3—固定装置；4—绝缘材料；5—热电极

(3) 特种热电偶

① 微型热电偶。分为普通型和消耗型，特点是热惯性小、响应时间快，尤其适合瞬态温度变化的测量，例如：专门使用消耗型热电偶测定熔融钢水的温度。

② 薄膜热电偶。此类热电偶呈薄膜状，其热电极和热接点是真空蒸镀制成的薄膜 0.01～0.1μm。因尺寸很小，因此热接点的热容量小，测量反应时间非常快（一般为 0.01～1.0s），应用时用胶黏剂将薄膜热电偶粘在被测物表面，所以热损失极小，可大大提高测量精度。受胶黏剂耐热性限制，本产品目前只能用于－200～300℃。

此外还有适合于特殊场所的防爆热电偶，测量气流温度的专用热电偶，同时测量几个或几十个点的温度的多点式热电偶等。

4.4.2　热电阻型温度计

利用导体或半导体的电阻率随温度变化的物理特性，实现温度测量的方法，称电阻测温法。电阻温度计具有测量温度高（630℃以下的温度利用铂电阻温度计作为基准温度计）、测量范围宽且灵敏度高（在 500℃以下用电阻温度计测量较之用热电偶测量时信号大，因而容易测量准确）等突出优点，在工业领域被广泛采用。

4.4.2.1　金属丝电阻温度计

纯金属及多数合金的电阻率随温度升高而增加，即具有正的温度系数。在一定温度范围内，电阻-温度关系是线性的。若已知金属导体在温度 t_1 时的电阻 R_1，则温度 t 时的电阻 R 为

$$R=R_1+\alpha R_1(t-t_1) \tag{4-54}$$

当 $t_1=0℃$，$R_1=R_0$ 时

$$R=R_0+\alpha R_0 t \tag{4-55}$$

式中，α 为平均电阻温度系数，$℃^{-1}$。表 4-5 列出一些纯金属与合金在 0～100℃范围的平均电阻温度系数 α 值。为了比较，表中也列出某些非金属导体的 α 值。

表 4-5　一些材料的电阻率和电阻温度系数

材　料	ϕ/μΩ·cm	α/℃$^{-1}$	材　料	ϕ/μΩ·cm	α/℃$^{-1}$
铂	9.81	＋0.00392	铁(合金)	8.71	＋0.002～＋0.006
金	2.04	＋0.0040	锰铜镍合金	42～48	±0.00002
银	1.5	＋0.0041	康铜	49	±0.00004
镍	8～11(18℃)	＋0.0068	碳	13.75	－0.0007
铜	1.7(18℃)	＋0.0043	热敏电阻		－0.06～－0.015
铝	2.7(18℃)	＋0.0045	电解质		－0.09～－0.02
钨	4.89	＋0.0048			

对金属丝电阻温度计的要求是：

① 在测温范围内，电阻-温度关系应是线性的。

② 电阻温度系数应比较大。

③ 具有大的电阻率 ϕ，这样，小尺寸下就有大电阻值。表 4-5 列出各种金属 0℃时的电阻率的参考值。

④ 金属丝电气性能的重复性好，以便使传感器具有良好的互换性。

(1) 金属丝电阻温度计分类

最佳和最常用的金属丝电阻温度计材料是纯铂，其测量范围为－200～500℃。铂电阻温度计（PRT）的感温元件为高纯铂丝，铂金属具有质地柔软、容易加工、耐腐蚀、良好的化学和物理特性，由高纯铂丝制作的温度计测温准确，寿命长久，性能稳定。铂电阻温度计按用途分可分为标准型和工业型。

① 标准型铂电阻温度计又可分为长杆型、套管型、高温型等，此类铂电阻温度计在结构上已基本定型，由感温元件、绝缘管、保护管和接线盒等部件组成。图4-50所示为套管式铂电阻温度计的结构。为了维持铂丝阻值的稳定性，标准型温度计在装配前对铂丝、绝缘管、支架、保护管必须进行严格清洗和烘烤，在焊接和装配上工艺要求十分严格，保证了标准型铂电阻温度计的良好性能。

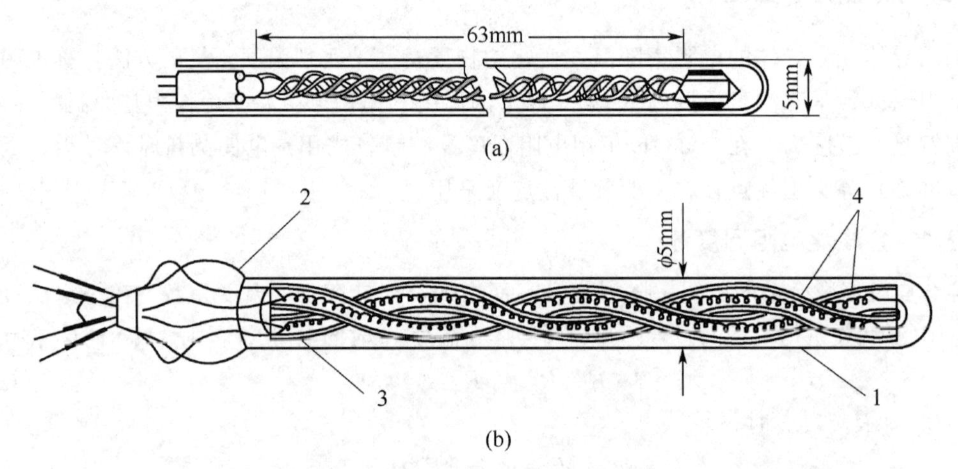

图4-50　典型的套管式铂电阻温度计

1—铂套管；2—铂丝圈；3—与铂引线的火焰熔接点；4—玻璃-铂密封

② 工业型铂电阻温度计主要应用于工业环境现场测温，基本结构如图4-51。工业型铂电阻温度计技术指标没有标准型要求高，结构也相对简单，但其感温元件的结构和材料选择具有严格的规范。

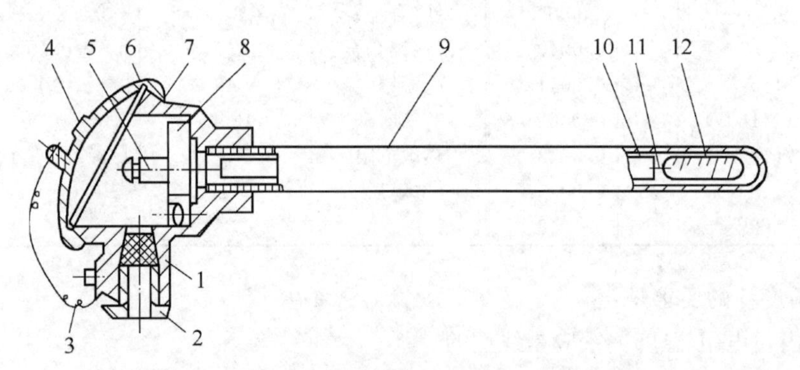

• 热电阻温度计的测温原理

• 普通型热电阻、铠装热电阻的结构

图4-51　工业型铂电阻温度计的基本结构

1—出线口密封圈；2—出线口螺母；3—链条；4—面盖；5—接线柱；6—密封圈；7—接线盒；8—接线座；9—保护管；10—绝缘管；11—引出线；12—感温元件

普通工业型铂电阻温度计按其支架选材有以下几种形式：云母骨架（测量范围一般－200～500℃）；玻璃骨架（测量范围－200～400℃）；陶瓷骨架（测量范围－200～960℃）。还可将纯铂用真空溅射法均匀覆盖在氧化铝基板上，制成厚度约为2～3μm的薄膜型电阻元件，这种元件的优点是结构牢固、耐振动、绝缘性好、灵敏度高、动态响应时间快，特别适于快速测温和表面测温。

铜丝电阻温度计有一定的应用范围，其测温范围为－150～180℃。铜丝的优点是线性度好、电阻温度系数大。缺点是易被氧化，但若用带玻璃绝缘的直径为0.01～0.02mm微细铜丝，则可避免这一缺点。铜丝另一缺点是电阻率低，制作温度传感器需要较长的芯线，因而外形很大，测量滞后效应较严重。镍和铁的电阻温度系数和电阻率都较大，但其实际应用并不广，原因是材料的重复性较差。此外，温度-电阻关系较复杂，材料易氧化。

(2) 测量热电阻的方法简介

① 平衡电桥测量电阻　测量线路如图4-52所示。R_2、R_3为锰铜绕制的已知电阻（一般$R_2=R_3$），R_1是可变电阻，R_t是电阻温度计，R_L是电阻温度计连接导线电阻，G为检流计，E为电池。当电桥平衡时，$I_g=0$，$U_{AC}=U_{AD}$，$U_{BC}=U_{BD}$，即$IR_2=I'R_1$，$IR_3=I'(R_t+R_L)$，将两式的两边分别相除，得

$$\frac{R_1}{R_t+R_L}=\frac{R_2}{R_3} \tag{4-56}$$

此即电桥平衡条件。由此式得到

$$R_t+R_L=R_1\frac{R_3}{R_2} \tag{4-57}$$

其中，R_L是连接导线电阻，它随环境温度的变化而变化，这就给测量结果带来误差。为消除R_L的影响，采用图4-53线路，也叫四线制。四线制是在可变电阻R_1串联一段同样材料，同样直径和同样长度的导线R'_L，使$R_L=R'_L$，将四根导线捆在一起以抵消温度变化的影响。此时的平衡条件为

$$IR_2=I'(R_1+R'_L) \tag{4-58}$$

$$IR_3=I'(R_L+R_t) \tag{4-59}$$

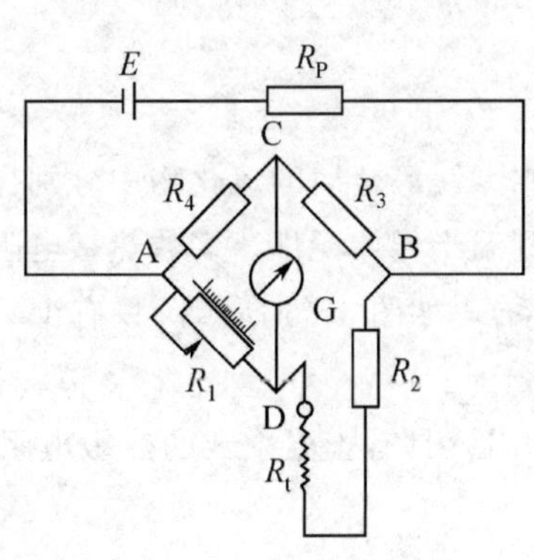

图4-52　平衡电桥测量电阻

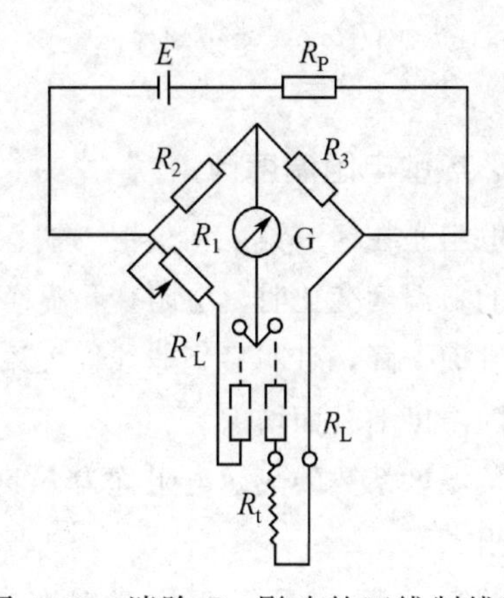

图4-53　消除R_L影响的四线制线路

两式相除，得

$$R_1+R'_L=(R_t+R_L)\frac{R_2}{R_3} \tag{4-60}$$

由 $R_2=R_3$，$R_L=R'_L$，可得 $R_1=R_t$，则完全消除了连接导线的影响。

为节省导线，也可采用三线制即图 4-54 所示的线路。要注意，通过 R_t 的电流要加以限制，否则会引起较大误差。

② 不平衡电桥测量电阻　测量原理如图 4-55 所示。图中，R_P 为串联可调电阻，E 为电源，R_1、R_2、R_3 为三个固定桥臂，电阻值已知，R_x 为待测电阻，R_K 为检查电阻，R_M 为测量仪表的内电阻。根据不平衡电桥的原理，很容易计算出通过毫伏计的电流 I_M 为：

$$I_M=\frac{U_{ab}(R_2R_3-R_1R_x)}{R_M(R_1+R_3)(R_2+R_x)+R_1R_3(R_2+R_x)+R_2R_x(R_1+R_x)} \tag{4-61}$$

式中，U_{ab} 为电桥 a、b 间的电位差。由式（4-61）可见，由于 R_1、R_2、R_3、R_M 是不变的，故 I_M 只与 R_x 和 U_{ab} 有关。而 U_{ab} 与电源电压有关，故 I_M 也与电源电压 E 有关。要使 I_M 只是 R_x 的函数，就必须用稳压电源代替 E，使之不变，从而保持 U_{ab} 不变。如果不是稳压电源，比如用电池作为电源，则可将图 4-55 中 R_K 接入，R_K 为定值。开关接通 R_K，则 I_M 只与 U_{ab} 有关。改变 R_P，使 I_M 为定值，从而使 U_{ab} 为定值，毫伏计指针在某个确定的位置。

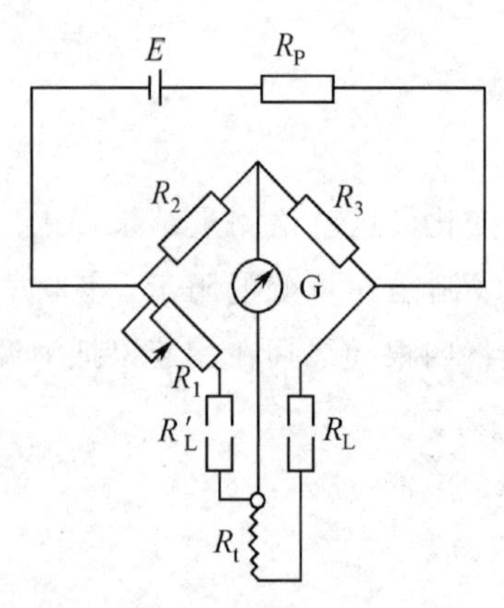

图 4-54　三线制线路

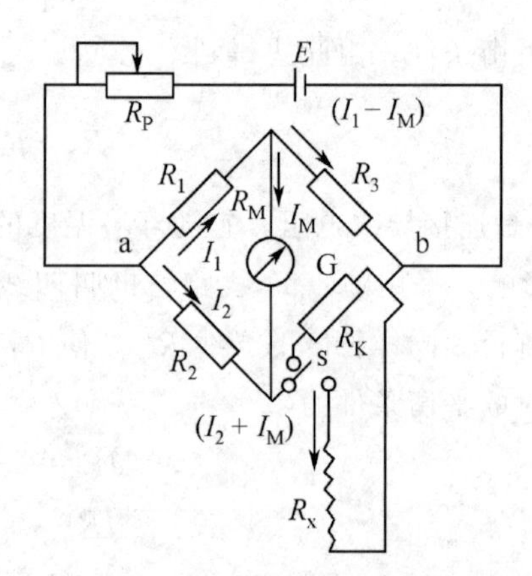

图 4-55　不平衡电桥测量电阻

4.4.2.2　热敏电阻温度计

热敏电阻是在锰、镍、钴、铜、铁、锌、钛、铝、镁等金属的氧化物中分别加入其他化合物制成的，温度变化时，电阻变化显著，是一种测温半导体元件。多数热敏电阻的电阻值随温度上升而下降，且明显呈非线性关系（指数关系），如图 4-56 所示。只有少数热敏电阻的电阻值随温度上升而增大。

具有负温度系数的热敏电阻称为 NTC 型热敏电阻，具有正温系数的热敏电阻称为 PTC 型热敏电阻。

常用热敏电阻的阻值变化范围在 1kΩ 到几万欧姆。温度测量范围一般在－100～＋350℃，如果要求特别稳定，温度上限最好控制在 150℃左右。

热敏电阻尖端可达到1mm左右，甚至可以小到0.5mm左右。由于体积小，对温度变化的响应迅速，因此可用于高灵敏度的温度测量，并适宜在空间狭小的地方使用。

热敏电阻阻值较大，因此可以忽略引线、接线电阻和电源内阻，进行远距离温度测量。在利用热敏电阻测量温度时，为了不使热敏电阻因本身发热而导致电阻变化，必须限制通过敏感元件的电流。原则上是电流愈小愈好，通常在100μA以下，这样可使其本身的功耗保持在0.06mW左右。

半导体热敏电阻结构简单、电阻值大、热敏度高、体积小，但是非线性严重，互换性差，测温范围较窄。近年来半导体材料制成的热敏电阻发展迅速，应用领域广泛，特别适合家电和汽车用温度检测和控制。

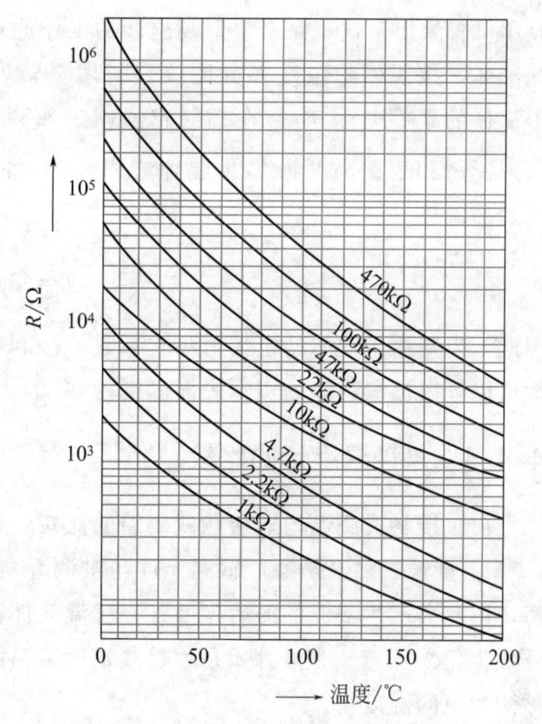

图4-56　热敏电阻温度曲线图

4.4.3　非接触式温度计

4.4.3.1　光学高温计

光学高温计就是利用受热物体的单色辐射强度（在可见光范围内）随温度升高而增长的原理来进行高温测量的仪表。一般按照黑体的辐射强度来进行仪表的刻度，当用这样刻度好的仪表来测量灰体的温度时，所测出的结果将不是灰体的真正温度，而是被测物体的亮度温度（在波长为λ的光线中，当物体在温度T时的亮度和黑体在温度T_S时的亮度相等，即$B_\lambda=B_{0\lambda}$，则黑体的温度T_S就为该物体在波长为λ的光线中的亮度温度）。要知道它的真实温度，还必须进行加以修正，而物体的亮度温度与真实温度的关系可由下式求得

$$\frac{1}{T}=\frac{1}{T_S}+\frac{\lambda}{C_2}\ln\varepsilon_\lambda \tag{4-62}$$

式中　T_S——亮度温度，K；

C_2——普朗特第二辐射常数；

ε_λ——黑度系数［物体在波长λ（$\lambda=0.65\mu m$（红光波长））下的吸收率］。

所以，在知道了物体的黑度系数ε_λ和高温计测得的亮度温度T_S后，就可以用式(4-62)求出物体的真实温度。显然，当物体的黑度系数ε_λ越小，则亮度温度与真实温度间的差别也就越大。因为$0<\varepsilon_\lambda<1$，因此，测得物体的亮度温度始终低于其真实温度。

4.4.3.2　全辐射高温计

物体受热后会发出各种波长的辐射能，人们把它辐射出来的所有能量集中于一个感温元件，例如热电偶上。热电偶的工作端感受到这些热能后，就有热电势输出，并用配套的毫伏

显示仪表测出。这就是全辐射高温计的工作原理。全辐射高温计的刻度也是选择黑体作为标准体，按黑体的温度来分度仪表。用全辐射高温计所测到的是物体辐射温度，即相当于黑体的某一温度 T_P。在辐射感温器工作频谱区域内，当表面温度为 T_P 的黑体的积分辐射能量和表面温度为 T 的物体之积分辐射能量相等的，$\sigma T_P^4=\varepsilon_T\sigma T^4$，所以物体的实际的表面温度

$$T=T_P\sqrt[4]{\frac{1}{\varepsilon_T}} \tag{4-63}$$

因此，当知道了物体的全辐射吸收系数 ε_T 和辐射高温计显示的辐射温度 T_P，按式（4-63）就可以算得被测物体的实际表面温度。

4.4.4 各种温度计的比较

（1）接触式测温与非接触式测温的比较

① 接触式测温是通过感温元件与被测介质接触进行的。由于一定时间后才能达到热平衡，因此会产生测温的滞后；此外，感温元件容易破坏被测对象温度场，并有可能与被测介质发生化学反应。非接触式是通过热辐射测温的，速度比较快，无滞后现象，而且不会破坏被测对象的温度场。

② 接触式测温简单、可靠，测量精确。非接触式测温由于受物体的反射率、被测对象与仪表的距离、烟尘和水蒸气等因素的影响，测量误差较大；但它没有温度上限的限制。接触式由于受材料耐高温的限制不能用于高温测量。

③ 接触式测量运动物体的温度困难较大，而用非接触式则较易实现。

（2）各种温度计的比较

各种温度计的优缺点列于表 4-6 中。

表 4-6　各种温度计的比较

形　式	种　类	优　　点	缺　　点
接触式仪表	玻璃液体温度计	结构简单，使用方便，测量准确，价格低廉	测量上限和精度受玻璃质量的限制，易碎，不能记录和远传
	压力表式温度计	结构简单，不怕振动，具有防爆性，价格低廉	精度低，测温距离较远时，仪表的滞后现象严重
	双金属温度计	结构简单，机械强度大，价格低廉	精度低，量程和使用范围均有限制
	热电阻	测温精度高，便于远距离、多点、集中测量和自动控制	不能测量高温，由于体积大，测量点温度较困难
	热电偶	测温范围广、精度高，便于远距离、多点、集中测量和自动控制	需冷端补偿，在低温段测量时精度低
非接触式仪表	辐射式温度计	感温元件不破坏被测物体温度场，测温范围广	只能测高温，低温段测量不准，环境条件会影响测量准确度。对测量值修正后才能获得其实际温度

4.4.5　温度计的校验和标定

4.4.5.1　热电偶的校验

由于热电偶在使用过程中，热端受氧化，腐蚀和高温下热电偶材料再结晶，热电特性发生变化，而使测量误差越来越大，为了使温度的测量能保证一定的精度，热电偶必须定期进行校验，以测出热电势变化的情况。当其变化超出规定的误差范围时，可以更换热电偶丝或把原来热电偶低温端剪去一段，重新焊接后加以使用。在使用前必须重新进行校验。

热电偶校验是一项比较重要的工作，根据国家规定的技术条件，各种热电偶必须在表 4-7 规定的温度点进行校验，各温度点的最大误差不能超过允许的误差范围，否则不能应用。

表 4-7　常用热电偶校验允许误差

型　号	热电偶材料	校验点温度/℃	热　电　偶　允　许　误　差			
			温度/℃	误差/℃	温度/℃	误差/℃
S	铂铑$_{10}$-铂	600,800,1000,1200	0～600	±2.5	>600	±0.4%t
K	镍铬-镍硅(镍铝)	400,600,800,1000	0～400	±4	>400	±0.75%t
XK	镍铬-考铜	300,400,600	0～300	±4	>300	±0.1%t

对于表中所列温度点必须控制在±10℃范围内。对于 K、XK 类热电偶，如果使用在 300℃以下时，应增加 100℃校验点，校验时在油槽中与标准水银温度计比较。对于要求精度很高的 S 类热电偶可以用辅助平衡点：锌（419.58℃），锑（630.74℃），铜（1084.5℃）的凝固点进行校验。

一般检定温度在 300～1200℃的热电偶校验系统如图 4-57 所示。校验装置由管式炉、冰点槽、切换开关、电位差计及标准热电偶等组成。其中管式炉的管中内径为 50～60mm，管子长度 600～1000mm，要求管内温度场稳定，最好有 100mm 左右的恒温区。读数时，炉内各点温度变化不得超过 0.2℃，否则不能读数。温度数值通过自耦变压器调节电流来进行。标准热电偶采用二等或三等标准铂铑-铂热电偶。

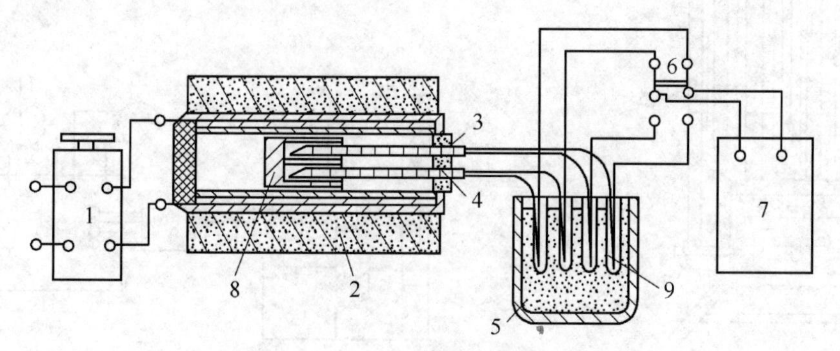

图 4-57　热电偶校验装置示意图

1—调压变压器；2—管式炉；3—标准热电偶；4—被校热电偶；5—冰点槽；
6—切换开关；7—下流电位差计；8—镍块；9—试管

在校验铂铑-铂热电偶时，将被校热电偶从保护套中抽出，用铂丝将被校热电偶与校准热电偶的工作端扎在一起，插到管式炉内的均匀温度场中。

在校验镍铬-镍硅（镍铝）、镍铬-考铜热电偶时，为了避免被校热电偶对标准热电偶产生不利影响，要将标准热电偶套上石英套管，然后用镍铬丝将被校热电偶和标准热电偶石英套管的工作端扎在一起，插到管式炉内的均匀温度场中。

热电偶放置炉中后，炉口应用经过很好烧炼过的石棉堵严。而把热电偶的冷端置于冰点槽中以保持0℃，插到炉中的热电偶插入深度一般为300mm，长度较短的热电偶插入深度可适当减少，但不得小于150mm。

由于热电偶的校验是用标准热电偶和被校热电偶比较的方法进行的，要求读数时炉内温度变化每分钟不得超过0.2℃。每一被校点，温度的读数不得少于4次，并分别取标准热电偶和被校热电偶的热电势读数平均值，算出被校验热电偶在各温度点上的误差。

4.4.5.2 热电阻的校验

热电阻在使用之前要进行校验，使用一定时间后仍需进行校验，以保证其准确性。

对于工作基准或标准热电阻的校验，通常要在几个平衡点下进行，如0℃，冰、水平衡点等，要求高，方法复杂，设备也复杂，我国有统一的规定要求。

工业用热电阻的检验方法就简单多了，只要 R_0 及 R_{100}/R_0 的数值不超过规定的范围即可。因此，要造成一个0℃和100℃的温度场，以便测量在0℃和100℃时的电阻值。通常用冰点槽和水沸腾器作为造成0℃和100℃的温度场的设备，如图4-58所示。水沸腾器是加热水以产生100℃蒸汽的设备。被校热电阻由上部盖板1的孔插入，让水蒸气不断冲刷加热而达到100℃。准确测量热电阻 R_0 和 R_{100}，采用图4-59所示的测量线路。热电阻体采用四线接线制。回路中的电流用电位器2进行调整，大致为1mA。标准电阻器阻值为1Ω或10Ω，改变切换开关7可依次在直流电位计上测出3、4、5上的电压降。切换开关8能使正反向电压各测一次，以保证测量的准确性。

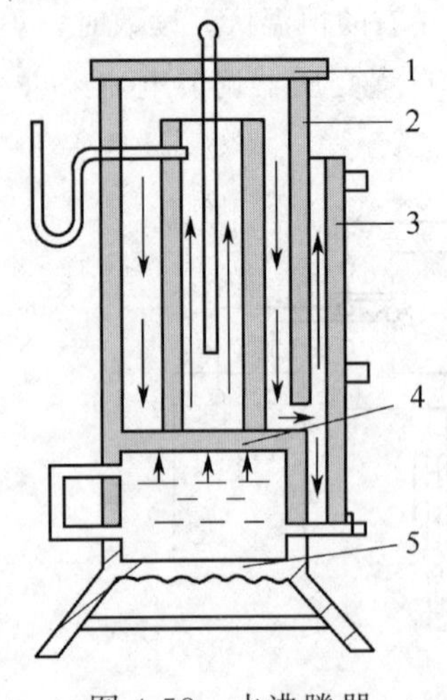

图4-58 水沸腾器

1—上部盖板；2—套筒；3—电加热器；4—连通器；5—气孔

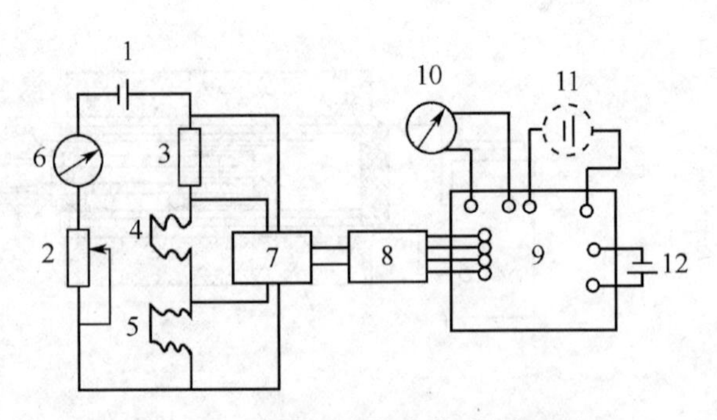

图4-59 热电阻校验线路原理图

1—电池；2—电位器；3—标准电阻器；4,5—被校热电阻；6—毫安表；7,8—切换开关；9—直流电位计；10—检流计；11—标准电池；12—工作电池

根据串联分压原理，$\frac{U_t}{U_N}=\frac{R_t}{R_N}$，则有

$$R_t=\frac{U_t}{U_N}R_N \tag{4-64}$$

式中　R_t——热电阻在温度 t 时的阻值；

R_N——标准电阻器的电阻值；

U_t——温度为 t 时热电阻两端电压降；

U_N——标准电阻器通过与热电阻相同电流时的电压降。

根据式（4-64），在同一温度点上进行若干次测量（如 0℃或 100℃时），计算出 R_t，再取其平均值，即为该温度下的电阻值。测出 R_0 和 R_{100}，求出 R_{100}/R_0，若其比值不超过规定数值，即认为该热电阻经校验合格。

4.4.6　影响温度测量精度的因素和改善措施

下面以热电偶的使用为例，讨论温度测量的精度问题。

用热电偶与用其他温度计测温一样，要得到温度读数是很容易的，但要得到准确的温度测量值，则是十分困难的。因此有必要对热电偶测温误差来源进行讨论。误差来源有以下几方面。

(1) 温度计感温部分所在处被测物质的温度不等于待测温度时引起的误差

感温部分的安装位置必须慎重考虑。感温元件在被测物体中必须要有一定的插入深度。在气体介质中，金属保护管的插入深度应为保护管直径的 10～20 倍，非金属保护管的插入深度应是保护管直径的 10～15 倍。根据被测物质的化学性质选用保护套管材料。金属套管是对热电偶起保护和支撑作用的。因此不仅要考虑使用温度，更主要的是要依据使用环境来加以选择：在 1000℃以下使用的中温热电偶常用耐热抗腐蚀的奥氏体不锈钢；用于 1000～1200℃范围内，采用钴基高温合金和铁铬钴合金；在 600℃以下的可用中碳钢、铜、铝等作套管；1600℃以上高温套管材料在氧化性气氛中采用铂、铂铑合金，在还原性气氛中、中性气氛和真空中采用难熔金属钼、钽和钨铼；还有一种具有特殊硅化涂层的钼套管，可用于 1650℃高温的空气中及还原性气氛中。还有其他类型的非金属保护套管。

(2) 冷端引起的误差

这里有两个问题：①实际测量时，冷端温度是否真是 0℃，能否维持恒定；②工业上用电子电位差计或动圈仪表来测量温度时，虽然用冷端补偿电桥来补偿冷端温度的变化，但由于只能在某两个温度点（如 20℃和 50℃）完全补偿，因而在其他点仍会引起误差。

(3) 热电特性不同引起的误差

①补偿导线和热电偶的搭配、连接不当；②热电偶材料材质不均匀，而且沿热电偶长度方向各点的温度差别较大时，会产生附加热电势。

(4) 绝缘不良引起的误差

使用热电偶时，注意两热电极之间以及它们和大地之间应绝缘良好，否则热电势损耗将直接影响测量结果的准确度，严重时会影响仪表正常工作。

(5) 显示仪表精度和读数引起的误差

即分度误差。

(6) 热交换引起的误差

问题的关键是热电偶的热端点温度是否等于热端点所在处被测物体的温度。两者若不相等，其原因是测量时热量不断从热端点向周围环境传递，同时热量不断从被测物体向热端点传递，被测物体到热端点再到周围环境的方向有温度梯度。减小这种误差的方法是尽量减小热端点与其周围环境之间的温度差和传热速率。具体办法为：

① 当待测温对象是管内流动流体时，若条件允许，应尽量使作为周围环境的管壁与热端点的温度差变小。为此可在管壁外面包一绝热层（如石棉等）。管子壁面的热损失愈大，管道内流体测温的误差也愈大。

② 可在热端点与管壁之间加装防辐射罩，减小热端点和管壁之间的辐射传热速率。防辐射罩表面的黑度愈小（反光性愈强），其防辐射效果愈好。防辐射罩的形式见图 4-60。

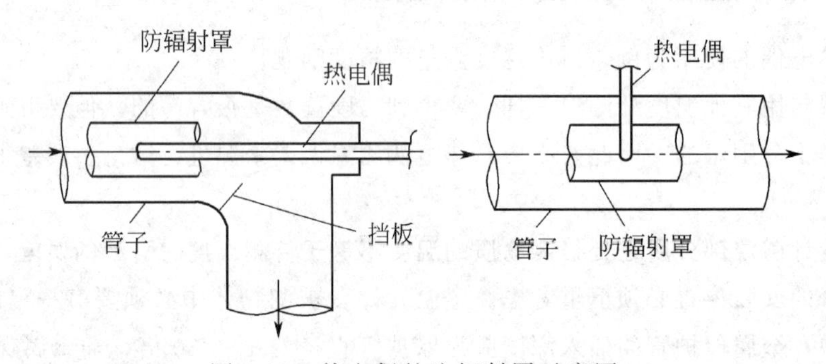

图 4-60 热电偶的防辐射罩示意图

③ 尽量减小热电偶的偶丝直径，减小偶丝保护套管的黑度、外径、壁厚和热导率。减小黑度和外径可减小保护套管与管壁面之间的辐射传热。减小外径、壁厚和热导率可减小保护套管本身在轴线方向上的高温处与低温处之间的导热速率。

④ 增加热电偶的插入深度，管外部分应短些，而且要有保温层。目的是减小贴近热端点处的保护套管与裸露的保护套管之间的导热速率。为此，管道直径较小时，宜将温度计斜插入管道内，或在弯头处沿管道轴心线插入；或安装一段扩大管，然后将温度计插入扩大管中。

⑤ 减小被测介质与热端点之间的传热热阻，使两者温度尽量接近。为此，可适当增加被测介质的流速，但气体流速不宜过高，因为高速气流被温度计阻挡时，气体的动能将转变为热能，使测量元件的温度变高。尽量让温度计的插入方向与被测介质的流动方向逆向。使用保护套管时，宜在热端点与套管壁面间加装传热良好的填充物，如变压器油、铜屑等。保护套管的热导率不宜太小。测量壁面温度时，壁面与热端点之间的接触热阻应尽量小，因此要注意焊接质量或胶黏剂的热导率。

⑥ 待测温管道或设备内为负压，插入温度计时应注意密封，以免冷空气漏入引起误差。

⑦ 若被测的是壁温且壁面材料的热导率很小，则热电偶热端点与外界的热交换，将会

破坏原壁面的温度分布，使测温点的温度失真。为此可在被测温的壁面固定一导热性能良好的金属片，再将热电偶焊在该金属片上。若焊接有困难时，利用上述加装金属片的办法，也可大大减小壁面与热端点之间的热阻，提高测量精度。在壁温测量用热电偶的热端点外面加保温层，也是提高测量精度的办法。

⑧ 热电极线沿等温壁面紧贴一段距离，可减小热端点通过偶丝与周围环境的传热速率，相当于增大热电偶的插入深度。

⑨ 将两热电极分别焊在壁面的两等温点上，壁面为第三导线接入热电偶线路后，可提高壁温的测量精度。但要注意，如果被测表面材质不均匀，这种方法反而会使误差增大。

(7) 热电偶测量系统的动态性能也引起误差

热电偶测量系统的动态性能可用滞后时间表示。滞后时间 T 愈大，达到稳定输出所需的时间愈长，热电偶的热惰性愈大。为了减小滞后时间，被测介质向感温元件传热的热阻应尽量小，保护管，保护管与热端点之间的导热物料和热端点本身的热容量也应当尽量小。为此，应尽量减小热偶丝的直径和保护套管的直径。测量变化较快、信号较大的温度时，动态性能引起的误差是不可忽视的。

4.5 液位测量技术

液位指容器内液体介质液面的高低。液位测量的主要目的在于测知容器中液体物料的存储量，以便对物料进行监控，保证顺利和安全生产。液位测量已有很长的历史，在测量方法和测量仪器制作方面积累了相当多的经验。工业上使用很多种液位计，按工作原理可分为直读式、浮力式、静压式、电容式、超声波式、光纤式、雷达式、核辐射式等。其中，直读式是直接用与被测容器旁通的玻璃管或夹缝的玻璃管显示液位高度，方法直观、简单、但不利于远传和电子监控。本节主要介绍工业上广泛应用的静压式、电容式、超声波式以及其他可远距离监控的液位测量技术。

4.5.1 静压式液位测量

4.5.1.1 压力式液位测量

压力法依据液体重量所产生的压力进行测量，如图 4-61。由于液体对容器底面产生的静压力与液位高度成正比，因此通过测容器中液体的压力即可测算出液位高度。

对常压开口容器，液位高度 H 与液体静压力 p 之间有如下关系：

$$H=\frac{p}{\rho g} \tag{4-65}$$

式中　ρ——被测液体的密度，kg/m^3。

这种方法简单实用，只适宜于常压容器，干净介质，用压差传感器测量。

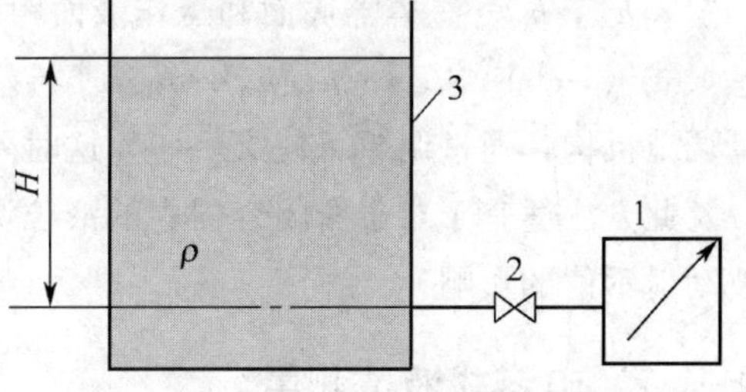

图 4-61　压力式液位测量原理图

1—仪表；2—引压阀；3—被测对象

4.5.1.2 吹气法压力式液位测量

吹气法液位测量原理和结构如图 4-62 所示。空气经过滤、减压后经针形阀节流，通过转子流量计到达吹气切断阀入口同时经三通进入压力变送器，而稳压器稳住转子流量计两端的压力，使空气压力稍微高于被测液柱的压力，而缓缓均匀地冒出气泡，这时测得的压力几乎接近液位的压力。

此方法适宜于开口容器中黏稠或腐蚀介质的液位测量，方法简便可靠，应用广泛。但测量范围较小，较适用于卧式贮罐。

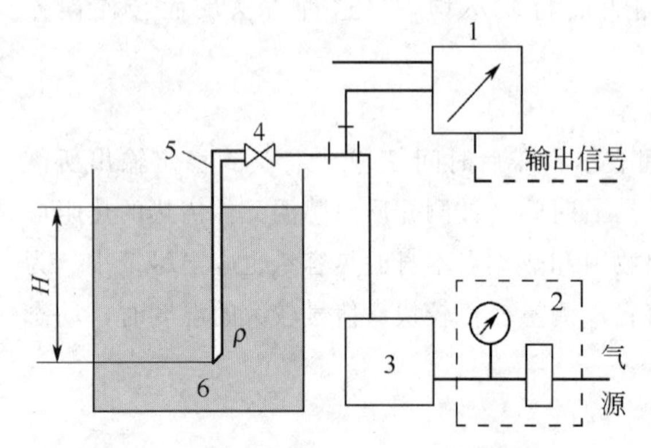

图 4-62　吹气法液位测量原理图

1—压力变送器；2—过滤器减压阀；3—稳压和流量调整组件（由针形阀、稳压继动器和转子流量计组成）；4—切断阀；5—吹气管；6—被测对象

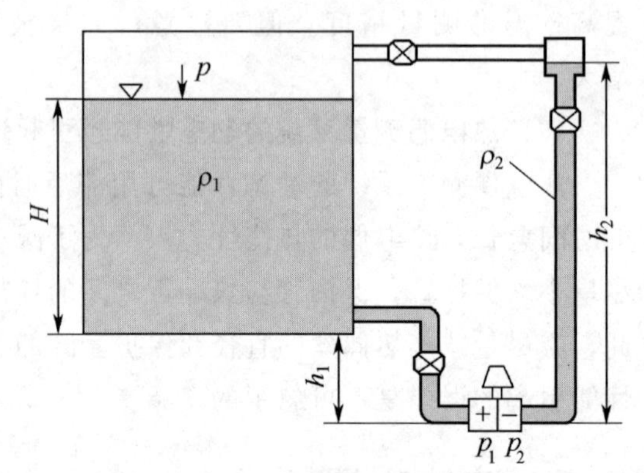

图 4-63　差压法液位测量原理图

4.5.1.3 差压法液位测量

差压法液位测量原理和结构如图 4-63 所示。一般在低压管中充满隔离液体。若隔离液体密度为 ρ_2，被测液体密度为 ρ_1，一般都使 $\rho_1>\rho_2$，由图 4-63 得力平衡方程：

$$p_1=\rho_1 g(H+h_1)+p$$

$$p_2=\rho_2 g h_2+p$$

则

$$\Delta p=p_1-p_2=\rho_1 gH+\rho_1 gh_1-\rho_2 gh_2=\rho_1 gH-Z_0 \tag{4-66}$$

式中　p_1，p_2——引入变送器正压室和负压室的压力，Pa；

H——液位高度，m；

h_1，h_2——容器底面和工作液面距变送器高度，m。

式（4-66）中 $Z_0=\rho_1 gh_1-\rho_2 gh_2$ 与差压计安装情况有关。一般的差压计都有零点迁移量调节机构，通过调节可使 $Z_0=0$，这时差压计的读数直接反映液面高度。

此方法适宜于对于密闭容器中的液位测量，它可在测量过程中消除液面上部气压及气压波动对示值的影响。

4.5.2 电容式液位测量

电容式液位计由电容式液位传感器和测量电路两部分组成，它的传感部件结构简单，动态响应快，能够连续、及时地测量液位的变化。电容器由两个同轴的金属圆筒组成，如图 4-64

所示，两圆筒半径分别为 R、r，高为 L。当两筒之间充满介电常数为 ε 的介质时，则两筒间电容量可由下面公式表述

$$C_0=\frac{2\pi\varepsilon L}{\ln\frac{R}{r}} \tag{4-67}$$

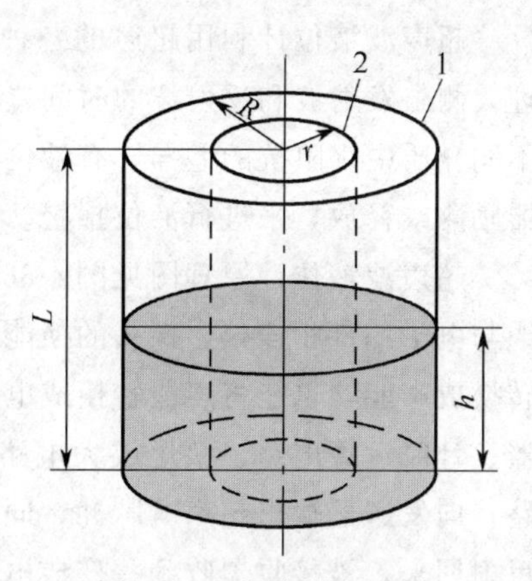

图 4-64 电容器的组成

1—外电极；2—内电极

若圆筒电极的一部分被介电常数为 ε_1（设 $\varepsilon_1>\varepsilon$）的另一种介质充满，在保证电容不放电的情况下，电容器发生变化，则两筒间电容量变为

$$C=\frac{2\pi\varepsilon L}{\ln\frac{R}{r}}+\frac{2\pi(\varepsilon_1-\varepsilon)h}{\ln\frac{R}{r}} \tag{4-68}$$

式（4-68）减式（4-67），得

$$\Delta C=\frac{2\pi(\varepsilon_1-\varepsilon)h}{\ln\frac{R}{r}} \tag{4-69}$$

由式（4-69）看出，在 ε、ε_1、R、r 均为常数时，电容变化量 ΔC 与液位高度 h 成正比。当测得电容变化量后，可以测得 h 的大小。

电容式液位计就是利用这个原理制成的。当液位上升时，电容两圆筒电极的介电常数发生变化，引起电容量的变化，根据变化量的大小可计算出液位高度 h 的大小。

图 4-65 所示的是测量导电介质液位的电容式液位计原理图。图中金属内电极外套聚四氟乙烯塑料套管或涂以搪瓷作为电介质和绝缘层。设绝缘套管的介电常数为 ε_1，电极的绝缘层和容器内气体的等效介电常数为 ε_2。

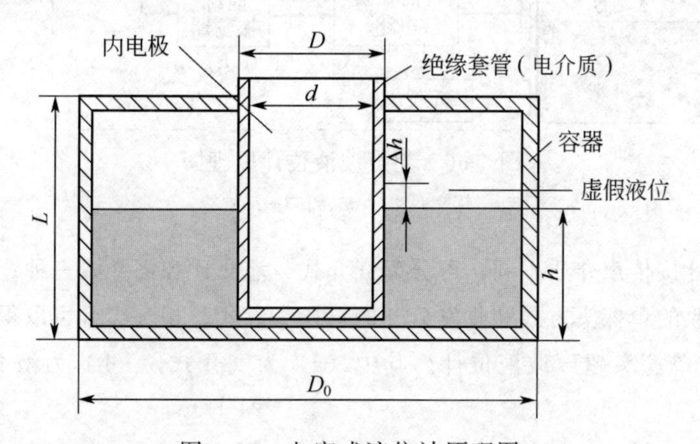

图 4-65 电容式液位计原理图

当电容中液体高度为 h 时，因为液体导电，所以外电极就应该是液体，其直径等于绝缘套管的直径 D。而未被液体浸润的地方外电极仍为容器。此时，电容大小为

$$C=\frac{2\pi\varepsilon_2(L-h)}{\ln\frac{D_0}{d}}+\frac{2\pi\varepsilon_1 h}{\ln\frac{D}{d}}=\left(\frac{2\pi\varepsilon_1}{\ln\frac{D}{d}}-\frac{2\pi\varepsilon_2}{\ln\frac{D_0}{d}}\right)h+C_0 \tag{4-70}$$

电容式液位计应用广泛，适用于各种导电、非导电液体的液位测量。

4.5.3 超声波液位测量

超声波液位计利用超声的各种特性来测量液位，如利用声波碰到液面产生反射波的原理，测出发射波和反射波的时间差，从而计算出液面高度，用于连续测量。另外利用声波在不同介质中声阻抗的差异，有液位时，声阻抗较小；无液位时，声阻抗最大，放大器使继电器励磁或释放，来进行液位报警。

超声波液位计原理图见图 4-66，液位探头由发送换能器和接收换能器组成，并用高频电缆与电子部件相连接。探头的换能器通常采用压电陶瓷，工作时处于谐振状态，它可将电能转换成声能，也能将声能转换成电能。二次仪表由超声振荡器、输出电路、时钟、时标振荡器、计时运算电路、整形放大电路、指示仪表和电源组成。时钟电路定时触发振荡输出电路，向发送器输出超声电脉冲，同时又触发计时电路开始计时。当发送器发出的声波经液面反射回来，被接收器收到并变成电信号后，通过整形放大，去控制计时电路计时。计时电路测得的时差，经运算后得出探头与液面之间距离即液面信号，并在指示器上显示，便可测出液位高低。

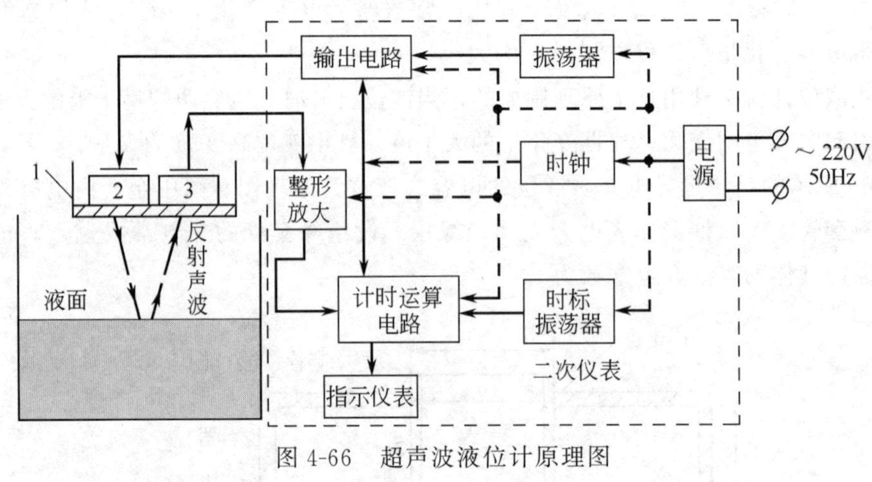

图 4-66 超声波液位计原理图

1—探头；2—发送器；3—接收器

超声波液位计按传声介质不同，可分为气介式、液介式和固介式三种；按探头的工作方式可分为自发自收的单探头方式和收发分开的双探头方式。相互组合可以得到六种液位计的方案。图 4-67 为单探头超声波液位计。其中（a）为气介式，（b）为液介式，（c）为固介式。

由于声波在空气中传播的速度与温度有关，所以有必要根据温度来进行修正，修正系数为 0.17%/℃。探头要工作在谐振状态，当温度变化时压电陶瓷的谐振频率也在变化，这时振荡器的振荡频率也必须随之而变，这样才能满足谐振要求。超声的发射是以脉冲方式进行的，脉冲的持续时间约为 2～3ms(按 20℃声速为 343m/s 计算)，3ms 的行程将近 1m，即探头与可测液面不得小于 0.5m。这 0.5m 为液位计的盲区，盲区的大小随探头的性能不同而有差异。

超声波液位测量优点和适用范围：

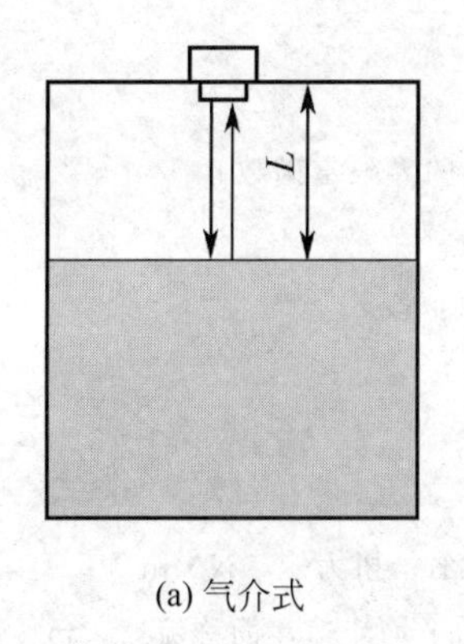

(a) 气介式

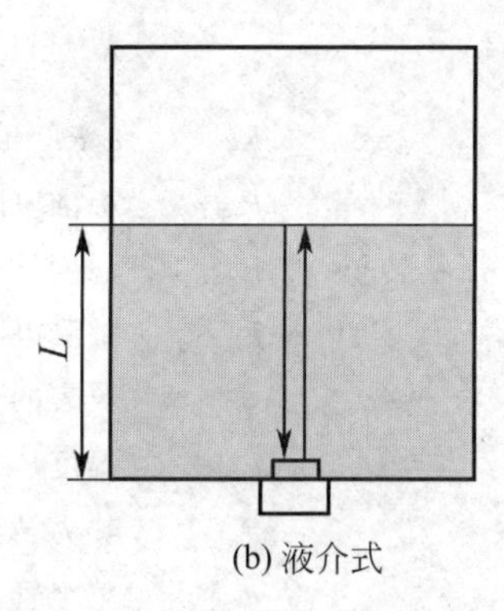

(b) 液介式

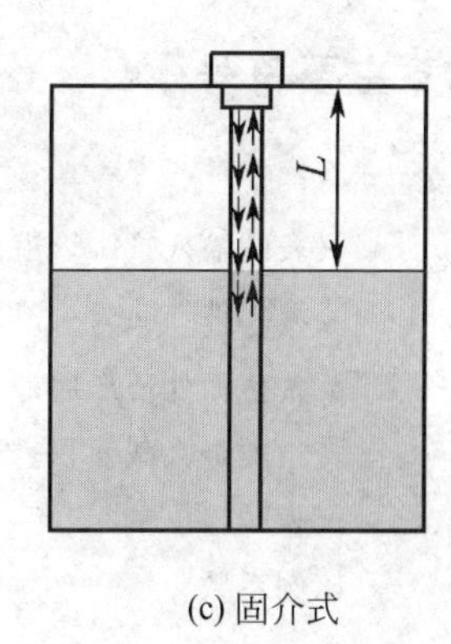

(c) 固介式

图 4-67　单探头超声波液位计

① 与介质不接触，无可动部件，电子元件只以声频振动，振幅小，仪器寿命长；

② 超声波传播速度比较稳定，光线、介质黏度、湿度、介电常数、电导率、热导率等对检测几乎无影响，因此适用于有毒、腐蚀性或高黏度等特殊场合的液位测量；

③ 不仅可进行连续测量和定点测量，还能方便地提供遥测或遥控信号；

④ 能测量高速运动或有倾斜晃动的液体的液位，如置于汽车、飞机、轮船中的液位；

⑤ 可用于有压及常压容器，真空系统的罐不能用超声波液位计；

⑥ 不宜用于温度变化较大的工艺过程；

⑦ 液体表面的悬浮物及泡沫会影响声波的反射强度，泡沫厚反射弱，厚的气泡层，会导致无有效回波。

超声波液位计结构复杂，价格相对昂贵；而且当超声波传播介质温度或密度发生变化，声速也将发生变化，对此超声波液位计应有相应的补偿措施，否则严重影响测量精度。另外，有些物质对超声波有强烈吸收作用，选用测量方法和测量仪器时要充分考虑液位测量的具体情况和条件。

4.5.4　雷达液位测量

雷达液位计是利用超高频电磁波经天线向被探测容器的液面发射，当电磁波碰到液面后反射回来，仪表检测出发射波及回波的时差，从而计算出液面高度。其工作过程是：它的振荡器产生 10GHz 的高频振荡，经线性调制电压调制后，以等幅振荡的形式，通过耦合器及定向通路器，由喇叭形天线向被测液面发射，波经液面反射回来又被天线接收，回波通过定向通路器送入混频电路，混频器接收到发送波和回波信号后产生差频信号，这个差频信号经差频放大器放大后，经 A/D 转换后送到计算装置进行频谱分析，即通过频差和时差，计算出液位高度，并通过显示单元显示。

雷达液位计适用范围：

① 雷达液位计可用于易燃、易爆、强腐蚀性等介质的液位测量，特别适用于大型立罐和球罐等测量。

② 介质的操作压力从真空到不大于 4.0MPa，温度在－200～230℃都能正常工作。

③ 雷达液位计采用不同的安装方式来满足球罐、拱顶罐、内浮顶和外浮顶的测量要求。

本章主要符号

英文

A　仪表的输入量；管道截面积，m^2

A_0　节流元件处的最小流通截面积，m^2；转子最大截面处环形通道的截面积，m^2

A_f　转子的最大截面积，m^2

B　仪表的输出量

c　比例系数

C　电容，F

d　管道直径，m

d_0　节流元件处的最小直径，m

dJ　转动惯量，kg・m^2

e　电动势，V

$e_{AB}(t)$　在温度 t 下两不同导线 A、B 的接点两侧的电位差，V

E　热电势，V

f　频率，次/s

g　重力加速度，m/s^2

H　动量矩，N・m・s

I　电流，A

k　等熵指数；比例系数

k_1　流量系数的黏度校正系数

k_2　流量系数的管壁粗糙度校正系数

k_3　孔板入口边缘不尖锐度的校正系数

m　节流孔截面积与管道截面积之比，称截面比

M　质量流量，kg/s

M_f　转子质量，kg

n　转速，转/s

p　压力，Pa

Δp　压力差，Pa

q_V　体积流量，m^3/h 或 m^3/s 或 L/s

R　电阻；U 形管压差计的读数；管子的内半径

Re　雷诺数

Re_D　按管径计算的雷诺数

Re_K　α-Re_D 曲线上的界限雷诺数

R_S　标准电阻，Ω

R_t　温度补偿电阻，Ω

R_x　被测电阻，Ω

s　仪表的灵敏度

t　温度，℃

T　热力学温度，K；扭力矩，N・m

u　整个管截面的平均流速，简称流速，m/s

V_f　转子体积，m^3

V_H　霍尔电动势，V

V　椭圆齿轮流量计半月形部分的容积，L

$x_{测}$　某测量仪表的读数

$x_{标}$　标准仪表的读数

希文

α　毫伏计动线圈的偏转角；流量系数；平均电阻温度系数，Ω/℃

α_0　原始流量系数

β　节流孔直径与管道直径之比，称直径比

δ　仪表允许的相对百分误差

ε　容许误差；流量公式的流束膨胀校正系数；介电常数

λ　热导率，W/(m・℃)

μ　黏度，Pa・s

ξ　涡轮流量计的仪表常数；皮托管流速计的校正系数

ρ　流体密度，kg/m^3

ρ_f　转子密度，kg/m^3

τ　时间，s

ω　角速度，rad/s

下标

max　最大值

min　最小值

L　液体

G　气体

习　题

4-1　某压力表的测量范围为 0～1MPa，精度等级为 1 级，试问此压力表允许的最大绝对误差是多少？

若用标准压力计来校验该压力表，在校验点为 0.5MPa 时，标准压力计上读数为 0.508MPa，试问被校压力表在这一点是否符合 1 级精度，为什么？

4-2　某压力表的安装位置为管路中心线下 1.2m 处，如附图已知某时刻压力表的读数为 5.5MPa，取压口位置与管路中心线垂直夹角为 45°，试求被测点处的实际压力（管内液体密度 $\rho=0.8\text{kg/m}^3$，管径 $d=0.1\text{m}$）。

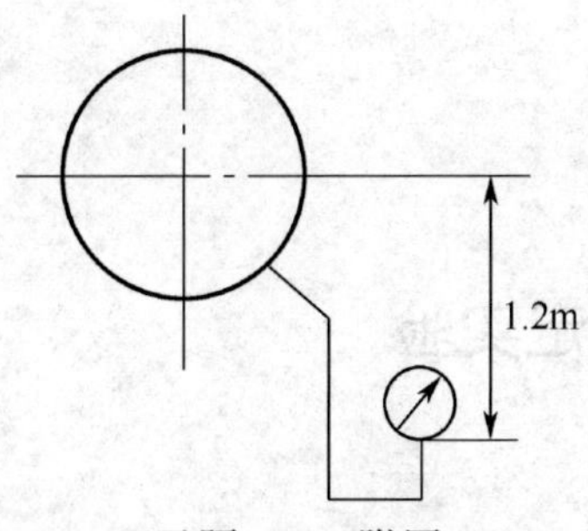

习题 4-2　附图

4-3　欲测某管路（流体为水）某段（$L=0.5\text{m}$）的局部阻力，使用长为 1m 的倒置 U 形管。请设计绘制合理的安装结构，并简述测压操作方法（提示：注意切断阀、平衡阀、放空阀的合理安装）。

4-4　简述常用压力计和压力传感器的选择和使用原则。

4-5　简述节流式流量计工作原理和其流量系数的影响因素。

4-6　根据转子流量计工作原理，说明如何读取转子为球形的流量计读数。

4-7　在铜-康铜热电偶的铜电极中间接入与电极不同直径的铜丝 100m，且接入两点温度存在 1.5℃差值，用此热电偶测量同一温度环境，简述此做法对测量结果的影响。

4-8　某反应器测温点使用铂铑-铂热电偶，现需使用合适的补偿导线将冷端延伸到较远处的控制室内，试选择正确的补偿导线并设计连接方案。

4-9　简述常用温度计的选择和使用原则。

第5章

化工单元操作实验

5.1 流体流动阻力测定实验

5.1.1 实验目的

① 熟悉流体流动管路测量系统，了解组成管路中各个部件、阀门的作用。

② 学习压差测量仪表的使用方法。

③ 学习流体流动阻力、直管摩擦系数的测定方法，了解流体流动中能量损失的变化规律，掌握直管摩擦系数 λ 与雷诺数 Re 和相对粗糙度 ε/d 之间的关系及其变化规律。

④ 掌握流体流经管件（各种状态的阀门）的局部阻力测量方法，并求出局部阻力系数。

⑤ 掌握对数坐标系的使用方法。

5.1.2 实验内容

① 测定光滑直管、粗糙直管内流体流动的摩擦系数 λ，并将 λ 与雷诺数 Re 之间的关系标绘在同一坐标系上。

② 测定流体流经阀门（全开或部分开启）时的局部阻力，求出阀门在不同开度时的局部阻力系数 ζ 值。

5.1.3 实验原理

① 直管摩擦系数 λ 与雷诺数 Re 的测定流体在圆直管内流动时，由于流体的黏性及涡流的影响，会产生摩擦阻力。流体在管内流动阻力的大小与管长、管径、流体流速和摩擦系数有关，它们之间存在如下关系。

$$h_{\mathrm{f}}=\frac{\Delta p_{\mathrm{f}}}{\rho}=\lambda\times\frac{l}{d}\times\frac{u^{2}}{2} \tag{5-1}$$

$$\lambda=\frac{2d}{\rho l}\times\frac{\Delta p_{\mathrm{f}}}{u^{2}} \tag{5-2}$$

$$Re=\frac{du\rho}{\mu} \tag{5-3}$$

式中 d ——管径，m；

Δp_{f} ——直管摩擦阻力引起的压降，Pa；

l ——管长，m；

u ——流速，m/s；

ρ ——流体的密度，kg/m^3；

μ ——流体的黏度，Pa·s。

摩擦系数 λ 与雷诺数 Re 之间的关系一般用对数坐标系来绘制。在实验装置中，直管段管长 l 和管径 d 都已固定。若水温一定，则水的密度 ρ 和黏度 μ 也是定值。所以本实验实质上是测定直管段流体阻力引起的压降 Δp_f 与流速 u（流量 q_V）之间的关系。

对于等直径的水平直管，两测压点间的压差 $p_A - p_B$ 和流动阻力引起的压降 Δp_f 在数值上是相等的，即 $\Delta p_f = \rho h_f = p_A - p_B$。压降 Δp_f 的测量就是利用了这个关系，如图 5-1 所示。但是 Δp_f 和 $p_A - p_B$ 在含义上是不同的。

② 局部阻力系数 ζ 的测定

$$h'_f = \frac{\Delta p'_f}{\rho} = \zeta \times \frac{u^2}{2} \tag{5-4}$$

$$\zeta = \frac{2}{\rho} \times \frac{\Delta p'_f}{u^2} \tag{5-5}$$

式中　ζ ——局部阻力系数；

$\Delta p'_f$ ——局部阻力引起的压降，Pa；

h'_f ——局部阻力引起的能量损失，J/kg。

测定局部阻力系数的关键是要测出局部阻力引起的压降 $\Delta p'_f$。$\Delta p'_f$ 的测量是通过测量近点压差（$p_b - p_{b'}$）和远点压差（$p_a - p_{a'}$）来得到的，如图 5-2 所示。

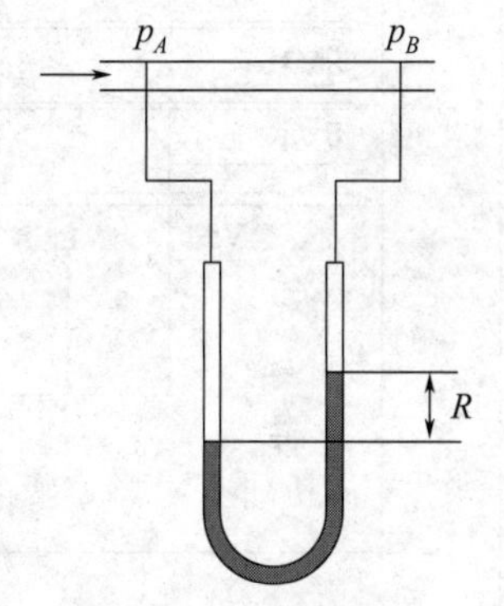

图 5-1　水平直管的压降测量

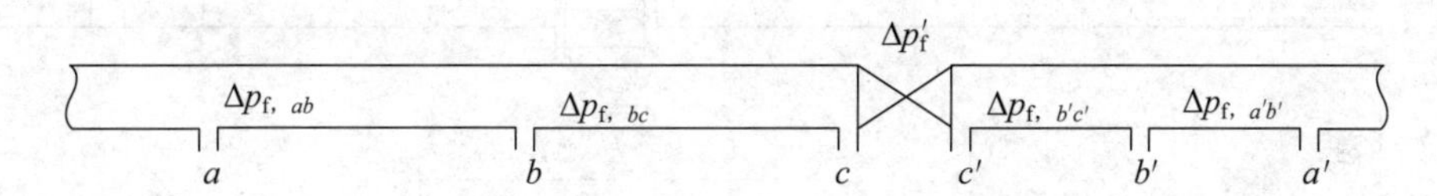

图 5-2　局部阻力测量测压口布置图

在一条各处直径相等的直管段上，安装待测局部阻力的阀门，在其上、下游开两对测压口 a-a'和 b-b'，使

$$ab = bc,\quad a'b' = b'c'$$

则

$$\Delta p_{f,\ ab} = \Delta p_{f,\ bc},\quad \Delta p_{f,\ a'b'} = \Delta p_{f,\ b'c'}$$

在 a-a'之间列伯努利方程式

$$p_a - p_{a'} = 2\Delta p_{f,\ ab} + 2\Delta p_{f,\ a'b'} + \Delta p'_f \tag{5-6}$$

在 b-b'之间列伯努利方程式

$$p_b - p_{b'} = \Delta p_{f,\ bc} + \Delta p_{f,\ b'c'} + \Delta p'_f = \Delta p_{f,\ ab} + \Delta p_{f,\ a'b'} + \Delta p'_f \tag{5-7}$$

联立式（5-6）和式（5-7），则

$$\Delta p'_f = 2(p_b - p_{b'}) - (p_a - p_{a'}) \tag{5-8}$$

5.1.4　实验装置流程

单相流动阻力实验装置是流动过程综合实验装置的一部分，流动过程综合实验装置流程

如图 5-3 所示。实验管路 1、实验管路 2 分别是光滑管、粗糙管测量管路，用于测定光滑管和粗糙管中流动阻力系数，其中流量用转子流量计 F2 和 F3 来测量，压差用倒 U 形管压差计和压差传感器 P3 来测量。实验管路 3 是局部阻力测定管路，用于测定阀门 V9 的局部阻力系数，流量用转子流量计 F2 和 F3 来测量，近点压差和远点压差都是用传感器 P3 来测量。

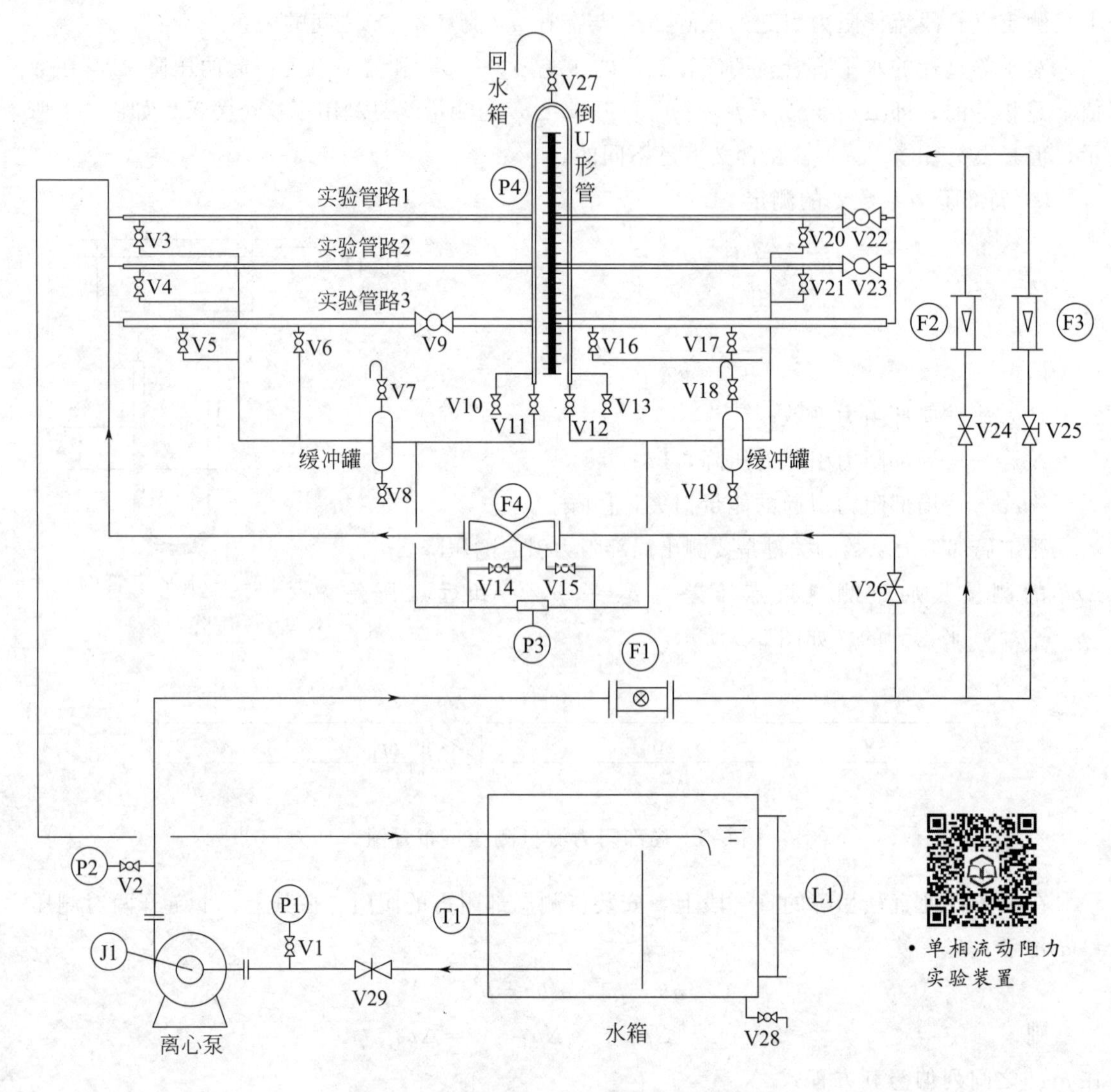

图 5-3　流动过程综合实验装置示意图

F1—涡轮流量计；F2，F3—转子流量计；F4—文丘里流量计；P1—离心泵入口压力表；P2—泵出口压力表；P3—差压传感器；P4—倒 U 形管压差计；T1—测温仪表；L1—液位计；V1—泵入口真空表导压阀；V2—泵出口压力表导压阀；V3，V20—实验管路 1 测压导压阀；V4，V21—实验管路 2 测压导压阀；V5，V17—阀门 V9 的远点压差导压阀；V6，V16—阀门 V9 的近点压差导压阀；V7，V18，V27—放空阀；V8，V19，V28—放水阀；V9—局部阻力阀门；V10，V13—倒 U 形管排水阀；V11，V12—倒 U 形管压差计导压阀；V14，V15—文丘里流量计压差导压阀；V22，V23—光滑管、粗糙管管路的切断阀；V24～V26—流量调节阀；V29—泵入口阀

5.1.5　实验方法

① 检查各阀门是否处于正确的开关状态，关闭离心泵的出口阀，启动泵的电源。

② 在测定实验数据之前，应先检查导压系统内有无气泡存在。在流量为 0 时，如倒 U 形管内两侧液柱高度差不为 0，说明测压系统内有气泡存在，需赶走气泡才可测取数据。

赶气泡方法：将流量调至较大，使导压管与倒 U 形管压差计连通（V11、V12 打开），在水流的推动下，排出导压管内的气泡；然后关闭 V11、V12 和流量调节阀，慢慢旋开倒 U 形管顶部的放空阀 V27，并打开排液阀 V10、V13，使倒 U 形管两侧液柱降至标尺中间；在流量为零时，关闭排液阀和放空阀，打开 V11、V12，如倒 U 形管内两侧液柱相平，即高度差为零，说明气泡已赶净；如果倒 U 形管内两侧液柱不相平，则要重复上述步骤，直到倒 U 形管内两液柱相平，即高度差为零。

③ 选择待测管路，开启待测管路切断阀，关闭其余管路的切断阀。

④ 用流量调节阀调节所测管路的流量，待流动稳定后，读取流量和压差数据。在流量变化范围内，直管阻力测取 12～15 组数据，局部阻力测取 3～5 组实验数据。

• 球阀、闸阀、截止阀、蝶阀

⑤ 数据测量完毕后，关闭流量调节阀，关闭水泵，读取水温。

5.1.6　实验注意事项

① 启动离心泵之前，以及从光滑管阻力测量过渡到其他测量之前，都必须检查所有流量调节阀是否关闭。

② 用差压传感器测量压差时，必须关闭连通倒 U 形管压差计的阀门 V11、V12，防止形成并联管路。

③ 使用压差传感器 P3 测量各压差时，一定要注意各导压阀的开关状态是否正确。

④ 开关阀门时，切忌用力过猛、过大。

⑤ 每调节一个流量，必须等管路中水流稳定后才可读数。

5.1.7　思考题

① 在测量前为什么要将设备中的空气排尽？怎样才能迅速排尽？为什么？如何检查管路中的空气已经排除干净？

② 在测定 λ-Re 曲线时，为了使数据点分布均匀，实验中流量间隔应怎样选取？

③ 以水为工作介质做出的 λ-Re 曲线，能否用于其他流体？

④ 不同管径、不同水温下测定的 λ-Re 曲线能否关联在同一条曲线上？

⑤ 本实验是测定等直径水平圆管的流动阻力，若将水平管改为流体自下而上流动的垂直圆管，从测量两点间压差的倒 U 形管读数 R（或压差传感器的读数）到 Δp_f 的计算过程和公式是否与水平管完全相同，为什么？

⑥ 为什么采用差压变送器和倒 U 形管并联起来测量直管段的压差？何时用压差传感器？何时用倒 U 形管压差计？操作时要注意什么？

5.2 离心泵性能和节流式流量计流量系数测定实验

5.2.1 实验目的

① 了解离心泵的结构与特性，学会离心泵的操作方法。

② 学习并掌握离心泵特性曲线的测定方法、表示方法，加深对离心泵性能的理解。

③ 学习管路特性曲线的测定方法。

④ 学习离心泵流量调节方法，进一步理解离心泵工作点的调节方法。

⑤ 了解节流式流量计、涡轮流量计的构造、工作原理和主要特点。

⑥ 掌握节流式流量计的标定方法和流量系数的确定方法，了解节流式流量计流量系数 C_0 随雷诺数 Re 的变化规律。

⑦ 掌握半对数坐标系的使用方法。

5.2.2 实验内容

① 测定某型号离心泵在一定转速下，H（扬程）、N（轴功率）、η（效率）与 Q（流量）之间的关系曲线。

② 测定离心泵出口阀门在某一开度下的管路特性曲线，即 H_e-Q_e 曲线。

③ 测定节流式流量计（孔板或1/4圆喷嘴或文丘里）的流量标定曲线，计算节流式流量计的流量系数，标绘流量系数 C_0 和雷诺数 Re 的关系。

5.2.3 实验原理

(1) 离心泵特性曲线

离心泵是最常见的液体输送设备。对于一定型号的泵，在一定的转速下，离心泵的扬程 H、轴功率 N 及效率 η 均随流量 Q 的改变而改变。通常通过实验测出 H-Q、N-Q 及 η-Q 关系，并用曲线表示之，称为特性曲线。特性曲线是确定泵的适宜操作条件和选用泵的重要依据。离心泵特性曲线测定方法如下。

① H 的测定　在泵的吸入口和排出口之间列伯努利方程

$$Z_{入}+\frac{p_{入}}{\rho g}+\frac{u_{入}^2}{2g}+H=Z_{出}+\frac{p_{出}}{\rho g}+\frac{u_{出}^2}{2g}+H_{f入-出} \tag{5-9}$$

式中，$H_{f入-出}$ 是泵的吸入口和排出口之间的压头损失，当所选的两截面很接近泵体时，与伯努利方程中其他项比较，$H_{f入-出}$ 值很小，故可忽略，于是上式变为：

$$H=(Z_{出}-Z_{入})+\frac{p_{出}-p_{入}}{\rho g}+\frac{u_{出}^2-u_{入}^2}{2g} \tag{5-10}$$

将 $(Z_{出}-Z_{入})$ 和 $p_{出}$、$p_{入}$ 的值以及根据流量计算所得的 $u_{入}$、$u_{出}$ 代入式 (5-10)，即可求得 H 的数值。

② N 的测定　功率表测得的功率为电动机的输入功率。由于泵是由电动机直接带动，传动效率可视为1.0，所以电动机的输出功率等于泵的轴功率。即

泵的轴功率 N＝电动机的输出功率

电动机的输出功率＝电动机的输入功率×电动机的效率

泵的轴功率 N＝功率表的读数×电动机的效率 (5-11)

③ η 的测定

$$\eta=\frac{N_e}{N} \tag{5-12}$$

$$N_e=\frac{HQ\rho g}{1000}=\frac{HQ\rho}{102} \tag{5-13}$$

式中 η——泵的效率，%；

N——泵的轴功率，kW；

N_e——泵的有效功率，kW；

H——泵的压头，m；

Q——泵的流量，m^3/s；

ρ——流体密度，kg/m^3。

(2) 管路特性曲线

当离心泵安装在特定的管路系统中工作时，实际的工作压头和流量不仅与离心泵本身的性能有关，还与管路特性有关，也就是说，在液体输送过程中，泵和管路二者是相互制约的。

管路特性曲线是指流体流经管路系统的流量与所需压头之间的关系。若将泵的特性曲线与管路特性曲线绘在同一坐标图上，两曲线交点即为泵在该管路的工作点。通过改变阀门开度来改变管路特性曲线，可测出泵的特性曲线。同样，也可通过改变泵转速来改变泵的特性曲线，从而测出管路特性曲线。

具体测定方法：将泵的出口阀门固定在某一开度，通过调节变频器频率改变泵的转速，测出各转速下的流量以及相应的压力表、真空表读数，算出泵的压头，从而作出管路特性曲线即 H_e-Q_e 曲线。

(3) 节流式流量计流量系数测定

节流式流量计也叫差压式流量计，常用的节流式流量计有孔板流量计、文丘里流量计、喷嘴流量计等。

工业生产中使用的节流式流量计大都是按照标准规范制造和安装使用的，并由制造厂家在标准条件下以水或空气为介质进行了标定，给出了流量系数。但当实际使用时若温度、压力、介质性质等条件与标定时不同，或流量计经长时间使用后磨损较大时，或自行制造非标准流量计时，就需要对流量计重新进行标定或校正，重新确定其标定曲线和流量系数。

流量计的标定方法有体积法、称重法和标准流量计法等。体积法和称重法是通过对一定时间内排出的流体体积或质量进行测量来标定流量计，而标准流量计法则是采用一个事先校正过而且精度等级较高的流量计作为被校流量计的比较标准。

在本实验中采用了精度等级较高的涡轮流量计作为标准流量计来标定节流式流量计。

流体通过节流式流量计时，在流量计上、下游两测压口之间产生压强差，它与流量的关系为

$$Q_S = C_0 A_0 \sqrt{\frac{2\Delta p}{\rho}} \tag{5-14}$$

式中 Q_S——被测流体的体积流量，m^3/s；

C_0——流量系数；

A_0——流量计节流孔截面积，m^2；

Δp——流量计上、下游两测压口之间的压强差，Pa；

ρ——被测流体的密度，kg/m^3。

用涡轮流量计作为标准流量计来测量流量 Q_S。每一个流量在压差计上都有一对应的读数 Δp，将流量 Q_S（纵坐标）和压差计读数 Δp（横坐标）绘制成一条曲线，即流量标定曲线。同时用式（5-14）整理数据可进一步得到 C_0-Re 关系曲线。

5.2.4 实验装置流程

本实验装置是流动过程综合实验装置的一部分，综合实验装置流程如图 5-3 所示，其中由离心泵、涡轮流量计 F1、文丘里流量计 F4 等组成的管路用于离心泵性能和流量计流量系数的测定，涡轮流量计 F1 测定流量，P1 和 P2 分别测量离心泵进、出口的压力，J1 测定离心泵电机的输入功率，P3 测定文丘里流量计 F4 的流量压差，V26 为流量调节阀。

5.2.5 实验方法

• 单级离心泵
• 离心泵和流量计性能实验装置
• 离心泵和流量计操作步骤

① 熟悉设备、流程及各仪表的操作，检查各阀门是否处于正确的开关状态。

② 启动离心泵，打开功率表开关，开启各测试仪表，将变频器调至某一频率如 50Hz，测定泵的特性曲线。开启阀门 V26，调节涡轮流量计的流量，流量从零到最大取 12～15 个点，记录各流量及该流量下的压力表、真空表、功率表的读数，并记录水温。

③ 测定管路特性曲线时，先将调节阀 V26 固定在某一开度，然后调节离心泵电机频率（调节范围 50～20Hz），测取每一频率对应的流量、压力表和真空表的读数，并记录水温。

④ 标定节流式流量计时，启动离心泵，开启并调节阀门 V26，使流量从小到大变化，测取文丘里流量计的压差和涡轮流量计的流量，并记录水温。

⑤ 实验结束后，关闭流量调节阀，关闭泵的开关，切断电源。

5.2.6 实验注意事项

① 启动离心泵之前，必须检查所有流量调节阀是否关闭。

② 进行离心泵性能测定或流量计流量系数测定时，要把阀门 V24、V25 都要关闭，不启用实验管路 1、实验管路 2、实验管路 3。

③ 测取数据时，应在流量为零至最大之间合理地分配数据点。

5.2.7 思考题

① 随着离心泵出口阀门开度的增加，泵入口真空度及出口压力表读数如何变化？为什么？

② 在离心泵性能测定实验中，为了得到较好的实验结果，流量范围上限应做到最大流量，下限应小到流量为零，为什么？

③ 分析离心泵特性曲线的变化规律，其对泵的选择和操作有什么指导意义？

④ 在本实验中，采用了哪些方法调节离心泵的流量？比较各方法的优缺点。

⑤ 什么情况下启动离心泵前要引水灌泵？

⑥ 涡轮流量计测量流量的原理是什么？

⑦ 节流式流量计流量系数与哪些因素有关？比较节流孔径相同的孔板、喷嘴、文丘里流量计在流速相同情况时的流量系数。

5.3 恒压过滤常数测定实验

5.3.1 实验目的

① 了解板框过滤机的构造，掌握板框过滤的操作方法。

② 掌握过滤常数 K、q_e 的测定方法，加深对 K、q_e 的概念和影响因素的理解，了解测定过滤常数的工程意义。

③ 了解操作压力对过滤速率的影响，掌握滤饼的压缩性指数 s 和物料常数 k 的测定方法。

5.3.2 实验内容

① 熟悉板框过滤机的结构和操作方法。

② 测定一定浓度的碳酸钙料浆在不同压差下的滤液量随过滤时间的变化，求出相应压差下的过滤常数 K、q_e，进而求出压缩性指数 s 和物料常数 k。

5.3.3 实验原理

过滤操作是利用重力或人为造成的压差等外力使悬浮液通过多孔性过滤介质，实现固液分离的一种单元操作。在过滤过程中，由于固体颗粒不断地被截留在介质表面上，滤饼厚度增加，使过滤阻力增加，因此，在推动力（压差）不变的情况下，单位时间内通过过滤介质的液体量即过滤速率（$\frac{dV}{d\theta}$）逐渐降低。

影响过滤速率的主要因素除压强差、滤饼厚度外，还与滤饼和悬浮液的性质、悬浮液温度、过滤介质的阻力等有关。

(1) 恒压过滤常数 K、q_e 的测定方法

在恒压操作条件下，单位过滤面积的滤液量 $q\left(=\frac{V}{A}\right)$ 与过滤时间 θ 的关系为

$$q^2 + 2q_e q = K\theta \tag{5-15}$$

式中 q——单位过滤面积上所获得的滤液体积，m^3/m^2；

θ——过滤时间，s；

q_e——单位过滤面积所得的虚拟滤液体积，m^3/m^2；

K——过滤常数，m^2/s。

将式（5-15）进行变换可得

$$\frac{\theta}{q} = \frac{1}{K}q + \frac{2}{K}q_e \tag{5-16}$$

或将式（5-15）进行微分可得

$$\frac{d\theta}{dq} = \frac{2}{K}q + \frac{2}{K}q_e \tag{5-17}$$

通过实验测定不同过滤时间下对应的滤液量，并由此算出相应的 q 值。在直角坐标系中绘制 $\frac{\theta}{q}$-q 或 $\frac{d\theta}{dq}$-q 的关系曲线，即可由直线斜率及截距求得过滤常数 K、q_e（注：当各数据点的时间间隔不大时，$\frac{d\theta}{dq}$ 可用增量之比 $\frac{\Delta\theta}{\Delta q}$ 来代替）。或者通过最小二乘法求取直线的斜率和截距，进而求出过滤常数 K、q_e。

（2）压缩性指数 s 和物料常数 k 的测定

过滤常数 K 与物料性质及过滤压差有关，如式（5-18）所示。

$$K = 2k\Delta p^{1-s} \tag{5-18}$$

$$k = \frac{1}{\mu r' v} \tag{5-19}$$

k 为物料常数，与滤饼的阻力、料浆浓度及黏度等性质有关。s 为滤饼的压缩性指数，表示滤饼的可压缩性能，s 取值范围 0～1，对于不可压缩滤饼，$s=0$。

对式（5-18）两边取对数得

$$\lg K = (1-s)\lg(\Delta p) + \lg(2k) \tag{5-20}$$

在实验压差范围内，若 k 为常数时，在对数坐标系上标绘 K 与 Δp 应是一条线，直线的斜率为 $(1-s)$，由此可得滤饼的压缩性指数 s。然后代入式（5-18）求出物料常数 k。

5.3.4 实验装置流程

实验装置流程如图 5-4 所示，主要由料浆槽、洗水槽、旋涡泵、板框过滤机、压力调节阀、计量桶等组成。料浆槽内配有一定浓度的碳酸钙悬浮液，用电动搅拌器进行搅拌（料浆不出现旋涡为好）。利用旋涡泵将料浆送入板框过滤机进行过滤，滤液进入计量桶计量。过滤压差通过进料阀 V9 和回流阀 V6 共同调节。过滤完毕，将滤液、滤饼重新返回料浆槽，保证料浆浓度不变。进入计量桶的滤液管口应贴桶壁，否则液面波动影响读数。

5.3.5 实验方法

① 启动电动搅拌器，将料浆槽内浆液搅拌均匀。检查各阀门使其处于关闭状态。

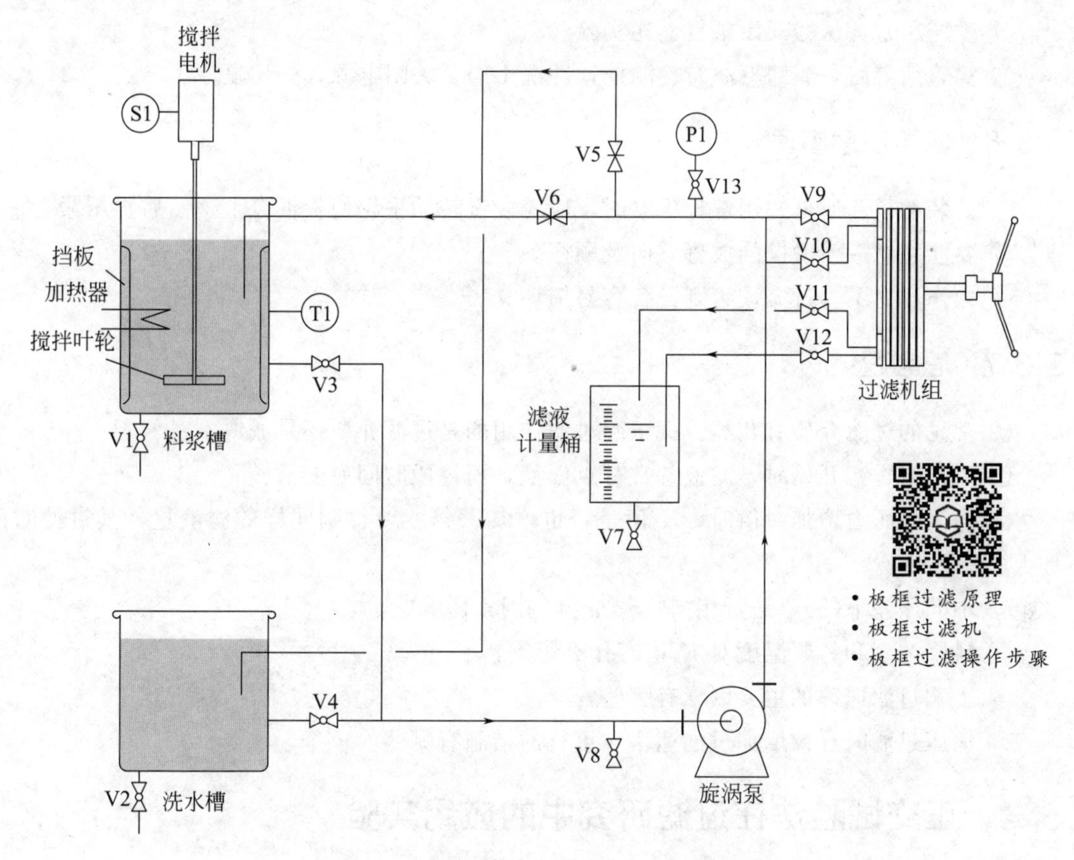

图 5-4　板框压滤实验装置示意图

T1—温度计；P1—压力表；S1—电机调速仪；V1，V2，V7—出口阀；V3，V4—过滤料液、洗涤液切断阀；V5，V6—洗涤液、滤浆液回水阀；V8—清洗管路的进水阀；V9，V10—滤浆液、洗涤液进口阀；V11，V12—滤液、洗涤液出口阀

② 组装板框过滤机时，一定要注意滤板和滤框的排列顺序，即：过滤板-框-洗涤板-框-过滤板……，用压紧装置将板和框压紧。

③ 打开阀门 V3，打开回流阀 V6，开启进料泵，使料液在料浆槽和旋涡泵之间循环。待泵运转稳定后，打开进料阀 V9，用回流阀和进料阀配合调节过滤压差，先在较低的过滤压差下进行过滤。

④ 过滤至一定体积后（此滤液体积 q' 应进行预实验测定，保证滤布上形成一层薄的滤饼，以便真正过滤时滤液不变浑浊），迅速调节回流阀和进料阀，将操作压力调至预定值，同时以秒表开始计时，记录一系列的过滤时间及对应的滤液量。

⑤ 随着过滤的进行，过滤阻力不断增加，实验过程中要注意保持操作压力恒定。

⑥ 当滤液流量很小、过滤速率很慢时，可停止过滤，停止计时。

⑦ 将回流阀 V6 调至最大，使压力表指示值下降。关闭进料阀 V9，关闭阀门 V3 并立即停旋涡泵。放出计量桶内的滤液并倒回槽内，以保证滤浆浓度恒定。

⑧ 滤饼洗涤操作，关闭阀门 V6，打开阀门 V4、V5，启动旋涡泵，用阀门 V5、V10 调节洗涤压力稳定后，当滤液计量桶中充满洗涤液时，结束洗涤。

⑨ 拆卸板框过滤机，将过滤机中的滤饼放回料浆槽内，将滤布清洗干净。

⑩ 改变压力，从②开始重复上述实验。

⑪ 实验结束后，要卸下滤布、滤框，冲洗干净。关闭电源，一切复原。

5.3.6 实验注意事项

① 安装滤板、滤框并用螺杆压紧时，应先慢慢转动手轮使板框合上，然后再压紧。

② 要注意滤板、滤框的放置方向及顺序。

③ 操作压力不宜过大，否则设备容易损坏。

5.3.7 思考题

① 常见的过滤介质有几类？真正起过滤作用的是过滤介质还是滤饼本身？

② 为什么过滤开始时，滤液常常有点浑浊，而过段时间后变清？

③ 当操作压力增加一倍时，K 值是否也增加一倍？要得到同样的滤液量，其过滤时间是否缩短了一半？

④ 不同压差下的 q_e 是否相同？q_e 受哪些因素影响？

⑤ 料浆浓度和料浆温度对 K 值有什么影响？

⑥ 影响过滤速率的主要因素有哪些？

⑦ 恒压过滤时，欲增加过滤速率，可行的措施有哪些？

5.4 正交试验法在过滤研究中的应用实验

5.4.1 实验目的

① 掌握恒压过滤常数 K、q_e 的测定方法，加深对 K、q_e 的概念和影响因素的理解。

② 学习滤饼的压缩性指数 s 和物料常数 k 的测定方法。

③ 学习用正交试验法来安排实验，达到最大限度地减小实验工作量的目的。

④ 学习正交试验法实验结果的分析方法，确定各因素对实验指标的影响大小、实验指标随各因素变化的趋势、适宜的操作条件以及进一步的研究方向。

5.4.2 实验内容

① 设定实验指标、因素和水平。因课时限制，分 4 个小组合作共同完成一个正交表。实验指标为恒压过滤常数 K，设定的因素及其水平如表 5-1 所示。已知各因素之间无交互作用。

② 为便于处理实验结果，统一选择一个合适的正交表。对于本实验可以选择的正交表有 L_{16}（$4^2 \times 2^9$）、L_{16}（$4^3 \times 2^6$）、L_{16}（$4^4 \times 2^3$），从中任选一个。

③ 进行表头设计，即把要考察的因素安排在正交表的某些列号上，然后把该因素的水平数值（具体条件）填在相应列的水平上，形成一个直观的“实验方案”表。

④ 分小组进行实验，测定每个实验条件下的过滤常数 K、q_e。

⑤ 对实验指标 K 进行极差分析和方差分析：指出各个因素在哪个水平上显著以及各因

素重要性的大小；讨论 K 随其影响因素的变化趋势；以提高过滤常数 K 为目标，确定适宜的操作条件；进一步实验方向。

表 5-1 正交试验的因素和水平

水平	因素		
	压强差 Δp/kPa	滤浆浓度 c/%	过滤温度 t/℃
1	30	6	室温
2	40	12	室温+10
3	50	18	
4	60	24	

5.4.3 实验原理

恒压过滤常数 K、q_e 及压缩性指数 s 和物料常数 k 的测定原理见实验 5.3 恒压过滤常数测定，在此就不重复了。

5.4.4 实验装置流程

本实验装置流程采用的是真空吸滤装置，如图 5-5 所示，主要由真空泵、料浆槽、过滤器、真空表、滤液计量瓶等组成。料浆槽内放有已配制具有一定浓度的硅藻土料浆（四套设备，四种料浆浓度，体积分数分别为 6%、12%、18%、24%）；用电动搅拌器进行搅拌使料浆浓度均匀，但不要出现打旋现象；料浆通过电加热升温，用智能仪表调控电热器的加热电压来控制料浆温度；用真空泵使系统产生真空，作为过滤推动力；过滤器中安装有 621# 滤布，过滤面积为 $0.0043m^2$；过滤产生的滤液在计量瓶内计量。

5.4.5 实验方法

① 每次实验将实验人员分为 4 个组，4 个组共同配合完成一个正交表的全部实验，即 16 次实验。每个组完成其中的 4 个实验。

② 四套设备的温度水平应相等。每套设备，先做室温下的实验，待室温下的数据符合要求了，再升温做温度 2 水平时的实验。

③ 用同一台计算机汇总并整理全部实验数据，并打印实验数据和结果。

按照上述要求，每个实验的操作步骤：

① 开动电动搅拌器将料浆槽内硅藻土料浆搅拌均匀，但不要使料浆出现打旋现象。清洗滤布并装在过滤器中，将过滤器安装好，放入料浆槽中，注意料浆要浸没过滤器。

② 打开 V4 和 V5，关闭切断阀 V2，然后接通真空泵。

③ 调节阀门 V4 和 V5，使真空表读数恒定于指定值，然后打开切断阀 V2，进行抽滤，当计量瓶中的滤液量达到零刻线时，按表计时，作为恒压过滤零点。记录滤液每增加 100ml 所用的时间。当计量瓶读数为 800ml 时停表并立即关闭切断阀 V2。

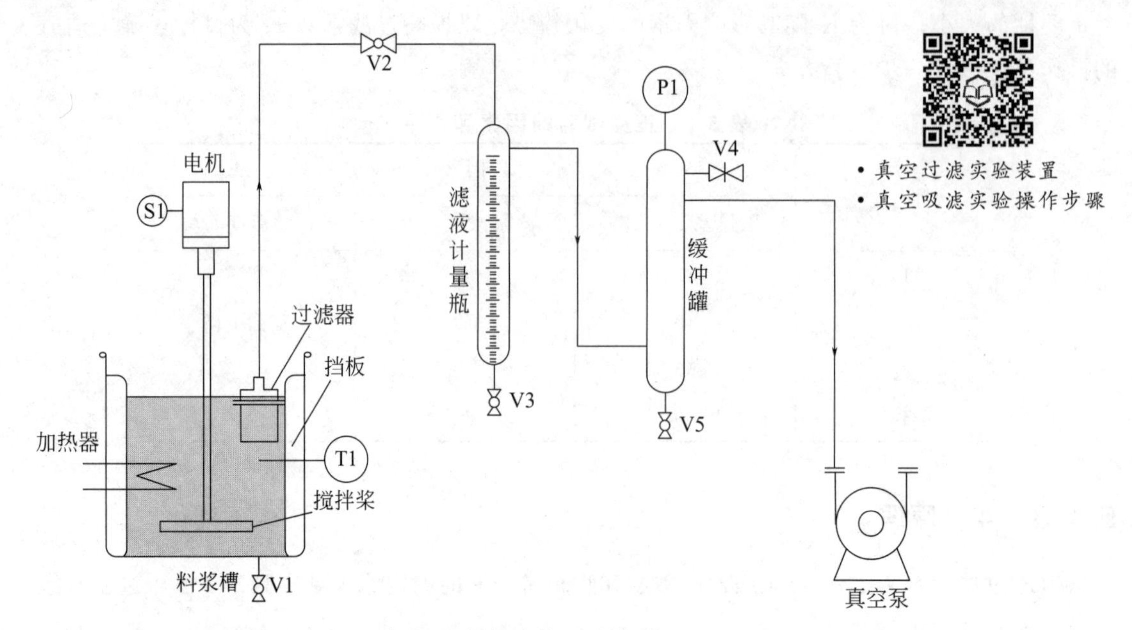

图 5-5　真空吸滤实验装置示意图

T1—温度计；P1—真空表；S1—电机调速仪；V1—料浆槽放液阀；V2—切断阀；
V3—计量瓶放液阀；V4—放空阀；V5—缓冲罐放液阀

④ 全开阀门 V4 和 V5，待真空表读数降到比较低时停真空泵。打开切断阀 V2，利用系统内大气压把吸附在吸滤器上滤饼卸到槽内。放出计量瓶内滤液，并倒回料浆槽内。卸下过滤器中滤布清洗干净待用。

⑤ 结束实验后，切断真空泵、电动搅拌器电源，清洗过滤器并使设备复原。

5.4.6　实验注意事项

① 放置过滤器时，一定要把它浸没在料浆中，并且要垂直放置，防止气体吸入，破坏物料连续进入系统和避免在过滤器内形成滤饼厚度不均匀的现象。

② 每次实验后应该把滤布清洗干净。

③ 在过滤过程中，要保持真空表读数稳定在设定值上。

④ 计量瓶中滤液放出时，要先关闭真空泵开关；滤液要倒回原槽中，以免料浆浓度发生变化。

5.4.7　思考题

① 根据正交试验结果，可以得出哪些结论？

② 根据正交试验结果，画出过滤常数 K 随过滤压差、料浆浓度、料浆温度的变化趋势图。

③ 为什么每次实验结束后，都要把滤饼和滤液倒回原料浆槽内？

④ 本实验装置真空表的读数是否真正反映实际过滤推动力？为什么？

⑤ 在恒压过滤条件下，滤液量、过滤速率随过滤时间如何变化？

5.5 传热综合实验

5.5.1 实验目的

① 掌握套管换热器、列管换热器的结构，了解强化传热的方式。

② 掌握对流传热系数 α_i、总传热系数 K 的测定方法，加深对其影响因素的理解，了解测定对流传热系数 α_i、总传热系数 K 的工程意义。

③ 测定普通、强化套管换热器在不同流速下管内压降，研究管内 $\alpha_i/\Delta p_f$ 随管内流速 u 的变化情况，了解强化传热和阻力之间的关系。

④ 学习线性回归分析方法，确定普通套管换热器传热系数关联式 $Nu=ARe^mPr^{0.4}$ 中常数 A、m 的值，并与经验公式 $Nu=0.023Re^{0.8}Pr^{0.4}$ 进行比较。

⑤ 利用线性回归分析方法，确定强化套管传热系数关联式 $Nu=BRe^bPr^{0.4}$ 中常数 B、b 的值。了解强化比 Nu/Nu_0 的概念，比较强化传热的效果，了解强化效果的评价方法。

⑥ 熟悉热电偶温度计和热电阻温度计的测量原理和使用方法。

5.5.2 实验内容

① 测定不同空气流速下普通套管换热器的对流传热系数 α_i，对 α_i 的实验数据进行线性回归，求关联式 $Nu=ARe^mPr^{0.4}$ 中常数 A、m 的值。

② 测定不同空气流速下强化套管换热器的对流传热系数 α_i，对 α_i 的实验数据进行线性回归，求关联式 $Nu=BRe^bPr^{0.4}$ 中常数 B、b 的值，并求同一 Re 下的强化比 Nu/Nu_0。

③ 测定不同空气流速下两个套管换热器的管内压降，研究套管换热器管内 $\alpha_i/\Delta p_f$ 随管内流速 u 的变化情况。

④ 测定不同空气流速下列管换热器的总传热系数 K。

5.5.3 实验原理

(1) 对流传热系数 $\boldsymbol{\alpha_i}$ 的测定

对流传热系数 α_i 可以根据牛顿冷却定律，用实验来测定，即

$$\alpha_i=\frac{Q}{\Delta t_m S_i} \tag{5-21}$$

式中　α_i ——管内流体对流传热系数，$W/(m^2 \cdot ℃)$；

Q——传热速率，W；

S_i——换热面积，m^2；

Δt_m ——内管壁面温度与管内流体平均温差，℃。

平均温差由下式确定

$$\Delta t_m=t_w-\frac{t_1+t_2}{2} \tag{5-22}$$

式中　t_1，t_2——冷流体空气的入口、出口温度,℃；

　　t_w——壁面平均温度,℃。

因为传热管为紫铜管，其热导率很大，而管壁又薄，故认为内壁温度、外壁温度近似相等，用 t_w 来表示。在本实验中，在内管壁面不同位置安装了多对热电偶并联来测壁面温度，因此所测壁面温度是平均温度。

传热管换热面积

$$S_i = \pi d_i L_i \tag{5-23}$$

式中　d_i——传热管内径，m；

　　L_i——传热管测量段的实际长度，m。

由热量衡算式

$$Q = W_m c_{pm}(t_2 - t_1) \tag{5-24}$$

其中质量流量由下式求得

$$W_m = \frac{V_m \rho_m}{3600} \tag{5-25}$$

式中　V_m——冷流体在套管内的平均体积流量，m^3/h；

　　c_{pm}——冷流体在平均温度下的定压比热容，kJ/(kg・℃)；

　　ρ_m——冷流体在平均温度下的密度，kg/m^3。

空气流量采用孔板流量计测量，孔板流量计为标准设计，其流量计算式为

$$V_0 = C_0 A_0 \sqrt{\frac{2\Delta p}{\rho_0}} \tag{5-26}$$

式中　C_0——流量计流量系数，$C_0=0.65$；

　　A_0——节流孔开孔面积，$A_0=\frac{\pi}{4}d_0^2$，m^2；

　　d_0——节流孔孔径，$d_0=0.017$m；

　　Δp——流体流过节流孔的压力差，Pa；

　　ρ_0——空气在流量计处温度下的密度，kg/m^3。

需要注意，空气在进入换热器前后温度有所变化，因此进入换热器内的平均体积流量 V_m 是通过气体状态方程对所测流量 V_0 进行校正得到的。

(2) 对流传热系数关联式的实验确定

流体在管内作强制湍流时，对流传热系数关联式的形式为

$$Nu_i = A Re_i^m Pr_i^n$$

其中

$$Nu_i = \frac{\alpha_i d_i}{\lambda_i}, \quad Re_i = \frac{u_i d_i \rho_i}{\mu_i}, \quad Pr_i = \frac{c_{pi}\mu_i}{\lambda_i}$$

物性数据 λ_i、c_{pi}、ρ_i、μ_i 可根据定性温度 t_m 查得。经过计算可知，对于管内被加热的空气，普兰特数 Pr_i 变化不大，可以认为是常数，则关联式的形式简化为

$$Nu_i = A Re_i^m Pr_i^{0.4} \tag{5-27}$$

这样通过实验确定不同流量下的 Re_i 与 Nu_i，然后用线性回归方法确定 A 和 m 的值。

(3) 强化比的确定

强化传热能减小传热面积，以减小换热器的体积和重量；提高现有换热器的换热能力；使换热器能在较低温差下工作。

强化传热的方法有多种，本实验装置是采用在换热器内管插入螺旋线圈的方法来强化传热的。螺旋线圈的结构如图5-6所示，螺旋线圈由直径1mm的钢丝按一定节距绕成。将金属螺旋线圈插入并固定在管内，流体由于受到螺旋线圈的扰动，可以使传热强化。由于绕制线圈的金属丝直径很细，流体旋流强度也较弱，所以阻力较小，有利于节省能源。螺旋线圈是以线圈节距 H 与管内径 d 的比值为技术参数，且节距与管内径比是影响传热效果和阻力系数的重要因素。强化管传热系数依然采用形式为 $Nu=BRe^{b}Pr^{n}$ 的经验公式来表示，其中 B 和 b 的值因螺旋丝尺寸不同而不同。对于管内被加热的空气，普兰特数 Pr_{i} 变化不大，可以认为是常数。在本实验中，测定不同流量下的 Re_{i} 与 Nu_{i}，用线性回归方法可确定 B 和 b 的值。

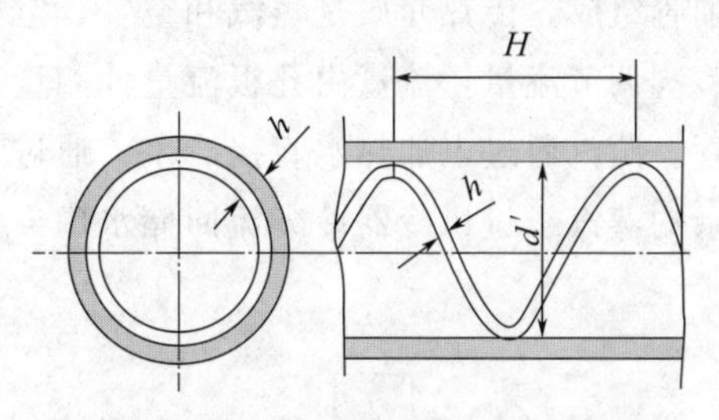

图5-6　螺旋线圈强化管内部结构

单纯研究强化效果（不考虑阻力的影响），可以用强化比的概念作为评判准则，即在相同的 Re 下，比较 Nu/Nu_{0}，其中 Nu 是强化管的努赛尔数，Nu_{0} 是普通管的努赛尔数，显然强化比 $Nu/Nu_{0}>1$，而且该比值越大，强化效果越好。需要说明的是，如果评判强化方式的真正效果和经济效益，则必须考虑阻力因素，只有强化比较高而且阻力降较小的强化方式，才是最佳的强化方法。

(4) 总传热系数 *K* 的测定

总传热系数 K 是评价换热器性能的一个重要参数，也是对换热器进行传热计算的依据。对于已有的换热器，可以通过测定有关数据，如流体的流量和温度等，通过传热速率方程式计算 K 值。

传热速率方程式是换热器传热计算的基本关系。该方程式中，冷、热流体温度差 ΔT 是传热过程的推动力，它随着传热过程冷热流体的温度变化而改变。

由总传热速率方程

$$Q=K_{o}S_{o}\Delta T_{m} \tag{5-28}$$

可知总传热系数

$$K_{o}=Q/(S_{o}\Delta T_{m}) \tag{5-29}$$

$$\Delta T_{m}=\frac{t_{2}-t_{1}}{\ln\dfrac{T-t_{1}}{T-t_{2}}}$$

式中　S_{o}——传热面积，m^{2}；

ΔT_{m}——热流体与冷流体的平均温差，℃；

T——热流体蒸汽的温度，℃；

K_{o}——基于列管外表面积的总传热系数，$W/(m^{2}\cdot ℃)$。

需要注意，计算总传热系数 K_o 的传热温差是热流体与冷流体之间的温差，而计算对流传热系数 α_i 的传热温差是内管壁面与冷流体之间的温差。

5.5.4 实验装置流程

实验装置流程如图 5-7 所示，实验装置包含两个换热器。一个为套管换热器，内管为紫铜管，外管为不锈钢管，不锈钢管外有保温层，两端用不锈钢法兰固定；在紫铜内管中插入螺旋线圈，就形成强化套管换热器。另外一个是列管换热器，内管由 7 根直径为 22mm 的细管组成。传热介质是蒸汽和空气，空气和蒸汽逆流流动。空气由旋涡气泵输送，由旁路调节阀调节流量，流量由孔板流量计测量，通过支路球阀 V1、V3 的开关进入不同换热器的内管。蒸汽通过电加热水直接产生，通过支路球阀 V2、V4 的开关进入不同换热器的壳程；多余的蒸汽经过风冷器冷凝流回储水罐。

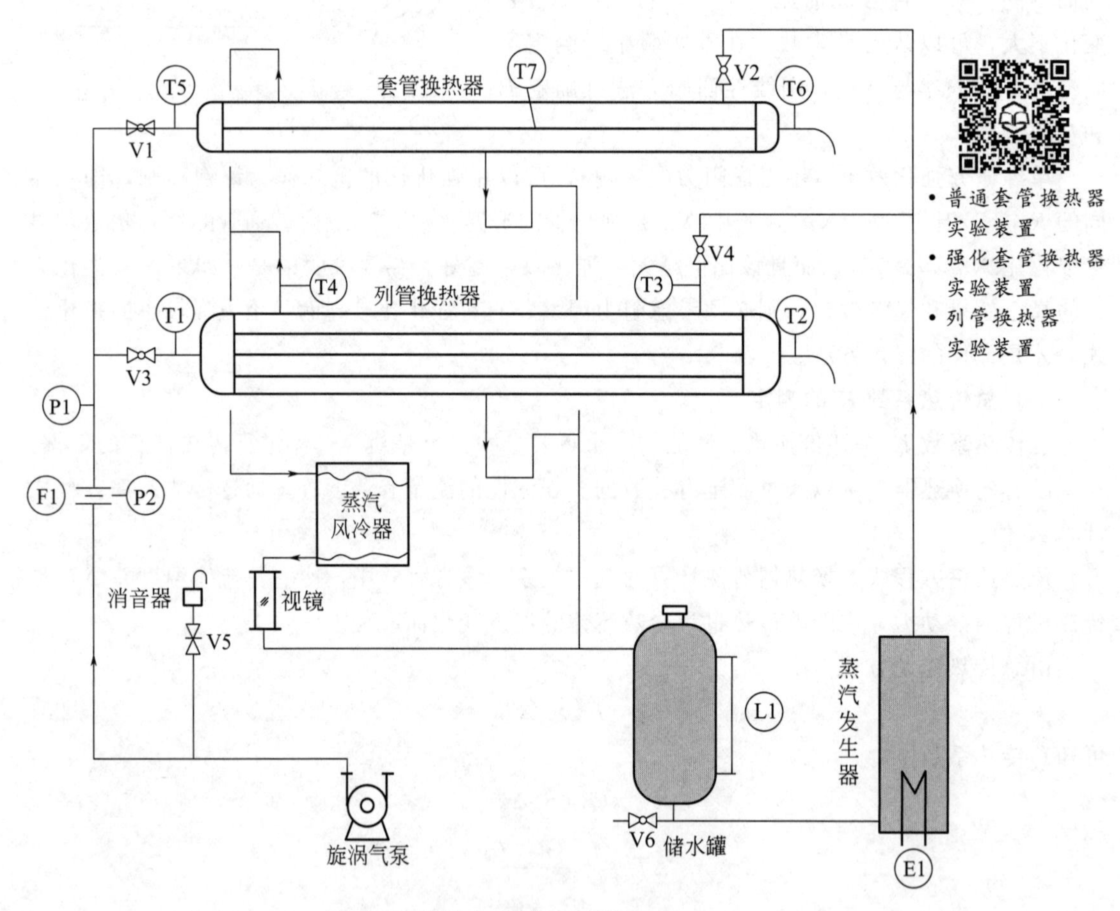

图 5-7 传热实验装置示意图

F1—孔板流量计；P1—空气通过换热器的压差；P2—孔板流量计压差；E1—加热电压；L1—液位计；T1～T7—温度计；V1，V3—空气进口阀；V2，V4—蒸汽进口阀；V5—空气旁路调节阀；V6—排水阀

5.5.5 实验方法

(1) 将储水罐水位加至液位计约 2/3 处

(2) 普通套管换热器实验

① 通过支路球阀开通套管换热器的蒸汽管路，空气管路，接通电源开关，把旋涡气泵的旁路阀门全打开，启动旋涡气泵。

② 设定加热电压，开始加热。当水蒸气进入套管换热器壳程，壁面温度上升到接近100℃时，利用旁路调节阀来调节空气流量，当出口温度基本稳定后，读取空气流量、进出口温度、壁温、空气流动压降等数据。改变空气流量，测取 5～6 个空气流量下的实验数据。

③ 做完实验后，关闭加热器开关，当空气温度降下来后，将旁路阀全开并关闭旋涡气泵。

(3) 强化套管换热器实验

打开套管换热器的法兰，将螺旋线圈插入套管换热器的内管中，安装好法兰后即为强化套管换热器。其他实验步骤同普通套管换热器实验方法。

(4) 列管换热器总传热系数测定实验

① 开通列管换热器的蒸汽管路和空气管路，接通电源开关，全开旁路阀，启动风机。

② 设定加热电压，开始加热。当蒸汽出口温度接近 100℃并保持 5min 不变时，利用旁路调节阀来调节空气流量，调好某一流量后稳定 3～5min 后，分别记录空气流量、空气进出口温度、蒸汽的进出口温度、管内空气流动压降等数据，测取 4～5 个空气流量下的实验数据。

③ 实验结束后，关闭加热器开关，当空气温度降下来后，将旁路阀全开并关闭旋涡气泵，关闭总电源。

5.5.6 实验注意事项

① 检查蒸汽加热釜中的水位是否在正常范围内。特别是每个实验结束后，进行下一实验之前，如果发现水位过低，应及时补给水量。

② 必须保证蒸汽上升管线的畅通。即在开启加热釜加热电压之前，两蒸汽支路球阀之一必须全开。在转换支路时，应先开启需要的支路阀，再关闭另一支路阀，且开启和关闭控制阀必须缓慢，防止管线切断或蒸汽压力过大突然喷出。

③ 必须保证空气管线的畅通。即在接通风机电源之前，两个空气支路控制阀之一和旁路调节阀必须全开。在转换支路时，应先开启需要的支路阀，再关闭另一支路阀。

④ 调节流量后，应至少稳定 5～10min 后读取实验数据。

⑤ 实验中保持上升蒸汽量的稳定，不应改变加热电压。

5.5.7 思考题

① 实验过程中，如何判断传热过程达到稳定?

② 在其他条件不变，管内空气流速增大时，其出口温度将如何变化? 为什么?

③ 在本实验中，壁面温度接近哪种流体的温度? 为什么?

④ 在强化套管换热器中，螺旋线圈安装在哪里？为什么？

⑤ 实验中冷流体和蒸汽的流向，对传热效果有何影响？

⑥ 影响传热系数 K 的因素有哪些？对本实验而言，为了提高传热系数 K，可采取哪些最有效的方法？

⑦ 本实验装置中，空气流量采用旁路阀调节，为什么？除此之外，还可用什么方法调节流量？

5.6 筛板精馏塔操作和全塔效率测定实验

5.6.1 实验目的

① 了解精馏单元操作的工作原理、精馏塔结构及精馏基本流程。

② 熟悉筛板精馏塔的操作方法，观察塔板上的气、液接触状态，了解并能够消除精馏塔内出现的异常现象。

③ 掌握板式精馏塔全塔效率、理论板数的测定方法，了解连续精馏操作中可变因素对精馏塔性能的影响。

④ 了解 DCS 控制系统对精馏塔的控制方法，了解塔釜液位、进料温度、回流比等的控制原理和操作方法。

⑤ 熟悉阿贝折光仪分析样品浓度的方法。

5.6.2 实验内容

① 观察精馏塔开车过程中，在全回流条件下，塔顶温度随时间的变化情况；观察精馏塔在全回流操作稳定后，塔内温度沿塔高的分布情况。

② 测定精馏塔在全回流操作稳定后的理论板数和全塔效率。

③ 测定精馏塔在某一回流比下，操作稳定后的理论板数和全塔效率。

④ 自己拟定操作条件，完成下述分离任务：在连续精馏操作条件下，将塔顶乙醇质量分数提高到80%以上，并且塔顶采出量在40min内大于500ml。

5.6.3 实验原理

（1）全塔效率的测定

在板式精馏塔中，塔板是气、液两相接触的场所。再沸器对塔釜液体加热使之沸腾汽化，上升的蒸气穿过塔板上的孔道和板上液体接触进行传热传质。塔顶的蒸气经冷凝器冷凝后，部分作为塔顶产品，部分则回流至塔内，这部分液体自上而下经过降液管流至下层塔板口，再横向流过整个塔板，经另一侧降液管流下。在塔板上，气、液两相密切接触，进行热量和质量交换。

塔板效率是反映塔板性能及操作好坏的主要指标，影响塔板效率的因素很多，概括起来有物系性质、塔板结构及操作条件三个方面。表示塔板效率的方法常用单板效率（默弗里效率）和全塔效率（总板效率）。单板效率是评价塔板好坏的重要数据，对于不同的塔板类型，在实验时保持相同的体系和操作条件，对比它们的单板效率就可以确定其优劣，因此在科研中常常运用。全塔效率的数值在设计中应用很广泛，一般是由实验测定。下面介绍全塔效率的测定。

全塔效率 E_T 的定义：板式精馏塔中，达到一定分离效果所需理论板数与实际板数的比值，即

$$E_T = \frac{N_T}{N_P} \tag{5-30}$$

式中　N_T——理论板数（不含塔釜）；

N_P——塔内实际板数。

在全回流条件下，只要测得塔顶馏出液组成 x_D 和塔底组成 x_W，即可根据双组分物系的相平衡关系，在 y-x 图上通过图解法求得理论板数 N_T；而塔内实际板数已知，根据式(5-30) 可求得 E_T。

在部分回流条件下，通过实验测得塔顶产品组成 x_D、塔底组成 x_W、进料组成 x_F、进料温度 t_F 等，在 y-x 图上确定出精馏段操作线方程、q 线方程及提馏段操作线方程，利用图解法求得理论板数 N_T。

精馏段操作线方程

$$y_{n+1} = \frac{R}{R+1}x_n + \frac{x_D}{R+1} \tag{5-31}$$

q 线方程

$$y = \frac{q}{q-1}x - \frac{x_F}{q-1} \tag{5-32}$$

$$q = 1 + \frac{c_{pm}(t_s - t_F)}{r_F} \tag{5-33}$$

$$c_{pm} = c_{p1}M_1x_1 + c_{p2}M_2x_2 \tag{5-34}$$

$$r_F = r_1M_1x_1 + r_2M_2x_2 \tag{5-35}$$

式中　t_F——进料温度,℃；

t_s——进料的泡点温度,℃；

c_{pm}——进料液体在平均温度 $(t_s+t_F)/2$ 下的比热容，kJ/(kmol・℃)；

c_{p1}，c_{p2}——组分 1 和组分 2 在平均温度下的比热容，kJ/(kg・℃)；

r_1，r_2——组分 1 和组分 2 在泡点温度下的汽化潜热，kJ/kg；

M_1，M_2——组分 1 和组分 2 的摩尔质量，kg/kmol；

x_1，x_2——组分 1 和组分 2 在进料中的摩尔分数。

(2) 精馏塔的操作

精馏塔操作不当，在实验中，将造成操作条件不稳定、数据不可靠；在生产中，将造成产品的产量下降或质量降低。一个设计合理的精馏塔，操作好坏的标准是操作稳定，塔顶、塔底产品的质量和产量均能达到一定要求，能耗少。

精馏塔操作、调节方法归纳如下。

① 首先必须使精馏塔从下到上建立起与给定操作条件对应的递增（对轻组分）的浓度梯度和递降的温度梯度。因此在操作开始时要设法尽快建立这个梯度，操作正常后要努力维持这个梯度。当要调整操作参数时，要采取一些渐变措施，让全塔的浓度梯度和温度梯度按需要渐变而不混乱。故精馏塔开车时，通常先采用全回流操作，待塔内情况基本稳定后，再

开始逐渐增大进料量，逐渐减小回流比，同时逐渐增大塔顶、塔底产品出料量。

② 精馏塔操作时，若精馏段的高度已不能改变，那么在影响塔顶产品质量的诸多因素中影响最大而且最容易调节的是回流比。所以若提高塔顶产品易挥发组分的组成，常用增大回流比的办法。在提馏段的高度已不能改变的条件下，若提高塔底产品中难挥发组分的组成，最简便的办法是增大再沸器上升蒸汽的流量与塔底产品的流量之比。由此可见，在精馏塔操作中，产品的组成要求和产量要求必须统筹兼顾。一般是在保证产品组成能满足要求以及稳定操作的前提下，尽可能提高产量。

③ 塔顶冷凝器的操作状态是精馏塔操作中需要特别注意的问题。开工时，先向冷凝器中通冷却水，然后再对再沸器加热。停工时，则先停止再沸器加热，再停止向冷凝器通冷却水。在正常操作过程中，要防止冷却水突然中断，并考虑事故发生后如何紧急处理，目的是避免塔内的物料蒸气外逸，造成环境污染、火灾或浪费。此外，塔顶冷凝器冷却水的流量不宜过大，控制到使物料蒸气能够全部冷凝为宜，一是为了节约用水，二是为了避免塔顶回流液的温度过低，造成实际的回流比偏离设定值。

④ 精馏塔操作的稳定性。因为精馏操作中存在气液两相流动，还存在热交换和相变化，所以精馏操作中传质过程是否稳定，既与塔内流体流动过程是否稳定有关，还与塔内传热过程是否稳定有关，因此精馏操作稳定的必要条件是：进出系统的物料维持平衡且稳定，回流比要稳定，再沸器的加热蒸汽或加热电压稳定，塔顶冷凝器的冷却水流量和温度稳定，进料的热状态稳定，塔系统与环境之间的散热情况稳定。

判断精馏操作是否已经稳定，通常是观测监视塔顶产品质量的塔顶温度计读数是否稳定。需要指出，有的物系如乙醇-水系统，在塔顶乙醇浓度较高时，对于塔内操作状况和塔顶产品浓度变化，塔顶温度的反应是很不灵敏的，这可由乙醇-水物系的 t-x-y 图和 y-x 图（图 5-8）得到解释。对这类物系，监视过程稳定性用的温度计，宜安装在 t-x-y 图上饱和液体和饱和蒸气线斜率 $\mathrm{d}t/\mathrm{d}x$ 较大，或在 y-x 图上平衡线与全回流操作线偏离较大的地方，即灵敏板处。在操作过程中，通过灵敏板温度的早期变化，可以预测塔顶、塔底产品组成的变化趋势，从而可以及早采取有效的调节措施，纠正不正常的操作，保证产品质量。

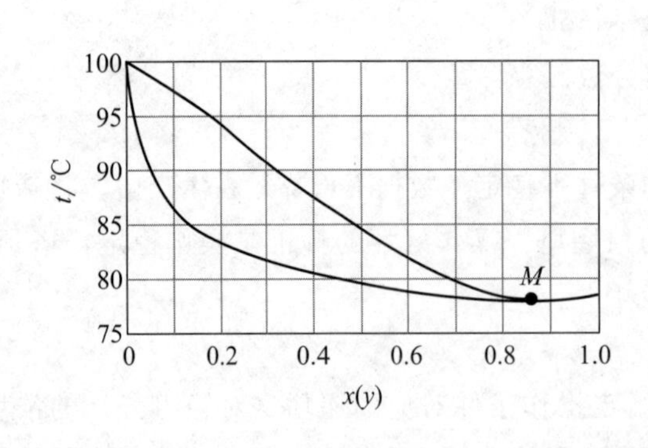

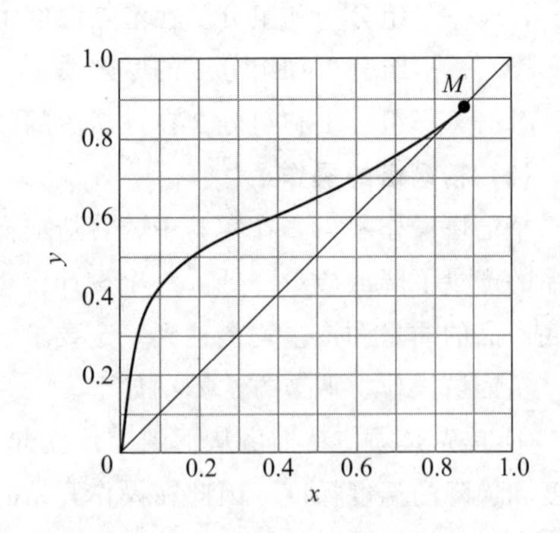

图 5-8　乙醇-水的 t-x-y 图和 y-x 图

5.6.4 实验装置流程

实验装置流程如图 5-9 所示。精馏塔为筛板塔，全塔共有 11 块筛板，由不锈钢板制成。塔身由内径为 60mm 的不锈钢管制成，第二段和第九段采用耐热玻璃，便于观察塔内气、液相流动状况。塔内装有多个铂电阻温度计，用来测定塔内不同高度的气相温度。混合溶液由原料罐经进料泵送入高位槽，由高位槽及流量计计量后从某一进料口进入塔内。塔顶蒸气和塔釜出料分别经过塔顶冷凝器和塔釜冷凝器来冷却，冷却介质为自来水。塔釜蒸汽是采用电加热产生的。

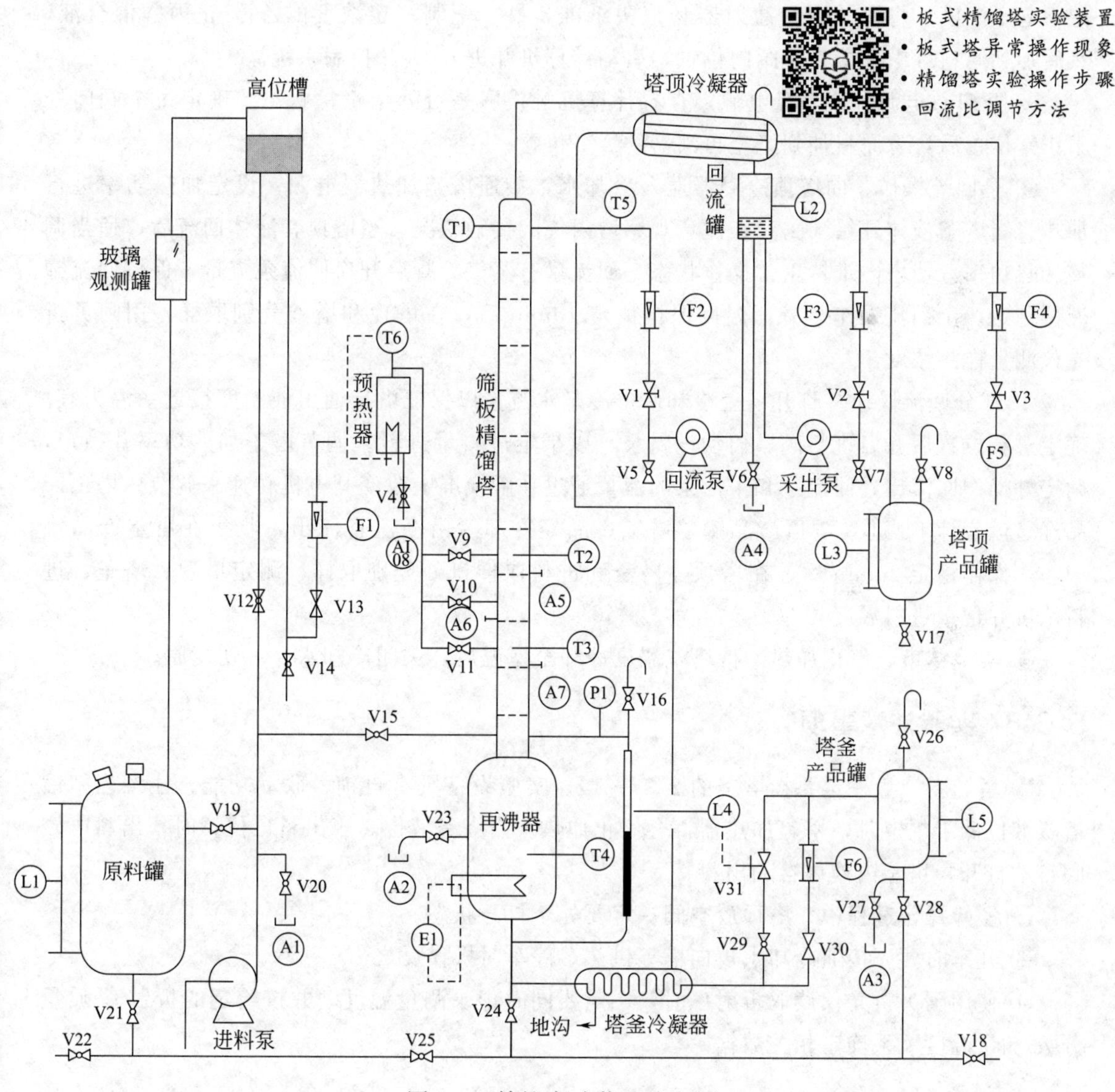

图 5-9　精馏实验装置流程图

L1～L5—液位计；T1～T6—温度计；E1—再沸器加热功率计；F1～F4，F6—液转子流量计；F5—水表；P1—再沸器压力计；A1～A7—取样口；V1～V3，V13，V30—流量调节阀；V4，V6，V20，V23，V27—采样阀；V5，V7，V14，V16～V18，V21，V22，V24，V25，V28—放液阀；V8，V26—放空阀；V9～V12，V29—切断阀；V15—原料加料阀；V19—旁路调节阀；V31—电磁阀

在实验装置中，采用了先进的控制手段。回流比控制采用的是比值控制系统，通过调节回流泵和采出泵的输送量进行控制；塔釜液位、塔釜加热功率以及进料温度采用的是简单控制系统。另外还设计了安全联锁保护系统，如塔釜液位联锁保护系统，在塔釜液位不足时，塔釜加热器开关会自动断开或无法开启；回流泵、采出泵的联锁保护，当回流罐液位过低时，回流泵和采出泵自动停止工作。

5.6.5 实验方法

① 实验前准备工作。将阿贝折光仪配套的恒温水浴调整运行到所需的温度（30℃），并记下这个温度。将取样用的注射器和镜头纸准备好。配制一定浓度的乙醇-正丙醇混合液，然后加到原料罐中。检查各阀门位置，启动计算机并进入 DCS 控制系统。

② 开启总电源、仪表盘电源，查看计算机触摸屏是否处于正常状态。确定每个阀门处于正常位置后，将原料加到塔釜再沸器约 2/3 位置。

③ 全回流操作。向塔顶冷凝器通入冷却水，接通塔釜加热器电源，设定加热功率进行加热。当塔釜液体开始沸腾时，注意观察塔内气液接触状况，当塔顶有液体回流后，适当调整加热功率，使塔内维持正常操作状态。回流罐有蒸气冷凝后开启回流泵流量，保持回流罐液位稳定。全回流操作至塔顶温度保持恒定 10min 后，在塔顶和塔釜分别取样，用阿贝折光仪测量样品浓度。

④ 部分回流操作。打开塔釜冷却水，冷却水流量以保证塔釜馏出液温度接近室温为宜。确定进料位置后开启进料阀、启动进料泵，以指定进料量进料。调节塔釜加热功率并稳定，确定好操作回流比，回流泵和采出泵的流量通过在触摸屏上改变其电机转速来调节。塔顶产品经过流量计 F3 进入塔顶产品罐，塔釜产品经冷却后由溢流管流出，收集在塔釜产品罐中。等操作稳定 20min 后，在塔顶、塔釜和进料取样口处分别取样，测定塔顶、塔釜、进料浓度并记录进料温度。

⑤ 实验结束，停止加热，待塔釜温度冷却至室温后，关闭冷却水，一切复原。

5.6.6 实验注意事项

① 塔釜料液量一定要在塔釜的 2/3～3/4。实验设备具有自锁、联动功能，注意当精馏塔釜液位低于规定时，塔釜加热器将会停止加热。当塔釜液位高于出料口位置时，出料电磁阀自动打开，塔釜内液体自动出料。

② 实验操作过程中，塔顶放空阀一定要处于打开状态。

③ 开车时要先接通冷却水再向塔釜供热，停车时操作反之。

④ 使用阿贝折光仪读取折射率时，一定要同时记录测量温度，并按给定的折射率-质量分数-测量温度关系确定相关数据。

5.6.7 思考题

① 影响精馏塔操作稳定的因素有哪些？如何判断精馏过程达到稳定？

② 在全回流条件下全塔效率是否等于塔内某块板的单板效率？如何测量某块塔板单板效率？

③ 在工程实际中何时采用全回流操作？

④ 进料状态对精馏塔的操作有何影响？q 线方程如何确定？

⑤ 塔釜加热功率大小对塔的操作有何影响？

⑥ 在精馏操作过程中，回流温度发生波动，对操作会产生什么影响？

⑦ 当回流比 $R \leqslant R_{\min}$ 时，精馏塔是否能进行操作？如何确定精馏塔的操作回流比？

⑧ 加料板位置是否可以任意选择？它对塔性能有何影响？

⑨ 在板式塔内气、液两相在塔内可能会出现几种操作现象？分析产生的原因。

5.7　填料塔流体力学性能和吸收传质系数测定实验

5.7.1　实验目的

① 了解填料塔的基本结构、填料吸收装置的基本流程及操作方法。

② 掌握填料塔流体力学性能的测定方法，掌握液泛气速的确定方法，了解测定液泛气速的工程意义。

③ 掌握总体积吸收系数的测定方法并分析影响因素，了解吸收剂流量、气体流量对塔性能的影响，了解测定总体积吸收系数的工程意义。

5.7.2　实验内容

① 在一定喷淋量下，观察不同空塔气速时填料塔的流体力学状态，测定气体通过填料层的压降与空塔气速的关系曲线，确定填料塔的液泛气速。改变喷淋量，测定不同喷淋密度下压降与空塔气速的关系。

② 测定不同操作条件下吸收塔的传质单元高度 H_{OL} 和总体积吸收系数 $K_X a$。

5.7.3　实验原理

(1) 填料塔的流体力学特性

填料塔是一种气液传质设备。填料的作用主要是增加气液两相的接触面积，而气体在通过填料层时，由于有局部阻力和摩擦阻力而产生压力降。填料塔的流体力学特性包括压力降和液泛规律。正确确定流体通过填料层的压降对计算流体通过填料层所需的动力十分重要；掌握液泛规律确定填料塔的适宜操作范围，选择适宜的气液负荷，对于填料塔的操作和设计更是一项非常重要的内容。

填料层压降与液体喷淋量及气速有关，在一定的气速下，液体喷淋量越大，压降越大；在一定的液体喷淋量下，气速越大，压降也越大。将不同液体喷淋量下的单位填料层高度的压降 $\Delta p/Z$ 与空塔气速 u 的关系标绘在对数坐标纸上，可得到如图 5-10 所示的曲线簇。图中直线 0 表示无液体喷淋时，干填料的 $\Delta p/Z$-u 关系，称为干填料压降线；曲线 1、2、3 表

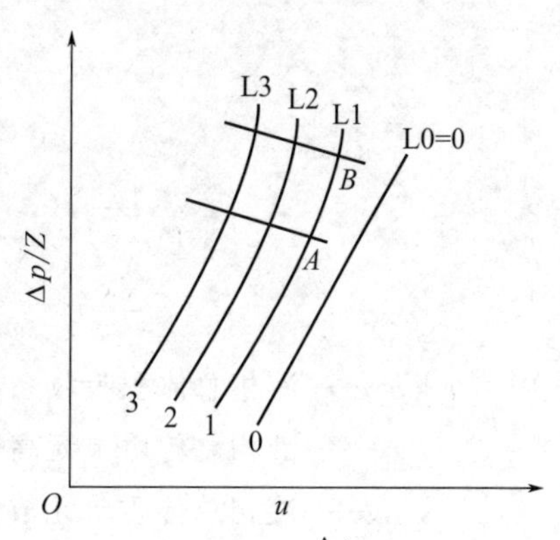

图 5-10　填料层的 $\dfrac{\Delta p}{Z}$-u 关系曲线

示不同液体喷淋量下，填料层的 $\Delta p/Z\text{-}u$ 关系，称为填料操作压降线。

从图 5-10 可看出，在一定的喷淋量下，压降随空塔气速的变化曲线大致分为三段：当气速低于 A 点时，气体流动对液膜的曳力很小，液体流动不受气流的影响，填料表面上覆盖的液膜厚度基本不变，因而填料层的持液量不变，该区域称为恒持液量区。此时 $\Delta p/Z\text{-}u$ 为一直线，位于干填料压降线的左侧，且基本上与干填料压降线平行。当气速超过 A 点时，气体对液膜的曳力较大，对液膜流动产生阻滞作用，使液膜增厚，填料层的持液量随气速的增加而增大，此现象称为拦液。开始发生拦液现象时的空塔气速称为载点气速，曲线上的转折点 A 称为载点。若气速继续增大到达图中 B 点时，由于液体不能顺利向下流动，使填料层的持液量不断增大，填料层内几乎充满液体，气速增加很小，便会引起压降的剧增，此现象称为液泛，开始发生液泛现象时的气速称为泛点气速，曲线上的点 B 称为泛点。从载点到泛点的区域称为载液区，泛点以上的区域称为液泛区。当空塔气速超过泛点气速时将发生液泛现象，此时液相充满塔内，液相由分散相变为连续相；气相则呈气泡形式通过液层，由连续相变为分散相。在液泛状态下，气流出现脉动，液体被大量带出塔顶，塔内操作状态极不稳定，甚至会被破坏。填料塔在操作中，应避免液泛现象的发生。

本实验就是通过测定不同液体喷淋流量下的压降与空塔气速，进而了解填料塔压降与空塔气速的关系以及不同液体喷淋量下的液泛气速。

（2）吸收传质系数

反映填料吸收塔性能的主要参数之一是传质系数。影响传质系数的因素很多，因而对不同吸收体系和不同吸收设备，传质系数各不相同，所以不可能有一个通用的计算式。工程上往往利用现有同类型的生产设备或中试规模的设备进行传质系数的实验测定，作为放大设计的依据。

本实验采用水吸收二氧化碳，二氧化碳在常温常压下溶解度较小，属于难溶气体的吸收。在稳态操作状态下，测出进、出吸收塔的气、液流量及组成，根据下面的式子就可以计算出传质单元高度 H_{OL} 和总体积吸收系数 $K_X a$。

$$K_X a = L/(H_{OL}\Omega) \tag{5-36}$$

$$H_{OL} = \frac{Z}{N_{OL}} \tag{5-37}$$

$$N_{OL} = \frac{X_1 - X_2}{\Delta X_m} \tag{5-38}$$

$$\Delta X_m = \frac{\Delta X_1 - \Delta X_2}{\ln \dfrac{\Delta X_1}{\Delta X_2}} \tag{5-39}$$

$$\Delta X_1 = \frac{Y_1}{m} - X_1, \quad \Delta X_2 = \frac{Y_2}{m} - X_2 \tag{5-40}$$

式中 $K_X a$——液相总体积吸收系数，kmol/(m^3·h)；

H_{OL}——液相总传质单元高度，m；

N_{OL}——液相总传质单元数；

L——单位时间通过吸收塔的溶剂量，kmol (S)/h；

Z——填料层的高度，m；

Ω——塔截面积，$\Omega=\frac{\pi}{4}D^2$，m^2；

X_2，X_1——进、出塔液体中溶质组分的摩尔比，kmol（A）/kmol（S）；

ΔX_m——塔顶与塔底两截面上液相推动力的平均值；

ΔX_2，ΔX_1——塔顶、塔底两截面上液相推动力，kmol（A）/kmol（S）；

m——相平衡常数。

(3) 液体喷淋密度

$$喷淋密度\ U=\frac{流体流量(m^3/h)}{塔截面积(m^2)} \tag{5-41}$$

为了使填料能获得良好的润湿，还应使塔内液体的喷淋量不低于某一极限值，此极限值称为最小喷淋密度。当实际喷淋密度小于最小喷淋密度时，表面上塔照常运转，但塔效率将明显下降。

最小喷淋密度通常采用下式计算，即

$$U_{min}=(L_W)_{min}\sigma \tag{5-42}$$

式中　U_{min}——最小喷淋密度，$m^3/(m^2 \cdot h)$；

$(L_W)_{min}$——最小润湿速率，$m^3/(m \cdot h)$；

σ——填料的比表面积，m^2/m^3。

最小润湿速率是指在塔的截面上，单位长度的填料周边的最小液体体积流量。对于散装填料，填料直径不超过 75mm 时，$(L_W)_{min}$ 可取 $0.08m^3/(m \cdot h)$；填料直径大于 75mm 时，$(L_W)_{min}$ 可取 $0.12m^3/(m \cdot h)$。对于规整填料，最小喷淋密度的经验值 U_{min} 为 $0.2m^3/(m^2 \cdot h)$。

(4) 填料吸收塔的操作

① 填料吸收塔在每次开工时，最好先做一次预液泛，让填料充分被润湿，提高填料层的利用率。

② 开工时，一般宜先用泵从塔顶打入吸收剂，然后从塔底送入气体，以免未经吸收的气体被送入后续工序或送入大气中。同理，在整个运转过程中都有吸收剂进料，一旦进料中断，混合气也应立即停止进料。

③ 要使吸收过程尽快达到稳定，首先必须让进塔的各股物料的流量、浓度、温度保持稳定。吸收塔操作的稳定性则根据组成来判断，一般只需反复考察某个对过程变化比较敏感的浓度即可。

5.7.4　实验装置流程

二氧化碳吸收-解吸实验装置流程如图 5-11 所示。该实验装置有两个塔，一个是吸收塔，另一个是解吸塔。空气在管路中与来自钢瓶的二氧化碳混合后进入吸收塔的塔底，来自水箱 2 的水从塔顶喷淋而下，混合气体在塔中经水吸收后，尾气从塔顶排出，吸收了二氧化碳的液体从塔底排出进入水箱 1。离心泵 1 把水箱 1 中的液体输送到解吸塔，从解吸塔的顶部喷淋而下，新鲜的空气由旋涡气泵输送从解吸塔底部进入塔中，喷淋下来的液体中的二氧化碳被解吸出来进入空气中，从解吸塔塔顶排出，经过解吸的液体从塔底排出进入水箱 2，用作吸收塔的吸收剂。在该实验流程中，水是循环使用的。

• 填料的种类
• 填料塔的结构
• CO_2 吸收-解吸实验装置
• 吸收塔的操作

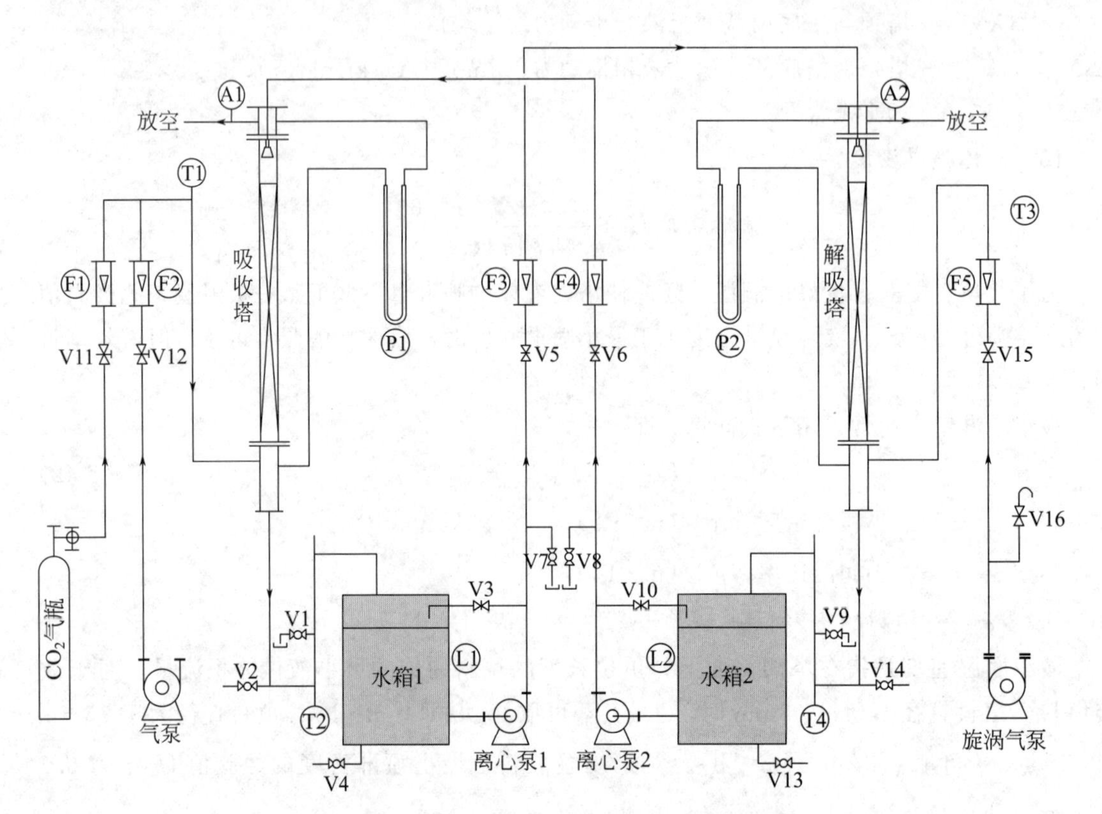

图 5-11　二氧化碳吸收-解吸实验装置示意图

A1—吸收尾气传感器；A2—解吸尾气传感器；F1～F5—流量计；P1，P2—U 形管压差计；T1～T4—温度计；V1，V7～V9—取样阀；V2，V4，V13，V14—放水阀；V3，V10—循环阀；V5，V6，V11，V12，V15—流量调节阀；V16—旁路调节阀

该实验装置流程有两个特点：①气体是经过高于填料层的 Π 形管进入塔内的，Π 形管的设置是为了避免因操作失误而发生塔内液体倒灌入风机；②塔底液相排出管路设计成 U 形管路，目的是防止气相短路，起到液封的作用。

5.7.5　实验方法

（1）实验前

检查各流量计调节阀以及二氧化碳的减压阀是否均已关闭。

（2）测定填料塔的流体力学性能（以解吸塔为例）

① 测定干填料压降与空塔气速的关系。开启实验装置的总电源，全开旁路阀 V16，开启旋涡气泵，利用旁路调节阀从小到大调节空气流量，并记下空气流量、空气温度和塔压降。实验结束后，全开旁路阀，再停止旋涡气泵。

② 测定不同喷淋密度下的压降与空塔气速的关系。开启实验装置的总电源，开动离心泵1和离心泵2，调节两塔进水流量一致，润湿填料塔10～20min。全开旁路阀V16，开动旋涡气泵，从小到大调节空气流量，观察填料塔中气液两相流动状况，并记下空气流量、空气温度、塔压降和流动状况。在出现液泛以后，再测2～3个数据点。关闭水和空气流量计，关闭离心泵和旋涡气泵的开关。

(3) 总体积吸收系数的测定

开启离心泵1和离心泵2，调节两塔水流量到指定流量，并保持一致。打开解吸塔的旋涡气泵，将空气流量调节在较大数值上（以不发生液泛为前提）。开启吸收塔的气泵，打开阀门V12调节空气流量计F2；打开阀门V11，打开二氧化碳钢瓶上的总阀，调节减压阀，将二氧化碳流量调到设定值。当塔内操作过程和传质达到稳定后，测定吸收塔底和解吸塔底水溶液中二氧化碳的含量，记录吸收塔、解吸塔尾气传感器上CO_2含量的数值（其测出的是CO_2在尾气中的体积分数），记录塔顶和塔底水温。

加大或减少吸收塔和解吸塔喷淋的液体量，其他条件与第一次实验相同，重复上述操作，测定有关数据。

(4) 实验完毕后

先关CO_2钢瓶总阀，然后关闭旋涡气泵、空压机，最后关闭进水流量计阀门及仪器设备的电源，并将所有仪器复原。

(5) 溶液中二氧化碳含量的测定方法

溶液中二氧化碳浓度采用自动滴定仪进行分析，具体如下：用锥形瓶取水样并用塞子密封，使用移液管将10ml水溶液加入自动滴定仪专用烧杯内，然后加入5ml已标定好的氢氧化钡溶液，往滴定专用烧杯内加入100ml左右的蒸馏水（使液体高度接近自动滴定仪专用烧杯缩口处）；放入一个磁搅拌子，将滴定仪专用烧杯放到测试平台，然后将pH探头架下移，使pH探头浸没到液体中；利用已设定的滴定模式进行自动滴定，到达滴定终点后，在显示屏中显示出该终点对应的盐酸消耗体积。将pH探头架抬高，将滴定后液体倒掉，冲洗pH探头并擦干，用于下一次测量。按下式计算可得出溶液中二氧化碳的浓度

$$c_{CO_2}=\frac{2c_{Ba(OH)_2}V_{Ba(OH)_2}-c_{HCl}V_{HCl}}{2V_{溶液}}(mol/L)$$

5.7.6 实验注意事项

① 开启钢瓶总阀（逆时针方向转动为打开）后，逐步调节减压阀和CO_2气体流量计，使CO_2流量维持在设定值，减压阀压力维持在0.1～0.15MPa。

② 测定压降与空塔气速的关系时，读取液泛时的数据不要等待过长时间，并避免液泛过于强烈导致液体喷出塔外。

③ 做传质实验时，两次传质实验所用的混合气浓度尽量一样。

④ 测定传质系数时，应在操作和传质达到稳定后方可取样；取样时，应将取样管路中滞留的液体放掉。

5.7.7 思考题

① 填料塔气、液两相的流动特点是什么？

② 测定填料塔的 $\Delta p/Z\text{-}u$ 曲线有何实际意义？如何确定液泛气速？填料塔液泛和哪些因素有关？

③ 填料塔塔底为什么必须有液封装置？液封管路是如何设计的？

④ 体积吸收系数中 a 和填料的比表面积相等吗？为什么？

⑤ 如何判断吸收传质过程达到稳定？

⑥ 要提高总体积吸收系数 K_Xa 值，可采取什么措施？

5.8 液-液萃取实验

5.8.1 实验目的

①了解转盘萃取塔、桨叶搅拌萃取塔、往复筛板萃取塔的结构特点以及装置流程。

② 掌握液-液萃取原理及萃取塔的操作方法。

③ 掌握萃取传质单元高度和总体积传质系数的测定方法，并分析外加能量对液-液萃取塔总传质系数和通量的影响。

④了解强化萃取塔传质效率的方法。

5.8.2 实验内容

① 观察转盘萃取塔、桨叶搅拌萃取塔、往复筛板萃取塔在不同操作条件下塔内液滴变化情况和流动状态。

② 固定两相流量，测定不同搅拌转速或不同往复频率时萃取塔的传质单元高度 H_{OE} 及总传质系数 $K_{YE}a$。

5.8.3 实验原理

液-液萃取是分离液体混合物的一种单元操作。在欲分离的液体混合物中加入一种与其不互溶或部分互溶的溶剂，形成两相系统，利用混合液中各组分在两相中分配性质的差异，易溶组分较多地进入溶剂相从而实现混合液的分离。萃取过程中所用的溶剂称为萃取剂，混合液中欲分离的组分称为溶质，混合液中原有的溶剂称为原溶剂。萃取剂应对溶质具有较大的溶解能力，与原溶剂应不互溶或部分互溶。

若两相密度差较大，则液-液萃取操作时，仅依靠液体进入设备时的压力及两相的密度差即可使液体分散和流动；反之，若两相密度差较小，界面张力较大，液滴易聚合、不易分散，则液-液萃取操作时，常采用从外界输入能量的方法，如施加搅拌、脉动、振动等以改善两相液体的分散状况。

Ⅰ. 萃取塔的操作

(1) 分散相的选择

在萃取设备中，为了使两相密切接触，其中一相充满设备中的主要空间，并呈连续流动，称为连续相；另一相以液滴的形式，分散在连续相中，称为分散相。确定哪一相作为分散相，这对设备的操作性能、传质效果有显著的影响。分散相的选择，通常考虑如下原则。

① 为了增加相际接触面积，一般将流量大的一相作为分散相；但如果所用的萃取设备可能产生严重轴向返混时，应选择流量小的作为分散相，以减小返混的影响。

② 在填料塔、筛板塔等萃取设备中，宜将不易润湿填料或筛板的一相作为分散相。

③ 当两相黏度差较大时，应将黏度大的一相作为分散相，这样液体在连续相中的沉降（或升浮）速度较大，可提高设备生产能力。

④ 为减小液滴尺寸并增加液滴表面的湍动，对于界面张力梯度 $\frac{\mathrm{d}\sigma}{\mathrm{d}x}>0$（$x$ 为溶质的组成）的物系，溶质应从液滴向连续相传递；反之，对于 $\frac{\mathrm{d}\sigma}{\mathrm{d}x}<0$ 的系统，溶质应从连续相向液滴传递。

⑤ 为降低成本和保证安全操作，应将成本高的、易燃、易爆物料作为分散相。

（2）液滴的分散

为了使其中一相作为分散相，必须将其分散为液滴的形式，并且使液滴有一个适当的尺寸。液滴的尺寸不仅关系相际接触面积，而且影响传质性能和塔的流通量。较小的液滴，固然相际接触面积较大，有利于传质；但是过小的液滴，其内循环消失，液滴的行为趋于固体球，传质系数下降，对传质不利。所以，液滴尺寸对传质的影响必须同时考虑这两方面的因素。此外，萃取塔内所允许的泛点速度与液滴的运动速度有关，而液滴的运动速度与液滴的尺寸有关。一般较大的液滴，其泛点速度较高，萃取塔允许有较大流通量；相反，较小的液滴，其泛点速度较低，萃取塔允许的流通量也较低。因此，在进行萃取设备的结构设计和操作参数的选择时，必须统筹兼顾，以找出最适宜的方案。

（3）萃取塔的液泛

在连续逆流萃取操作中，分散相和连续相的流量不能任意加大。流量过大，一方面会引起两相接触时间减小，降低萃取效率；另一方面，两相速度加大引起流动阻力增加，当流量增大到某一极限值时，一相会因阻力的增大而被另一相夹带由其本身入口处流出塔外，这种两种液体互相夹带的现象称为液泛，此时的速度称为液泛速度。液泛时塔内正常操作被破坏，因此萃取塔中的实际操作速度必须低于液泛速度。

（4）萃取塔的开车

萃取塔在开车时，应首先在塔中注满连续相，然后开启分散相，使两相液体在塔中接触传质，分散相液滴必须经凝聚后才能从塔内排出。当轻相作为分散相时，分散相在塔顶分层凝聚从塔顶排出。当重相作为分散相时，则分散相液滴在塔底分层凝聚从塔底排出。

（5）萃取塔的稳定

要使萃取过程尽快达到稳定，首先必须让进塔的各股物料的流量、组成、温度及其他操作条件保持稳定。在这些条件稳定的前提条件下，考察不同时间油水两相出口组成的变化情况，以判断传质过程是否达到稳定。因为在塔的有效高度范围内，萃取相与萃余相建立起与给定操作条件对应的沿塔高变化的浓度梯度，需要一定时间。

Ⅱ. 萃取塔的传质单元高度和传质系数

本实验以水为萃取剂，从煤油中萃取苯甲酸，苯甲酸在煤油中的浓度约为0.2%（质量分数）。水相为萃取相（用字母E表示，重相，在本实验中是连续相），煤油相为萃余相（用字母R表示，轻相，在本实验中是分散相）。在萃取过程中苯甲酸部分地从萃余相转移至萃取相。萃取相及萃余相的进、出口浓度由酸碱滴定分析测定之。考虑到水与煤油是完全不互溶的，且苯甲酸在两相中的浓度都很低，可认为在萃取过程中两相液体的体积流量不发生变化。

萃取塔的分离效率可以用传质单元高度 H_{OE} 或理论级当量高度 h_e 表示。下面介绍传质单元高度和总体积传质系数的测定方法。

(1) 按萃取相计算的传质单元数 N_{OE}

$$N_{OE}=\int_{Y_{Et}}^{Y_{Eb}}\frac{dY_E}{Y_E^*-Y_E} \tag{5-43}$$

式中 Y_{Et}——苯甲酸在进入塔顶的萃取相中的质量比组成，kg苯甲酸/kg水（本实验中 $Y_{Et}=0$）；

Y_{Eb}——苯甲酸在离开塔底萃取相中的质量比组成，kg苯甲酸/kg水；

Y_E——苯甲酸在塔内某一高度处萃取相中的质量比组成，kg苯甲酸/kg水；

Y_E^*——与苯甲酸在塔内某一高度处萃余相组成 X_R 成平衡的萃取相中的质量比组成，kg苯甲酸/kg水。

通过 Y_E-X_R 图上的分配曲线（平衡曲线）与操作线可求得 $\frac{1}{Y_E^*-Y_E}$-Y_E 关系，然后利用图解积分或用辛普森积分可求得 N_{OE}。

(2) 按萃取相计算的传质单元高度 H_{OE}

$$H_{OE}=\frac{H}{N_{OE}} \tag{5-44}$$

式中 H——萃取塔的有效高度，m。

(3) 按萃取相计算的总体积传质系数 $K_{YE}a$

$$K_{YE}a=\frac{S}{H_{OE}\Omega} \tag{5-45}$$

式中 S——萃取相中纯溶剂的流量，kg水/h；

Ω——萃取塔截面积，m^2；

$K_{YE}a$——按萃取相计算的总体积传质系数，$\frac{\text{kg苯甲酸}}{\text{m}^3\cdot\text{h}\cdot\frac{\text{kg苯甲酸}}{\text{kg水}}}$。

同理，本实验也可以按萃余相计算 N_{OR}、H_{OR} 及 $K_{XR}a$。

5.8.4 实验装置流程

实验装置流程如图5-12、图5-13所示，分别对应转盘/桨叶搅拌萃取塔、往复筛板萃取塔。水相和油相均采用磁力离心泵输送，油相和水相的流量用LZB-4型转子流量计测量。

转盘/桨叶搅拌萃取塔的转速或往复筛板萃取塔的往复频率则是通过调控电机的电压实现的。塔上部的油水界面则由油水界面计和电磁阀组成的液位控制系统进行控制；另外还安装了倒 U 形管作为油水界面调节的备用手段，以备界面自动控制系统出故障时使用。

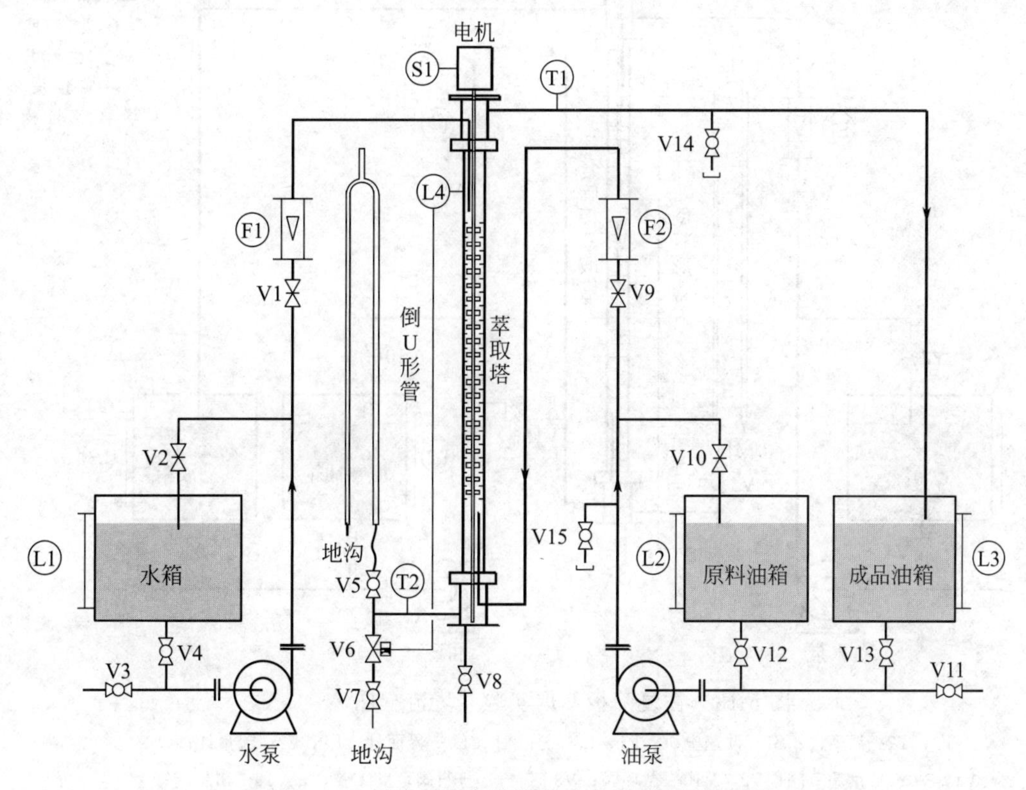

图 5-12　转盘/桨叶搅拌萃取实验装置流程图

T1，T2—温度计；S1—调速电机；L1～L3—液位计；L4—界面计；F1，F2—流量计；V1，V9—流量调节阀；V2，V10—循环阀；V3，V11—排料阀；V4，V12，V13—出料阀；V5—排水阀；V6—电磁阀；V7—放水阀；V8—放液阀；V14，V15—取样阀

5.8.5 实验方法

① 在原料油箱内加入一定量的苯甲酸和煤油，搅拌使苯甲酸全部溶解，控制苯甲酸在煤油中的质量分数小于 0.2%；在水箱中加满水。

② 打开水相转子流量计调节阀，将水相送入塔内。当塔内水面上升到塔上部的分离澄清段时，开启油相转子流量计，把水、煤油流量调至一定数值。开通电磁阀开关，使油水界面控制系统开始工作。

③ 对转盘、桨叶搅拌或往复筛板萃取塔，要开动电机，适当地调节调速电机使其转速或频率达到指定值。调节时应慢慢地调，绝不能调节过快致使马达产生“飞转”而损坏设备。

④ 操作稳定并且传质达到稳定后，用锥形瓶收集煤油进、出口的样品及水相出口样品各约 60ml，用于浓度分析。

⑤ 取样后，即可改变条件进行另一操作条件下的实验。保持油相和水相流量不变，将搅拌转速或往复频率调到另一定数值，进行该条件下的实验。

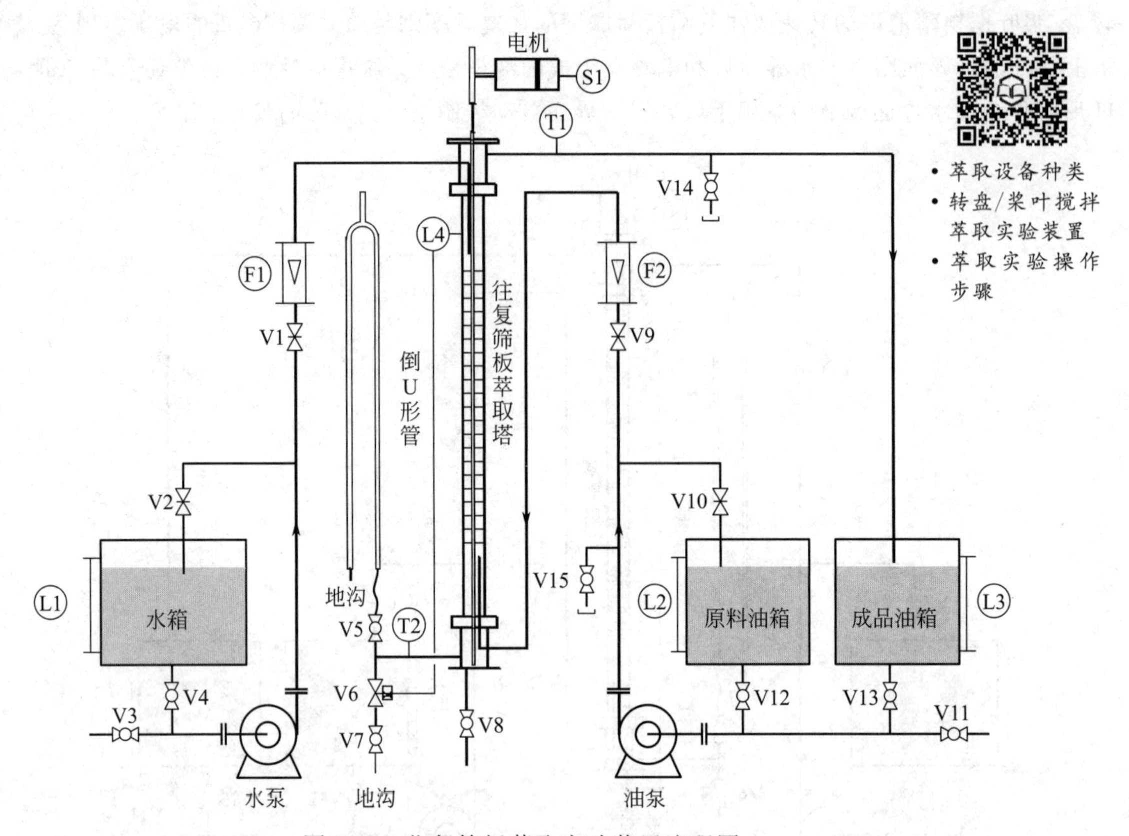

图 5-13　往复筛板萃取实验装置流程图

T1，T2—温度计；S1—调速电机；L1～L3—液位计；L4—界面计；F1，F2—流量计；
V1，V9—流量调节阀；V2，V10—循环阀；V3，V11—排料阀；V4，V12，V13—出料阀；
V5—排水阀；V6—电磁阀；V7—放水阀；V8—放液阀；V14，V15—取样阀

⑥ 用酸碱滴定分析法测定各样品的组成。对于水相，用移液管取水相 20ml 样品，以酚酞做指示剂，用 0.01mol/L 左右 NaOH 标准液滴定样品中的苯甲酸。对于煤油相，用移液管取煤油相 20ml 样品，用量筒取 20ml 去离子水加入其中，充分摇匀，以酚酞做指示剂，用 0.01mol/L 左右的 NaOH 溶液滴定样品中的苯甲酸。在滴定过程中，要边滴边摇动。

⑦ 实验完毕后，先关闭油相、水相流量计，将搅拌转速或往复频率调至零，再关闭搅拌和脉冲频率仪开关，然后关闭泵，切断总电源。滴定分析过的煤油应集中存放回收。洗净分析仪器，一切复原，保持实验台面的整洁。

5.8.6　实验注意事项

① 必须搞清楚装置上每个设备、部件、阀门、开关的作用和使用方法，然后再进行实验操作。

② 在操作过程中，塔顶两相界面的位置一定要控制在油相出口以下，要避免水相混入油相中。

③ 在操作过程中要保持两相流量稳定不变，并保持搅拌转速或往复频率稳定，否则传质过程很难达到稳定。

④ 由于分散相和连续相在塔顶、底滞留很大，改变操作条件后，稳定时间一定要足够长，否则误差会比较大。

⑤ 煤油的实际体积流量并不等于流量计的读数。煤油的实际流量须用流量修正公式对流量计的读数进行修正后方可使用。

5.8.7 思考题

① 对于一种液体混合物，根据哪些因素决定是采用蒸馏方法还是萃取方法进行分离？

② 在本实验中，萃取剂是什么？水相是分散相还是连续相？萃取过程中分散相的选择原则是什么？

③ 在水相出口安装了倒 U 形管，其作用是什么？其高度如何确定？

④ 在液-液萃取操作中，是否外加能量越大（如转速、往复频率越快），萃取效果越好？

⑤ 如何判断萃取传质过程达到稳定？

⑥ 理论级数与传质单元数有什么区别？如何用本实验的数据求取理论级当量高度？

5.9 干燥速率曲线测定实验

5.9.1 实验目的

① 了解洞道式干燥器的结构和流程。

② 掌握恒定干燥条件下物料干燥曲线和干燥速率曲线的测定方法，了解影响干燥速率曲线的因素。

③ 学习物料含水量的测定方法，加深对物料临界含水量概念及其影响因素的理解。

④ 学习恒速干燥阶段空气与物料表面的对流传热系数的测定方法。

5.9.2 实验内容

① 测定并绘制某物料在恒定干燥条件下的干燥曲线和干燥速率曲线，确定恒定干燥速率、临界含水量 X_c。

② 探讨风速和温度对恒速段干燥速率和临界含水量的影响。

③ 测定恒定干燥条件下恒速段空气与物料表面的对流传热系数 α，并与经验公式计算值进行比较。

5.9.3 实验原理

干燥操作是采用某种方式将热量传给湿物料，使其中的湿分（水或者其他溶剂）汽化分离的单元操作，其同时伴有传热和传质过程，较为复杂。对于一定的湿物料，在恒定的干燥条件（温度、湿度、风速、接触方式不变）下与干燥介质相接触时，物料表面的水分开始汽化，并向周围介质传递。根据干燥过程中不同期间的特点，干燥过程可分为两个阶段。

第一个阶段为恒速干燥阶段。在此阶段，由于整个物料中的含水量较大，其内部的水分能迅速地达到物料表面。因此，干燥速率为物料表面上水分的汽化速率所控制，故此阶段亦称为表面汽化控制阶段。在此阶段，干燥介质传给物料的热量全部用于水分的汽化，物料表面的温度维持恒定（为空气的湿球温度），物料表面处的水蒸气分压也维持恒定，故干燥速率恒定不变。

第二个阶段为降速干燥阶段。当物料被干燥达到临界含水量后，便进入降速干燥阶段。此时，物料中所含水分较少，水分自物料内部向表面传递的速率低于物料表面水分的汽化速率，干燥速率为水分在物料内部的传递速率所控制。故此阶段亦称为内部迁移控制阶段。随着物料湿含量逐渐减少，物料内部水分的迁移速率也逐渐减少，故干燥速率不断下降。

在干燥过程的设计和操作时，干燥速率是一个非常重要的参数。例如对于干燥设备的设计或选型，通常规定干燥时间和干燥工艺要求，需要确定干燥器的类型和干燥面积；或者在干燥操作时，设备的类型及干燥器的面积已定，规定工艺要求，确定干燥时间。这都需要知道物料的干燥特性，即干燥曲线和干燥速率曲线。

(1) 干燥曲线

干燥曲线即物料的干基含水量 X 与干燥时间 τ 的关系曲线，它反映了物料在干燥过程中干基含水量随干燥时间的变化关系。

物料干基含水量

$$X=\frac{G-G_c}{G_c} \tag{5-46}$$

式中　X——物料干基含量，kg 水/kg 绝干物料；

G——固体湿物料的量，kg；

G_c——绝干物料量，kg。

(2) 干燥速率曲线

干燥速率曲线是干燥速率 U 与干基含水量 X 的关系曲线。干燥速率一般用单位时间内单位面积上汽化的水量表示，即

$$U=\frac{dW}{S d\tau}\approx\frac{\Delta W}{S\Delta\tau} \tag{5-47}$$

式中　U——干燥速率，kg/(m^2·h)；

S——干燥面积，m^2；

$\Delta\tau$——时间间隔，h；

ΔW——$\Delta\tau$ 时间间隔内干燥汽化的水分量，kg。

(3) 恒速干燥阶段空气与物料表面的对流传热系数的测定

$$U_c=\frac{dW}{S d\tau}=\frac{dQ}{r_{t_w} S d\tau}=\frac{\alpha(t-t_w)}{r_{t_w}} \tag{5-48}$$

$$\alpha=\frac{U_c r_{t_w}}{t-t_w} \tag{5-49}$$

式中　α——恒速干燥阶段空气与物料表面的对流传热系数，W/(m^2·℃)；

U_c——恒速干燥阶段的干燥速率，kg/(m^2·h)；

t——干燥器内空气的干球温度，℃；

t_w——干燥器内空气的湿球温度，℃；

r_{t_w}——t_w（℃）下水的汽化热，J/kg。

实测的对流传热系数可以和用经验公式计算的对流传热系数进行比较。对流传热系数的经验公式随物料与介质的接触方式而不同。当空气平行流过静止物料层表面，湿空气质量流速 $L'=2450\sim29300\text{kg}/(\text{m}^2\cdot\text{h})$ 时，$\alpha=0.0204\ (L')^{0.8}$；当空气垂直流过静止物料层表面，湿空气质量流速 $L'=3900\sim19500\text{kg}/(\text{m}^2\cdot\text{h})$ 时，$\alpha=1.17\ (L')^{0.37}$。

由节流式流量计的流量公式和理想气体的状态方程式可推导出，干燥器内空气实际体积流量

$$V_t=V_{t_0}\times\frac{273+t}{273+t_0} \tag{5-50}$$

$$V_{t_0}=C_0A_0\sqrt{\frac{2\Delta p}{\rho}} \tag{5-51}$$

$$A_0=\frac{\pi}{4}d_0^2 \tag{5-52}$$

式中　V_t——干燥器内空气实际流量，m^3/s；

V_{t_0}——常压下 t_0（℃）时空气的流量，m^3/s；

t_0——流量计处空气的温度，℃；

t——干燥器内空气的温度，℃；

C_0——流量计流量系数，$C_0=0.67$；

A_0——节流孔开孔面积，m^2；

d_0——节流孔开孔直径，$d_0=0.050\text{m}$；

Δp——节流孔上下游两侧压差，Pa；

ρ——孔板流量计处温度 t_0 时的空气密度，kg/m^3。

5.9.4　实验装置流程

实验装置流程如图 5-14 所示。空气由风机输送，经过孔板流量计计量，然后经过电加热进入干燥器中加热湿物料；湿物料（湿帆布或湿毛毡或湿保温砖等）固定在干燥器内，并与空气流向平行，采用质量传感器测定其质量变化。空气的干球温度采用 Cu 电阻温度计测量，温度控制采用电加热器和 PID 控制器共同作用来实现；空气的湿球温度是用自制的湿球温度计测量，其由 Cu 电阻温度计、湿纱布、蓄水瓶组成。

5.9.5　实验方法

① 实验前的准备工作：将干燥物料放入水中浸湿。向湿球温度计的蓄水瓶内补充适量的水，使瓶内水面上升至适当位置。将固定物料的支架安装在洞道内。

② 调节空气进气阀到全开的位置后启动风机，用废气排出阀和废气循环阀将空气流量调节到一定数值后，开启加热电源。在智能仪表中设定干球温度，空气温度会自动调节稳定在设定的温度。

③ 在空气温度、流量稳定的条件下，用质量传感器测定支架的质量并记录。

④ 把充分浸湿的物料固定在质量传感器上并与气流平行放置，在稳定的条件下，记录每隔 2min 物料减轻的质量，直至物料的质量不再明显减轻为止。

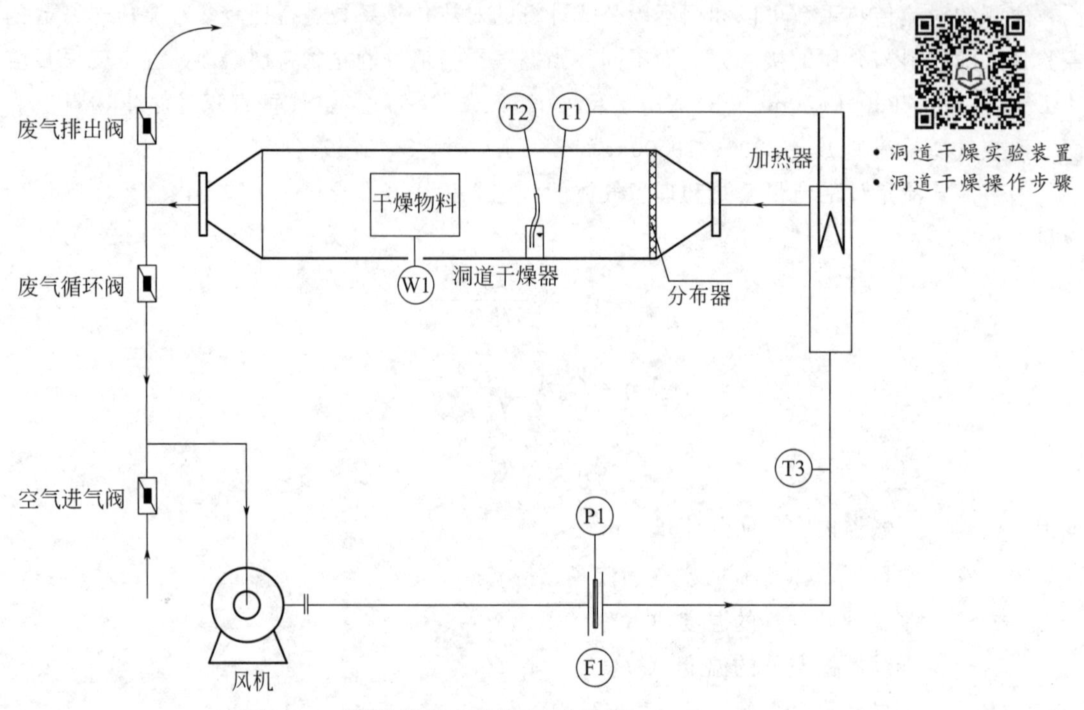

图 5-14　洞道干燥实验装置示意图

W1—质量传感器；T1—干球温度计；T2—湿球温度计；T3—空气进口温度计；F1—孔板流量计

⑤ 改变空气流量或干球温度，重复上述实验。

⑥ 关闭加热电源，待干球温度降至常温后关闭风机电源和总电源，实验完毕，一切复原。

5.9.6　实验注意事项

① 质量传感器的量程为 0～200g，准确度 0.2 级。在放置干燥物料时务必要轻拿轻放，以免损坏仪表。

② 开车时，一定要先开风机后开加热器开关，停车时则相反。

③ 干燥物料要充分浸湿，但不能有水滴自由滴下，否则将影响实验数据的正确性。

④ 实验中不要随意改变空气温度控制仪表的设置。

5.9.7　思考题

① 什么是恒定干燥条件？本实验是否在恒定干燥条件下进行？

② 测定干燥速率曲线有何实际意义？

③ 为什么要先启动风机，再启动加热器？

④ 提高空气温度或加大空气流量，干燥速率曲线有何变化？恒速干燥速率、临界含水量如何变化？为什么？

⑤ 空气的干、湿球温度差的大小，说明什么？

⑥ 实验中将部分尾气循环使用，为什么？能否将全部尾气都循环使用呢？

⑦ 物料在 70～80℃的空气流中干燥相当长的时间，能否得到绝干物料？为什么？

5.10 气流干燥、流化床干燥、转筒干燥实验

5.10.1 实验目的

① 了解气流干燥、流化床干燥、转筒干燥装置的基本结构和基本流程。

② 熟悉气流干燥、流化床干燥、转筒干燥装置的操作方法，加深对干燥原理的理解。

③ 掌握干燥过程中物料衡算、热量衡算及干燥系统热效率的估算方法。

5.10.2 实验内容

① 学习气流干燥、流化床干燥、转筒干燥装置的操作方法。

② 在固定空气流量和温度的条件下，测定干燥器中热空气的湿度及湿物料的含水量。

③ 测定干燥系统中水分蒸发量、空气消耗量、干燥产品量和干燥系统热效率。

5.10.3 实验原理

气流干燥器是一种连续操作的干燥器。湿物料在热气流中被分散成粉粒状，并在随热气流并流运动的过程中被干燥。气流干燥器可处理泥状、粉粒状或块状的湿物料，对于泥状物料，需装粉碎加料装置，使其分散后再进入气流干燥器；对块状物料，也可采用附设粉碎机的气流干燥器。气流干燥器的主要优点是粉粒状物料分散悬浮于热风中，气-固两相之间扰动程度和接触面积大，所以传热与传质速率也大，干燥速率快，干燥时间短，适用于热敏性、易氧化物料的干燥。其主要缺点是由于流速大，压力损失大，物料颗粒有一定的磨损，对晶体有一定要求的物料不适用。

流化床干燥器又称沸腾床干燥器，是流化床技术在干燥操作中的应用。流化床适用于粉粒状物料的连续干燥。物料在流化床干燥器中处于流化状态，湿物料颗粒在热气流中上下翻动，彼此碰撞和混合，气-固之间进行传热和传质，以达到干燥的目的。流化床干燥器的主要优点是床层温度均匀，并可调节；传热速率快，处理能力大；物料在干燥器内停留时间可自由调节；结构简单，活动部件少，操作维修方便。缺点是物料的形状和粒度有限制。

转筒干燥器适用于粉粒状、片状及块状物料的连续干燥。转筒干燥器的主体是与水平线略呈倾斜的旋转圆筒。湿物料从转筒较高的一端送入，热空气由另一端或者和物料并流从同一侧进入，气-固在转筒内接触，随着转筒的旋转，物料在重力作用下流向较低的一端时即被干燥完毕而送出。转筒干燥器的主要优点是可连续操作，处理量大；与气流干燥器、流化床干燥器相比，对物料含水量、粒度等变动的适应性强；操作稳定可靠。缺点是设备笨重、占地面积大。

上述干燥过程都属于对流干燥过程。对流干燥过程是用热空气除去被干燥物料中的水分，所以空气在进入干燥器前应经预热器加热。热空气在干燥器中供给湿物料中水分汽化所需的热量，而汽化的水分又由空气带走，所以通过干燥系统的物料衡算和热量衡算可以计算出水分蒸发量、空气用量、干燥产品流量、预热器消耗的热量、干燥过程消耗的总热量等。这些内容可以作为设计或选择预热器加热面积、干燥介质用量、干燥器尺寸以及干燥系统热效应的依据。

(1) 水分蒸发量 W

$$W=L(H_2-H_1)=G_c(X_1-X_2) \tag{5-53}$$

式中 W——单位时间内水分的蒸发量，kg 水分/s；

L——绝干空气流量，kg 绝干气/s；

H_1，H_2——空气进、出干燥器时的湿度，kg 水分/kg 绝干气；

X_1，X_2——湿物料进、出干燥器时的干基含水量，kg 水分/kg 绝干料；

G_c——绝干物料的流量，kg 绝干料/s。

(2) 空气消耗量 L

$$L=G_c(X_1-X_2)/(H_2-H_1)=W/(H_2-H_1) \tag{5-54}$$

$$l=L/W=1/(H_2-H_1) \tag{5-55}$$

式中 l——单位空气消耗量，kg 干气/kg 水分。

(3) 干燥产品流量 G_2

$$G_2(1-w_2)=G_1(1-w_1) \tag{5-56}$$

$$G_2=G_1\frac{1-w_1}{1-w_2} \tag{5-57}$$

式中 w_1——湿物料进入干燥器时的湿基含水质量分数；

w_2——湿物料离开干燥器时的湿基含水质量分数；

G_1，G_2——湿物料进、出干燥器时的流量，kg 物料/s。

干燥产品 G_2 是指离开干燥器的物料的流量，其中包括绝干物料和含有的少量水分，与绝干物料 G_c 不同，实际是含水分较少的湿物料。

(4) 干燥系统的热效率 η

$$\eta=\frac{\text{干燥系统中蒸发水分所消耗的热量}}{\text{对干燥系统加入的总热量}}\times 100\% \tag{5-58}$$

蒸发水分所需要的热量为

$$Q_v=W(2490+1.88t_2-4.18\theta_1) \tag{5-59}$$

式中 t_2——湿空气离开干燥器时的温度，℃；

θ_1——湿物料进入干燥器时的温度，℃。

向干燥系统输入的总热量用于加热空气、加热物料、蒸发水分以及热损失等四个方面。向干燥系统输入的总热量 Q 为

$$Q=Q_P+Q_D \tag{5-60}$$

式中 Q_P——单位时间内向预热器补充的热量，kW；

Q_D——单位时间内向干燥器补充的热量，kW。

在本实验装置中，未向干燥器加热，所以 $Q_D=0$。预热器是用电加热器来加热的，其输入的热量采用电度表测定。

$$Q_P=(D_2-D_1)/\Delta\tau \tag{5-61}$$

式中 D_1——实验开始时电量，kW·h；

D_2——实验结束时电量，kW·h；

$\Delta\tau$——进料操作时间，h。

5.10.4　实验装置流程

图 5-15 为气流干燥实验装置流程图。气流干燥器的主体是直立圆管。空气由旋涡气泵吸入并经过转子流量计 F1 计量，经过电加热器加热后进入气流干燥器中，湿物料在加料电机控制下进入干燥器并随高速气流一起运动。热气流与物料间进行传热和传质，使物料得以干燥，干燥后物料随气流进入两级旋风分离器分离后进入接料瓶。

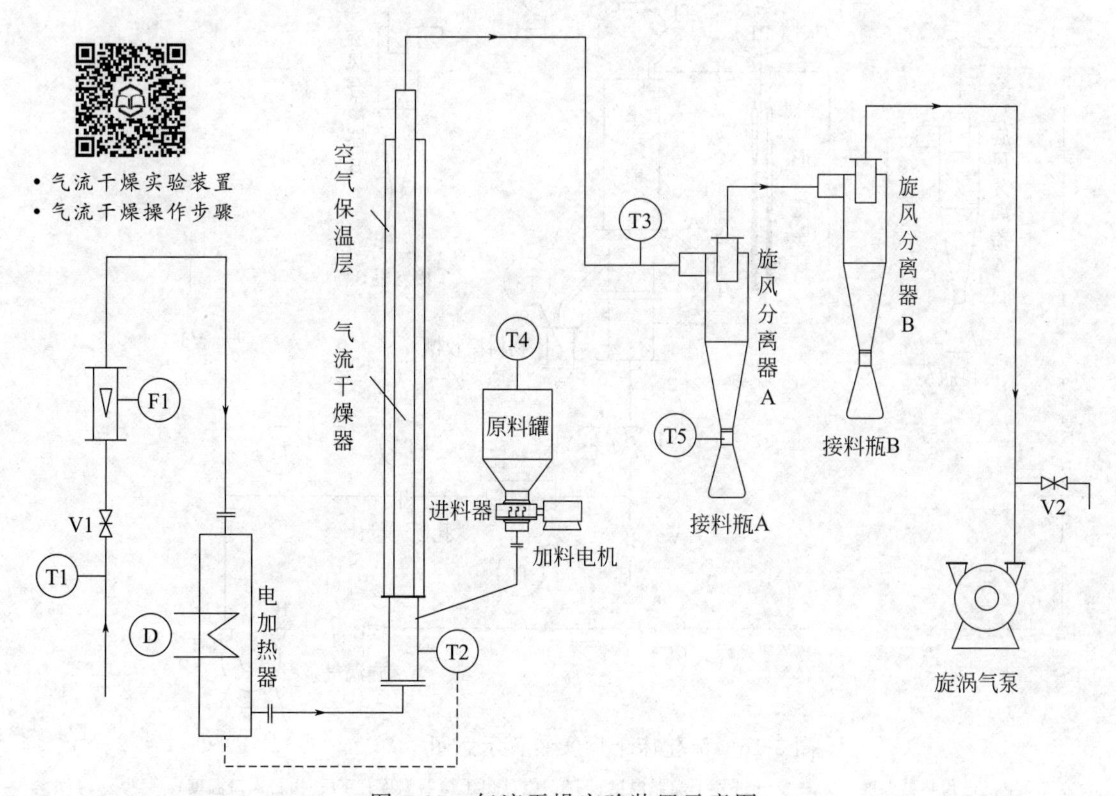

图 5-15　气流干燥实验装置示意图

T1—空气进预热器温度；T2—空气进入干燥器温度；T3—空气出干燥器温度；T4—物料入口温度；T5—物料出口温度；F1—空气进口流量；D—加热器电表；V1—空气流量调节阀门；V2—旁路流量调节阀

图 5-16 为流化床干燥实验装置流程图。空气由旋涡气泵输送经过孔板流量计计量后进入预热器加热，然后从干燥器的底部送入；湿物料在加料电机控制下加入，物料与热空气在干燥器内充分混合；气-固之间进行传热和传质，最终在干燥器底部得到干燥产品，热气体则由干燥器顶部排出，经旋风分离器分离出细小颗粒后放空。

图 5-17 为转筒干燥实验装置流程图。本干燥装置空气和物料间的流向采用并流操作。湿物料从转筒干燥器较高的一端送入，与转筒内的热空气进行有效的接触，随着转筒的转动，物料在重力作用下流向较低的一端，然后进入产品接收罐；热气流经旋风分离器分出细小颗粒后放空。

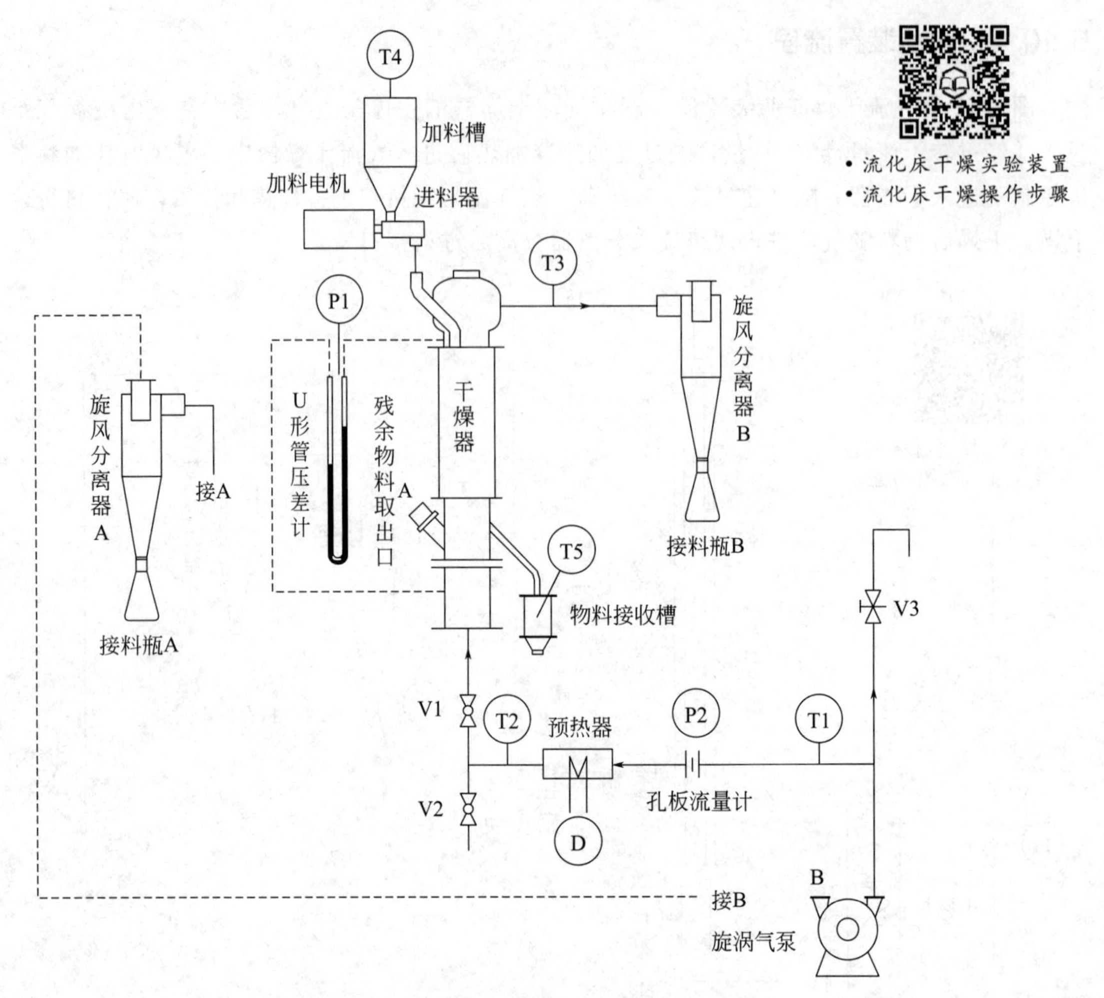

图 5-16　流化床干燥实装置示意图

T1—空气进预热器温度；T2—空气进入干燥器温度；T3—空气出干燥器温度；T4—物料入口温度；T5—物料出口温度；P1—干燥器压差；P2—孔板流量计压差；D—加热器电表；V1—切断阀；V2—放空阀；V3—旁路调节阀

5.10.5　实验方法

（1）实验前准备、检查工作

打开风机和加热，调节鼓风干燥箱温度为 90℃。将经过筛分的硅胶加入适量水搅拌均匀作为湿物料；先称量空瓶质量，加入 5～10g 的湿物料称重，然后放入干燥箱内进行干燥 30～40min，取出称其质量，根据质量变化计算湿基含水量 w_1 和干基含水量 X_1。向干、湿球温度计的水槽内灌水，使湿球温度计处于正常状况。

（2）气流干燥器的操作

① 将阀门 V1 关闭、阀门 V2 打开，启动实验装置总电源，打开计算机触屏。

② 将称过的湿物料（约 1.5kg）倒入原料罐中并盖好；按动触屏上风机启动按钮，打开阀门 V1，调节 V1 和 V2，将转子流量计 F1 的流量控制在 $20m^3/h$。

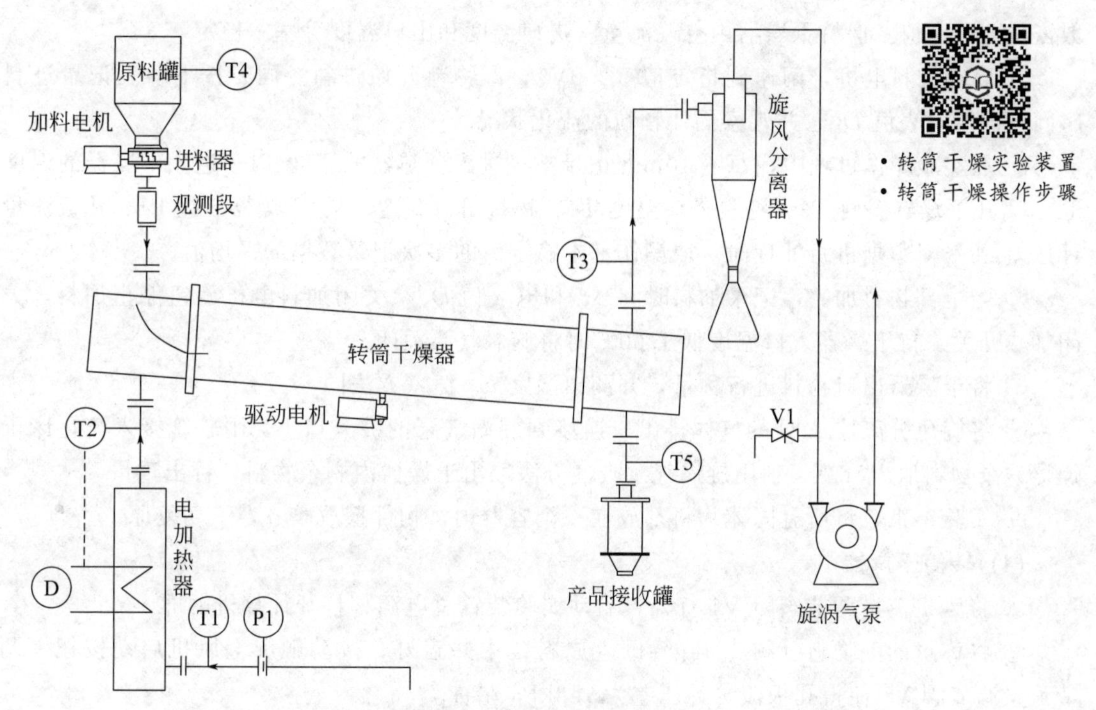

图 5-17　转筒干燥实验装置示意图

T1—空气进预热器温度；T2—空气进干燥器温度；T3—空气出干燥器温度；T4—物料入口温度；T5—物料出口温度；P1—孔板流量计压差；D—加热器电表；V1—旁路调节阀

③ 在触屏上设定空气预热器出口温度为90℃，按动触屏上预热器加热启动按钮，控制空气进入干燥器的温度为90℃，然后保持干燥器内空气流量、进口温度和出口温度等基本稳定。

④ 启动加料电机，调速到指定值（2.0V），湿物料开始进料。同时按下秒表记录进料时间，记录电表值 D_1，并观察固体颗粒在气流干燥器中流动状况。

⑤ 在实验操作过程中，每隔10min记录空气进入预热器温度T1、进入干燥器温度T2、离开干燥器温度T3、物料入口温度T4、物料出口温度T5。对数据进行处理时，取操作基本稳定后的多次记录数据的平均值。

⑥ 当全部物料加完，记录加料时间 $\Delta\tau$ 和电表值 D_2，关闭加料电机旋钮停止加料，关闭加热开关。待干燥器入口温度低于60℃时将旋涡气泵关闭。

⑦ 将干燥器出口物料进行称量，并测出湿度 w_2 值（方法同 w_1）。

⑧ 实验结束，将所有固体物料都放在一个容器内，物件摆放整齐，一切复原。

(3) 流化床干燥器

① 将风机流量调节阀门V3全开，阀门V1关闭，阀门V2打开，启动实验装置总电源，打开计算机触屏。

② 将称过的湿物料（约1.1kg）倒入加料槽中并盖好；按动触屏上风机启动按钮，调节流量调节阀V3使得孔板流量计压差为1.5kPa左右。

③ 在触屏上设定空气预热器出口温度70℃，按动触屏上预热器加热启动按钮，控制干燥器的气体进口温度为70℃。打开进气阀V1，关闭阀门V2，调节阀门V3使孔板流量计读

数恢复至设定值。保持干燥器内空气流量、进口温度和出口温度等基本稳定。

④ 启动加料电机，调速到指定值（2.0V），湿物料开始进料。同时按下秒表记录进料时间，记录电表值 D_1，并观察固体颗粒的流化状况。

⑤ 在实验操作过程中，每隔 10min 记录空气进入预热器的温度 T1、进入干燥器的温度 T2、离开干燥器温度 T3、物料入口温度 T4、物料出口温度 T5、干燥器压差 P1、孔板流量计压差 P2。对数据进行处理时，取操作基本稳定后的多次记录数据的平均值。

⑥ 当全部物料加完，记录加料时间 $\Delta\tau$ 和电表值 D_2，关闭加料电机旋钮停止加料，关闭加热开关。待干燥器入口温度低于 60℃时将旋涡气泵关闭。

⑦ 将干燥器出口物料进行称量，并测出湿度 w_2 值（方法同 w_1）。

⑧ 将旋风分离器 A 处的气体排出口连接到旋涡气泵的吸入口 B，用软管接入流化床干燥器残余物料取出口 A，利用旋涡气泵吸气方法取出干燥器内剩余物料，称出重量。

⑨ 实验结束，将所有固体物料都放在一个容器内，物件摆放整齐，一切复原。

(4) 转筒干燥器

① 将风机流量调节阀门 V1 打开，启动实验装置总电源，打开计算机触屏。

② 将称过的湿物料（约 2.4kg）倒入原料罐中并盖好；按动触屏上风机启动按钮，调节流量调节阀 V1 使得孔板流量计压差为 1.3kPa 左右。

③ 在触屏上设定空气预热器出口温度为 90℃，按动触屏上预热器加热启动按钮，控制干燥器的气体进口温度接近 90℃，然后保持干燥器内空气流量、进口温度和出口温度等基本稳定。

④ 启动加料电机，调速到指定值（2.0V），湿物料开始进料。同时按下秒表记录进料时间，记录电表值 D_1，并观察固体颗粒在干燥器中流动状况。

⑤ 在实验操作过程中，每隔 10min 记录空气进入预热器的温度 T1、进入干燥器的温度 T2、离开干燥器温度 T3、物料入口温度 T4、物料出口温度 T5、孔板流量计压差 P1。对数据进行处理时，取操作基本稳定后的多次记录数据的平均值。

⑥ 当全部物料加完，记录加料时间 $\Delta\tau$ 和电表值 D_2，关闭加料电机旋钮停止加料，关闭加热开关。待干燥器入口温度低于 60℃时将旋涡气泵关闭。

⑦ 将干燥器出口物料进行称量，并测出湿度 w_2 值（方法同 w_1）。

⑧ 实验结束，将所有固体物料都放在一个容器内，物件摆放整齐，一切复原。

5.10.6 实验注意事项

① 气流干燥实验中阀门 V1 不要全关，阀 V2 实验前、后应全开。流化床干燥实验中风机旁路阀门 V3 不要全关；放空阀 V2 实验前、后应全开，实验中应处于全关。转筒干燥实验中，阀门 V1 实验前、后应全开。

② 加料直流电机电压控制缓慢增加，避免加料太快使实验出现故障。

③ 注意节约使用硅胶并严格控制加水量。

④ 干燥器内必须确认有空气流过后才能开启加热，防止干烧损坏加热器，出现事故。

⑤ 本实验设备和管路均未严格保温，目的是便于观察设备内颗粒干燥的过程，所以热损失比较大。

5.10.7　思考题

① 气流干燥操作的特点是什么？举出工业上应用气流干燥的实例。

② 流化床干燥操作的特点是什么？单级流化床干燥的主要缺点是什么？实际生产中如何加以改进？

③ 转筒干燥操作的特点是什么？举出工业上应用转筒干燥的实例。

④ 进料的湿含量为什么要控制在一个合适的范围？

⑤ 如果干燥器的热效率不高，应该采用哪些措施提高干燥器的热效率？

5.11　多相搅拌实验

5.11.1　实验目的

① 了解搅拌设备的结构和搅拌器的结构型式。

② 掌握搅拌功率曲线的测定方法，了解测定搅拌功率的工程意义。

③ 了解影响搅拌功率的因素及其关联方法。

5.11.2　实验内容

① 考察不同搅拌器在相同黏度流体中的搅拌特性。

② 测定同一搅拌器在不同浓度的羧甲基纤维素钠（CMC-Na）水溶液中的搅拌功率，绘制功率曲线。

③ 测定同一搅拌器在 CMC 水溶液中通入空气时的搅拌功率。

5.11.3　实验原理

搅拌操作是重要的单元操作之一，它常用于互溶液体的混合、不互溶液体的分散和接触、气-液接触、固体颗粒在液体中的悬浮、强化传热及化学反应等过程，在石油工业、废水处理、染料、医药、食品等行业中都有广泛的应用。

搅拌过程中流体的混合要消耗能量，即通过搅拌器把能量输入到被搅拌的流体中。因此搅拌釜内单位体积流体的能耗成为考察搅拌过程的重要指标之一。

搅拌器的功率与搅拌槽内流体的流动状态有关，因此，凡是影响流体流动状态的因素必然是影响搅拌功率的因素，大致上有以下因素：①搅拌器的几何参数，如桨叶的形状和尺寸、桨叶数量、桨叶的安装高度等；②搅拌器的操作参数，如搅拌器的转速等；③搅拌槽的几何参数，如搅拌槽的内径、流体的深度、挡板的宽度、挡板数量、导流筒尺寸等；④搅拌介质的物性参数，如流体的密度、黏度等。这些因素归纳起来为搅拌槽、搅拌器的几何参数，搅拌器的操作参数以及介质的物性参数。

由于搅拌槽内液体运动状态十分复杂，搅拌功率目前尚不能由理论得出，只能由实验获得其和多变量之间的关系，以此作为搅拌器设计放大过程中确定搅拌功率的依据。

液体搅拌功率消耗可表达为下列诸变量的函数

$$N=f(n,d,\rho,\mu,g)$$

式中　N——搅拌功率，W；

n——搅拌转速，r/s；

d——搅拌器直径，m；

ρ——流体密度，kg/m^3；

μ——流体黏度，Pa·s；

g——重力加速度，m/s^2。

由量纲分析法可得关联式

$$\frac{N}{\rho n^3 d^5}=K\left(\frac{d^2 n\rho}{\mu}\right)^x\left(\frac{n^2 d}{g}\right)^y \tag{5-62}$$

式中　K——无量纲系数。

令$\frac{N}{\rho n^3 d^5}=N_p$，$N_p$ 称为功率特征数，量纲为 1。$\frac{d^2 n\rho}{\mu}=Re$，Re 称为搅拌雷诺数，它表示流体惯性力与黏滞力之比，用来衡量流体的流动状态。$\frac{n^2 d}{g}=Fr$，Fr 称为搅拌弗劳德数，它表示流体惯性力与重力之比，用来衡量重力的影响。

式（5-62）可改写为

$$N_p=KRe^x Fr^y \tag{5-63}$$

令 $\phi=\frac{N_p}{Fr^y}$，ϕ 称为功率因数，则有

$$\phi=KRe^x \tag{5-64}$$

在此要注意功率特征数与功率因数是两个完全不同的概念。

对于不打旋的系统，重力影响极小，可忽略 Fr 的影响，即 $y=0$，则

$$\phi=N_p=KRe^x \tag{5-65}$$

因此，在对数坐标纸上可标绘出 ϕ 与 Re 的关系。

从量纲分析法得到搅拌功率特征数关联式后，可对一定形状的搅拌器进行一系列的实验，确定出各流动范围内搅拌功率特征数关联式中的参数值或关系算图，则可解决搅拌功率的计算问题。

本实验中，搅拌功率采用扭矩法测定，搅拌功率计算式为

$$N=2\pi nT_m \tag{5-66}$$

式中　T_m——搅拌电机的扭矩，N·m。

5.11.4　实验装置流程

实验装置流程如图 5-18 所示。搅拌槽由有机玻璃制作，标准设计，搅拌槽尺寸为 ϕ380mm×600mm。搅拌桨为六片平直叶圆盘涡轮（可更换为弧形叶圆盘涡轮、螺旋桨等）。通过配制不同黏度的羧甲基纤维素钠（CMC-Na）水溶液作为液相介质，通过向 CMC 水溶液通入空气形成气-液相介质。

- 搅拌器的结构种类
- 典型搅拌设备的结构
- 典型搅拌器的流动特点（无挡板）

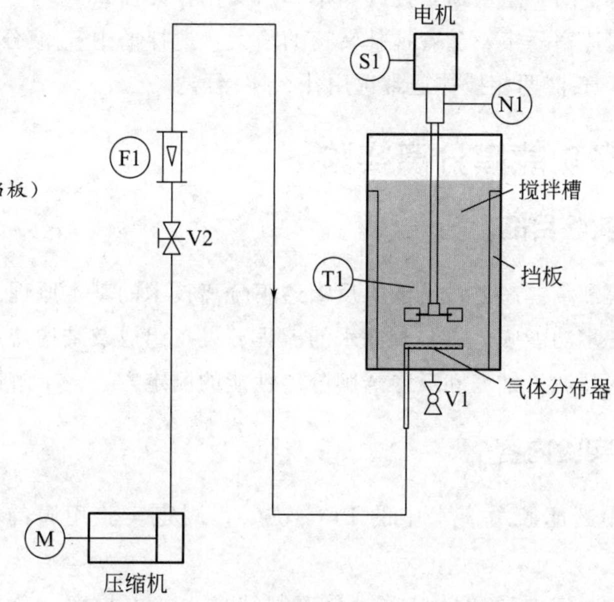

图 5-18　多相搅拌实验装置示意图

F1—气体流量计；T1—温度计；N1—扭矩传感器；M—压缩机电机；
S1—搅拌电机；V1—放液阀；V2—流量调节阀

5.11.5　实验方法

(1) 测定 CMC 溶液搅拌功率曲线

打开总电源，打开搅拌调速开关，慢慢转动调速旋钮，电机开始转动。在转速 50～300r/min 之间，取 10～12 个点测试（实验中适宜的转速选择：低转速时搅拌器的转动要均匀；高转速时以流体不出现旋涡为宜）。实验中每调一个转速，待槽内流动状态稳定后方可读数，同时注意观察流型及搅拌情况。每调节一个转速记录扭矩、电机转速等数据。

(2) 测定气-液搅拌功率曲线

各套均以空气压缩机为供气系统，将气体流量计调节在一定数值上，将其输入到搅拌槽内。在转速约 50～300r/min 之间，取 10～12 个点测试，实验中每调一个转速，待槽内流动状态稳定后方可读数，同时注意观察流型及搅拌情况。每调节一个转速记录扭矩、电机转速和液面高度等数据。

(3) 实验结束后

先把调速器慢慢降为“0”，方可关闭搅拌调速器开关，关闭总电源。

5.11.6　实验注意事项

① 电机调速一定是从“0”开始，调速过程要慢，否则易损坏电机。

② 在实验过程中不同 CMC 浓度的溶液均需要测定黏度。

5.11.7　思考题

① 影响搅拌功率的因素有哪些？测定搅拌功率曲线的意义是什么？

② 实验中通气量增加，搅拌功率如何变化？为什么？

③ 通气速率一定，随着搅拌转速的增大，搅拌槽中气-液分散状态有何变化？

④ 对于气-液两相搅拌通常选用什么搅拌器？

5.12 多功能膜分离实验

5.12.1 实验目的

① 了解和掌握超滤、纳滤、反渗透膜分离技术的基本原理。

② 了解多功能膜分离制纯净水的流程、设备组成及结构特点，并练习操作。

③ 掌握超滤、纳滤和反渗透膜分离性能的测定方法，了解影响膜分离的因素。

5.12.2 实验内容

① 采用超滤膜分离水中的 PEG10000，测定实验用膜的渗透通量和 PEG10000 的截留率。

② 通过测定纳滤和反渗透膜分离制纯净水的电导率，分析比较这两种膜分离技术的特点。

5.12.3 实验原理

膜分离是近年来发展起来的新的分离技术，已广泛应用于生物工程、食品、医药、化工等工业生产以及水处理等各个领域。在膜分离过程中，以对组分具有选择透过功能的膜为分离介质，通过在膜两侧施加某种推动力（如压力差、浓度差、电位差等），使原料中的某种组分选择性地优先透过膜，实现双组分或多组分的溶质与溶剂的分离，从而达到混合物的分离。

工业化的膜分离过程有许多，其中，微滤、超滤、纳滤和反渗透都是以压力差为推动力的膜分离过程。这几种膜分离过程可用于稀溶液的浓缩或净化，其原理是在压力驱动下，使溶剂及小于膜孔的组分透过膜，而大于膜孔的微粒、大分子、盐被膜截留下来，从而达到分离的目的。它们的主要区别在于所采用的膜的结构与性能及分离物粒子或分子的大小不同。微滤是利用孔径为 0.1～10μm 的膜的筛分作用，将微粒细菌、污染物等从悬浮液或气体中除去的过程，其操作过程压差一般为 0.05～0.20MPa。超滤是利用孔径为 1～100nm 的膜的筛分作用，使大分子溶质或细微粒子从溶液中分离出来，其操作的跨膜压差为 0.3～1.0MPa。反渗透是利用孔径小于 1nm 的膜通过优先吸附和毛细管流动等作用选择性透过溶剂（通常是水）的性质，使溶液中分子量较小的溶质分离出来，如无机盐和葡萄糖、蔗糖等有机溶质，其操作压差一般为 1～10MPa。纳滤介于反渗透和超滤之间，一般用于分离分子量为 200 以上的物质，膜的操作压差通常比反渗透低，一般在 0.5～2.5MPa。

衡量膜分离特性的指标一般用分离效率和渗透通量来描述。

(1) 分离效率

在微滤、超滤、纳滤和反渗透过程中，脱除溶液中蛋白质分子、糖、盐等的分离效率可用截留率（R）表示，定义为

$$R=\frac{c_b-c_p}{c_b}\times 100\% \tag{5-67}$$

式中　c_b——原料液中被分离物质的浓度；

　　c_p——透过液中被分离物质的浓度。

(2) 渗透通量

膜的渗透通量通常用单位时间内通过单位膜面积的透过液体积 J_w 表示。

$$J_w=\frac{V}{St} \tag{5-68}$$

式中　J_w——渗透通量，$L/(m^2 \cdot h)$；

　　V——透过液体积，L；

　　t——运行时间，h；

　　S——膜的有效面积，m^2。

(3) 膜污染的防止

膜污染可分为两大类。一类是可逆膜污染，比如浓差极化，可通过流体力学条件的优化以及回收率的控制来减轻和改善。另一类为不可逆膜污染，是指待处理物料中的微粒、胶体粒子或溶质大分子与膜产生物化作用或机械作用，在膜表面或膜孔内吸附、沉积造成膜孔径变小或堵塞，从而导致膜通量下降、分离效率降低等不可逆变化。这类污染目前尚无有效的措施进行改善，只能靠水质的预处理或通过抗污染膜的研制及使用来延缓其污染速度。

对于膜污染，一旦料液与膜接触，膜污染随即开始。膜污染对膜性能的影响相当大，与初始纯水渗透通量相比，可降低20%～40%，污染严重时能使通量下降80%以上。膜污染不仅降低膜的分离性能，而且也缩短膜的使用寿命。因此，必须采取相应的措施延缓膜污染的进程。如对膜进行及时清洗，包括物理清洗、化学清洗。清洗剂的选择决定于污染物的类型和膜材料的性质。

5.12.4　实验装置流程

实验装置流程如图5-19所示，由砂滤器、微滤器、超滤膜、纳滤膜、反渗透膜、离心泵、多级泵及原料水箱、中间水箱、产品水箱等组成。用电导仪测定原料水、中间水和产品水的电导率，用转子流量计测量流体流量。所用的超滤膜、纳滤膜、反渗透膜分别为UF-4040、NF-90、LP-21-4040。

超滤膜分离水中的PEG10000实验：在原料水中加入一定浓度的聚乙二醇PEG10000，经过流量计计量进入两个并联的超滤膜，经过滤后的稀水和浓水分别进入中间水箱和原料水箱。

高压反渗透膜或纳滤膜制高纯水实验：原料水箱装满自来水，经低压离心泵并通过砂滤、微滤器和超滤膜后流到中间水箱，中间水箱内的水经过多级离心泵进入到反渗透膜或纳滤膜中过滤，经过过滤的纯水进入产品水箱、浓水进入中间水箱或排走。

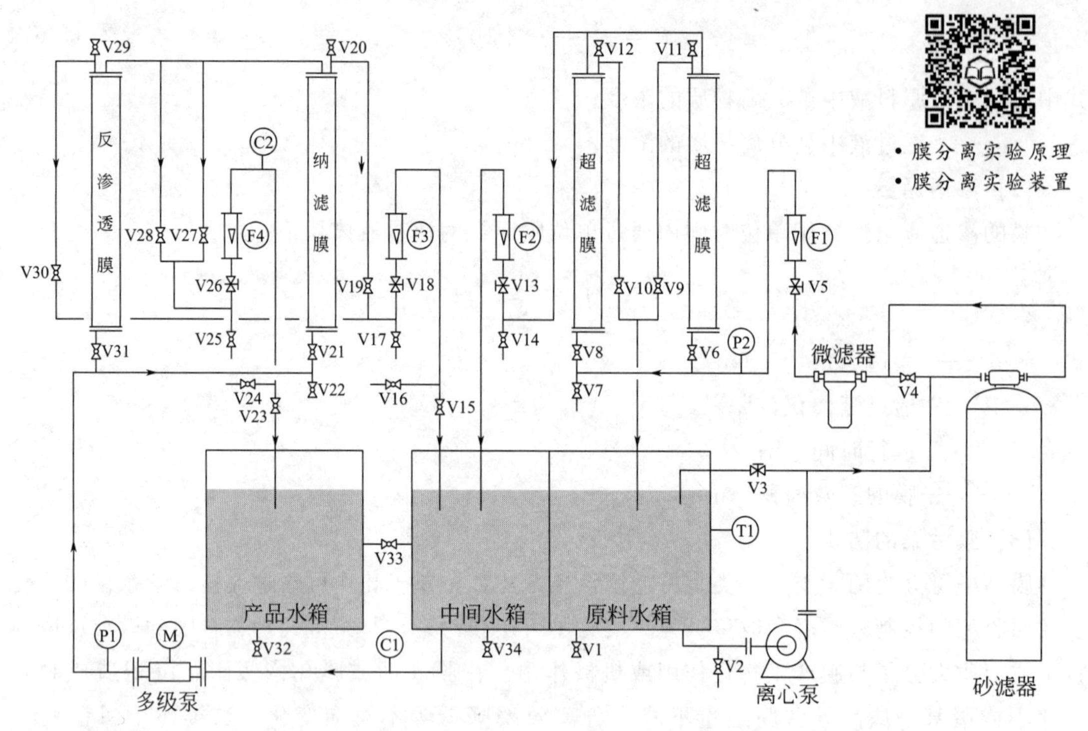

图 5-19　多功能膜分离实验装置示意图

F1～F4—流量计；C1—原水电导率；C2　滤过液电导率；T1—原料液温度；P1—高压泵压力表；

P2—超滤膜入口压力表；V1～V34—阀门

5.12.5　实验方法

(1) 超滤膜实验

① 配制浓度为 0.1%（质量分数）的 PEG10000 的水溶液，用逐步稀释法配制不同浓度的溶液，以蒸馏水为空白，用 722 型分光光度计测量不同浓度溶液在 535nm 处的光密度，制成标准曲线，供分析用。

② 将配制的 PEG10000 料液加入原料水箱中。用移液管取料液 5ml 放入容量瓶（50ml）中，稀释至 50ml 后，用分光光度计测定原料液的初始浓度。

③ 启动低压离心泵，将预先配制的 PEG10000 料液在一定流量下进行超滤实验。每隔 2min，记录一次透过液的流量；运转 40min 后，在透过液出口端用 100ml 烧杯接取透过液约 50ml，然后用移液管从烧杯中取 10ml 放入另一容量瓶中，用分光光度计测定 PEG 的浓度，烧杯中剩余透过液全部倾入原料水箱中，混匀。

④ 改变流量，再进行几个不同流量的实验，数据测取完毕，停泵。

⑤ 待超滤组件中的 PEG 溶液放净之后，用自来水代替原料液，在较大流量下运转 20min 左右，清洗组件中残余 PEG 溶液。

⑥ 将分光光度计清洗干净，切断其电源。

(2) 反渗透膜（或纳滤膜）制高纯水实验

① 连接好设备电源，将原料水箱注入自来水使水位至 3/4。

② 先关闭低压离心泵出口阀门，然后启动离心泵，调节好进入超滤膜的液体流量。流体经过砂滤器、微滤器、超滤膜分离后流入中间水箱。

③ 待中间水箱内液体到达1/2后启动多级泵，调节好进入反渗透膜（或纳滤膜）的压力和流量。中间水箱的水作为原水进入反渗透膜（或纳滤膜），经过分离的浓水和纯水，分别经过转子流量计计量进入到中间水箱和产品水箱内。在流量、压力稳定后记录原水电导率和淡水电导率随时间的数据。

④ 改变不同压力或流量重复上述实验步骤。

⑤ 实验结束前，将泵出口阀门关闭后再关闭电机电源。实验结束，一切复原。

5.12.6　实验注意事项

① 系统停机前应全开浓水阀门循环冲洗3min。

② 纳滤和反渗透水箱用水（中间水箱）必须是经过超滤的净水。

③ 超滤、纳滤、反渗透短期停机，应隔两天通水一次，每次通水30min；长期停机应采用1%亚硫酸氢钠或甲醛液注入组件内，然后关闭所有阀门，严禁细菌侵蚀膜元件。三个月以上应更换保护液一次。

5.12.7　思考题

① 超滤、纳滤、反渗透膜分离的原理是什么？比较三种膜分离的特点。

② 在进行超滤实验时，如果操作压力过高或流量过大会有什么结果？提高料液的温度进行超滤会有什么影响？

③ 举例说明超滤、纳滤、反渗透膜分离的工业应用。

④ 阅读文献，回答什么是浓差极化？有什么危害？有哪些消除的方法？

⑤ 膜组件长时间不使用，加保护液的意义是什么？

5.13　溶液结晶实验

5.13.1　实验目的

① 了解溶液结晶提纯原理和影响结晶的因素。

② 了解结晶提纯工艺的基本方法和冷却结晶器的结构。

③ 了解提高结晶产品纯度和产率的方法。

5.13.2　实验内容

① 考察搅拌速度对溶液结晶产品纯度和产率的影响。

② 考察降温速率、晶种等对溶液结晶产品纯度和产率的影响。

5.13.3　实验原理

固体物质以晶体状态从溶液、熔融混合物或蒸气中析出的过程称为结晶，结晶是获得纯净固态物质的重要方法之一。与其他化工分离过程比较，结晶过程的主要特点是：能从杂质含量很多的溶液或多组分熔融状态混合物中获得非常洁净的晶体产品；对于许多其他方法难以分离的混合物系如共沸物系、同分异构体物系以及热敏性物系等，采用结晶分离往往更为有效；此外，结晶操作能耗低，对设备材质要求不高，一般亦很少有“三废”排放。

结晶过程可分为溶液结晶、熔融结晶、升华结晶及沉淀结晶四大类，其中溶液结晶是化学工业中最常用的结晶方法。本实验通过溶液结晶方法提纯硝酸钾，去除氯化钠等杂质。

要想获得一定粒度的理想晶体，就需要严格控制溶液蒸发或冷却的速度、晶种的数量、溶液的 pH 值、共存的杂质及其他相关条件等。溶液的过饱和度是结晶的推动力，一般情况下，过饱和度越大，结晶速率越快。硝酸钾在水中不同温度下的溶解度如表 5-2 所示，粗硝酸钾中的主要杂质氯化钠在水中不同温度下的溶解度如表 5-3 所示。从表 5-2 和表 5-3 可知，硝酸钾在水中的溶解度随温度的变化很大，而氯化钠在水中的溶解度随温度的变化基本不发生变化，因此可以采用结晶的方法将粗硝酸钾中的氯化钠除去。

表 5-2　硝酸钾在水中溶解度数据表

温度/℃	0	10	20	30	40	50	60	70	80	90	100
溶解度/(g/100g 水)	13.3	20.9	31.6	45.8	63.9	85.5	110	138	169	202	246

表 5-3　氯化钠在水中不同温度下的溶解度数据表

温度/℃	0	10	20	30	40	50	60	70	80	90	100
溶解度/(g/100g 水)	35.7	35.8	36.0	36.3	36.6	37.0	37.3	37.8	38.4	39.0	39.8

5.13.4　实验装置流程

实验装置流程见图 5-20。本实验装置的结晶器为冷却结晶器（带夹套式釜式结晶釜），有效容积为 500ml。温度控制器的控温精度为 0.1℃，可执行十段程序控温曲线。

5.13.5　实验方法

① 向结晶器内加入 200g 蒸馏水，打开针形阀门 V6、V7，关闭 V3、V4 阀门。

② 启动恒温水浴热水泵开关，打开加热开关设定并控制结晶器内温度 T1 为 70℃。

③ 将 270g 左右的固体粗硝酸钾缓慢倒入结晶器中，进行搅拌观察是否硝酸钾全部溶掉。若全部溶化再加入少量的硝酸钾，直至晶体全部溶解，制成饱和溶液。

④ 冷冻机设置温度为 5℃并启动冷冻液泵。

⑤ 硝酸钾在结晶器中全部溶解后并稳定几分钟后关闭阀门 V6、V7，随后关闭恒温水浴加热和热水泵。

⑥ 打开阀门 V4、V3，从冷冻机出来的液体进入结晶器并使结晶器内温度下降。随着结晶器内温度的下降，硝酸钾晶体慢慢产生。注意控制好结晶器内的温度，不要降温速度太快。

⑦ 待结晶器内温度到 10℃时，关闭阀门 V3、V4 并关闭冷冻液泵。

⑧ 从结晶器内放出晶体，然后经过滤、洗涤晶体产品，在干燥箱将晶体干燥称重后计算收率。

- 内循环冷却结晶器
- 外循环冷却结晶器
- 蒸发结晶器

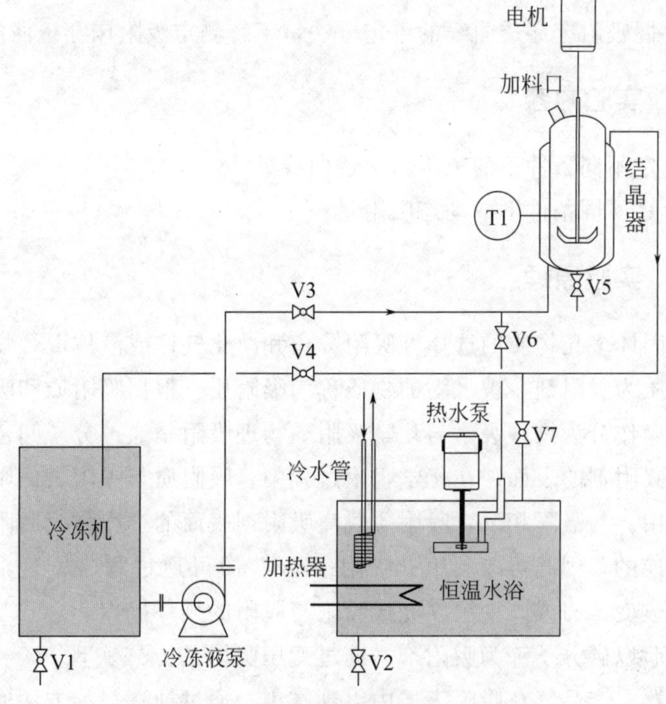

图 5-20　溶液结晶实验装置示意图

T1—结晶器温度；V1～V7—阀门

⑨ 过滤后母液和结晶的晶体可以重复使用。

⑩ 改变实验条件如搅拌转速、降温速率等，重复上述操作进行实验。

5.13.6　注意事项

① 将硝酸钾固体颗粒全部溶解后再开始降温。

② 降温速度不要过快，以免出现过冷现象。

③ 实验时注意观察实验现象。

5.13.7　思考题

① 初始溶液浓度对结晶产品质量有何影响？

② 降温速率对结晶产品质量有何影响？

③ 搅拌转速对结晶产品质量有何影响？

④ 为了提高产品纯度和收率以及改善晶体粒度和粒度分布，可以对实验仪器和操作过程进行哪些改进？

5.14　变压吸附实验

5.14.1　实验目的

① 了解和掌握连续变压吸附过程的基本原理和流程。

② 了解和掌握影响变压吸附效果的主要因素。

③ 掌握吸附床穿透曲线的测定方法，了解测定吸附床穿透曲线的工程意义。

5.14.2 实验内容

① 测定不同条件下的吸附床穿透曲线。

② 计算不同条件下的动态吸附量。

5.14.3 实验原理

利用固体多孔物质的选择性吸附分离和净化气体或液体混合物的过程称为吸附分离。其中固体物质为吸附剂，被吸附的物质称为吸附质。根据吸附质和吸附剂之间吸附力的不同可以将吸附操作分为物理吸附与化学吸附。物理吸附是通过分子间范德华力的作用使吸附质分子吸附在吸附剂的表面；在化学吸附过程中，吸附质与吸附表面则会发生原子或分子间的化学键合作用。与吸附相反，吸附质脱离吸附剂表面的过程称为脱附，也称解吸。物理吸附的过程是可逆的，因此可以利用“吸附-解吸”的可逆过程来实现混合物的分离。在生产上，一般通过改变压力或改变温度完成吸附与脱附的循环操作。

本实验以碳分子筛为吸附剂，通过变压吸附的方式实现 N_2 和 O_2 的分离。采用两个固定床吸附器，产品气在吸附床层中得到富集，通过抽真空的方法回收。碳分子筛吸附分离空气中 N_2 和 O_2 就是基于两者在扩散速率上的差异。当空气与碳分子筛接触时，O_2 将优先吸附于碳分子筛而使得空气中的 N_2 得以提纯。

当吸附剂用量、吸附压力、气体流速一定时，适宜的吸附时间可通过测定吸附柱的穿透曲线来确定。图 5-21 为出口流体中吸附质浓度随时间的变化曲线，称为穿透曲线。可以看出，在开始很长一段时间内，吸附器出口浓度随时间变化很小。在运行一段时间后，出口浓度开始明显升高，达到进口浓度的 5%（这个百分数根据产品质量要求来定），该转折点被定义为穿透点，如图中 c_B 所示，对应的 τ_B 称为穿透时间。若操作继续进行，则出口浓度快速上升，当出口浓度达到进口浓度的 95% 时，该点称作饱和点 c_S，相应的操作时间为饱和时间 τ_S。

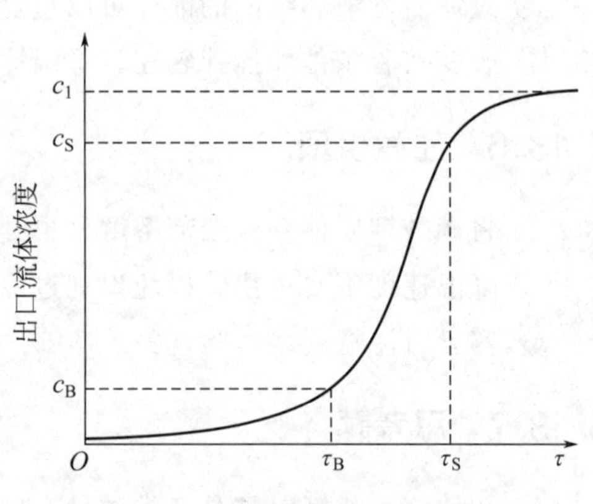

图 5-21 固定床穿透曲线示意图

为确保产品质量，在实际生产中吸附柱有效工作区应控制在穿透点之前，因此，穿透点的确定是吸附过程研究的重要内容。利用穿透点对应的时间 τ_B 可以确定吸附装置的最佳吸附操作时间和吸附剂的动态吸附容量，而动态吸附容量是吸附装置设计放大的重要依据。

动态吸附容量的定义：从吸附开始直至穿透点的时段内，单位质量（或单位体积）吸附剂对吸附质的吸附量，计算式如下

$$q=V\tau_B(c_0-c_B)/W \tag{5-69}$$

式中 q——动态吸附量，ml/g；

W——吸附剂活化后的质量，g；

c_0——进料吸附质浓度，%；

c_B——穿透点时吸附质浓度，%；

V——气体的流量，L/min；

τ_B——吸附至穿透所用的时间，min。

5.14.4 实验装置流程

变压吸附装置（图 5-22）是由两根可切换操作的吸附柱（A、B）构成，吸附剂为碳分子筛，各柱碳分子筛的装填量为 1.7kg。来自空气压缩机的原料空气经三级过滤后进入吸附柱，气流的切换通过周期性地切换阀门来实现操作，该操作通过计算机控制系统来实现。出口气体中的氮气含量通过氮气传感器在线测定并记录。

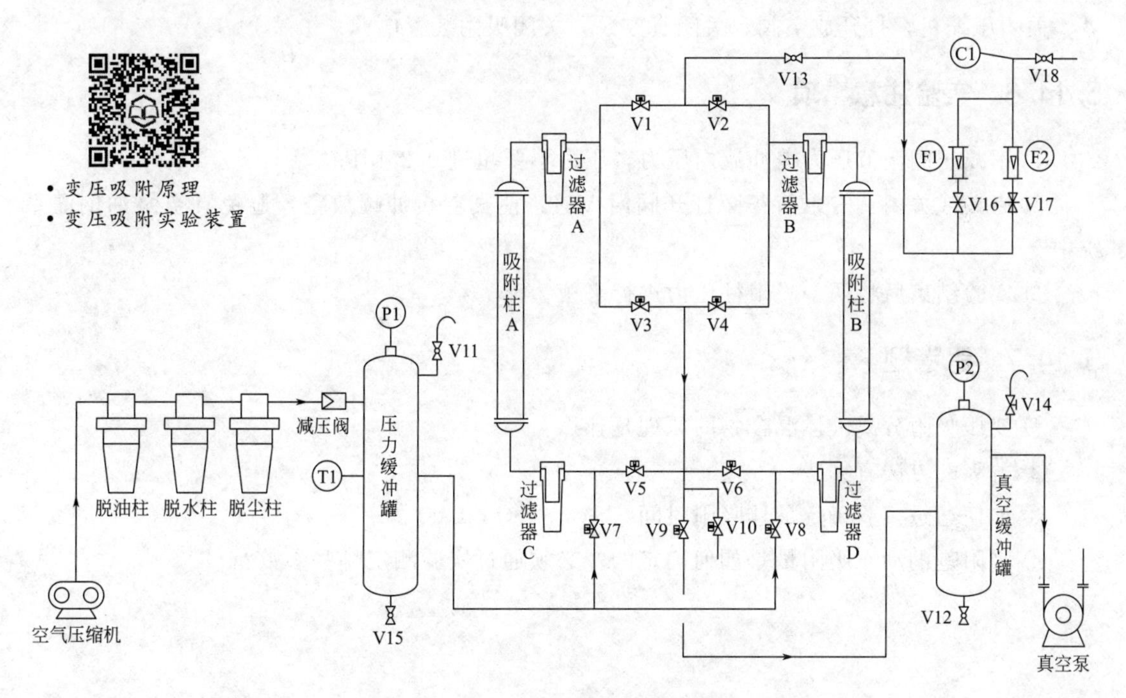

图 5-22　变压吸附实验装置示意图

F1—大转子流量计；F2—小转子流量计；P1—压力缓冲罐压力表；P2—真空缓冲罐压力表；C1—氮气传感器；T1—温度计；V1～V10—电磁阀；V11—压力缓冲罐压力调节阀；V12—真空缓冲罐排污阀；V13—控压阀；V14—真空缓冲罐压力调节阀；V15—压力缓冲罐排污阀；V16—大转子流量计调节阀；V17—小转子流量计调节阀；V18—氮气浓度出口阀

本实验要求出口中 N_2 的浓度≥90%，因此，将穿透点定为 O_2 的浓度为 7%～8%。

5.14.5 实验方法

（1）实验前准备

检查压缩机、真空泵是否正常，吸附设备和计算机控制系统之间的通信是否正常，氮气传感器是否正常。

(2) 吸附实验操作

① 接通空气压缩机电源，开启吸附装置上的总电源。调节空气压缩机出口减压阀，使输出压力 P1 稳定在 0.2MPa。开启真空泵，设定真空缓冲罐内压力 P2 为－0.08MPa。

② 设定吸附柱工作状态，调节气体流量阀，将流量控制稳定。

③ 利用计算机界面上按钮或手动切换启动阀，使两根吸附柱交替工作，同时记录实验数据。（注意：根据实验过程氮气浓度变化选择合适的切换时间。）

④ 穿透曲线测定方法：系统运行一段时间后，选取部分数据进行计算，记录取样时间与氮气含量的关系，同时记录压力、温度和气体流量。

⑤ 改变操作条件（压力或流量），重复③和④步骤操作。

⑥ 气体分析：出口气体中的氮气含量通过氮气传感器在线测定并记录。

(3) 实验结束

关闭压缩机，打开放空阀，关闭真空泵，关闭吸附装置电源。

5.14.6 实验注意事项

① 用减压阀调节压力缓冲罐内压力，压力不要超过 0.25MPa。

② 启动或关闭真空泵前务必打开阀门 V14，使真空缓冲罐放空，避免真空泵油倒灌系统中。

③ 实验结束后将两个吸附柱压力进行平衡。

5.14.7 思考题

① 变压吸附分离气体混合物的原理是什么？

② 解吸的方法有哪些？

③ 如何通过实验确定最佳吸附时间？

④ 吸附剂的动态吸附量是如何确定的？必须通过实验测定哪些参数？

第6章

化工原理演示实验

6.1 雷诺演示实验

6.1.1 实验目的和内容

① 了解管内流体质点的运动方式，认识不同流动型态的特点，掌握判别流型的准则。

② 观察流体层流、过渡流、湍流的流动型态，观察流体层流时在圆形直管中的速度分布。

6.1.2 实验原理

流体流动有不同流型，即层流（滞流）、过渡流、湍流。流体的流动类型取决于流体的流动速度 u、流体的黏度 μ 和密度 ρ 及流体流经的管道直径 d。这 4 个因素可用雷诺数 $Re=\frac{du\rho}{\mu}$ 表示。层流时（$Re\leqslant2000$），流体质点运动非常有规律，为直线运动，且相互平行，速度沿管径分布为一抛物线。湍流时（$Re\geqslant4000$），流体质点除了沿水流方向流动外，在其他方向会出现非常不规则的脉动现象。处于层流和湍流之间的流动为过渡状态，与环境因素有关，有时为层流，有时为湍流，流型不稳定。

实验时，在一定直径玻璃管道中观察某一温度下的清水流动，d、μ、ρ 是固定的，通过改变水在管道中的流速 u，观察不同雷诺数下流体流型的变化。

6.1.3 实验装置流程

实验装置流程如图 6-1 所示。实验管道有效长度 $L=600\text{mm}$，内径 $D_i=24.5\text{mm}$。

6.1.4 实验方法

(1) 实验前的准备工作

① 仔细调整墨水注入管路的位置，使其处于实验管道的中心线上。

② 向墨水瓶中加入适量稀释过的红墨水，作为实验用的示踪剂。

③ 关闭流量调节阀 V4、V5，打开上水阀，让水充满高位槽并有一定的溢流，以保证高位槽内的液位恒定。

④ 排除墨水注入管路中的气泡，让红墨水全部充满墨水管路中。

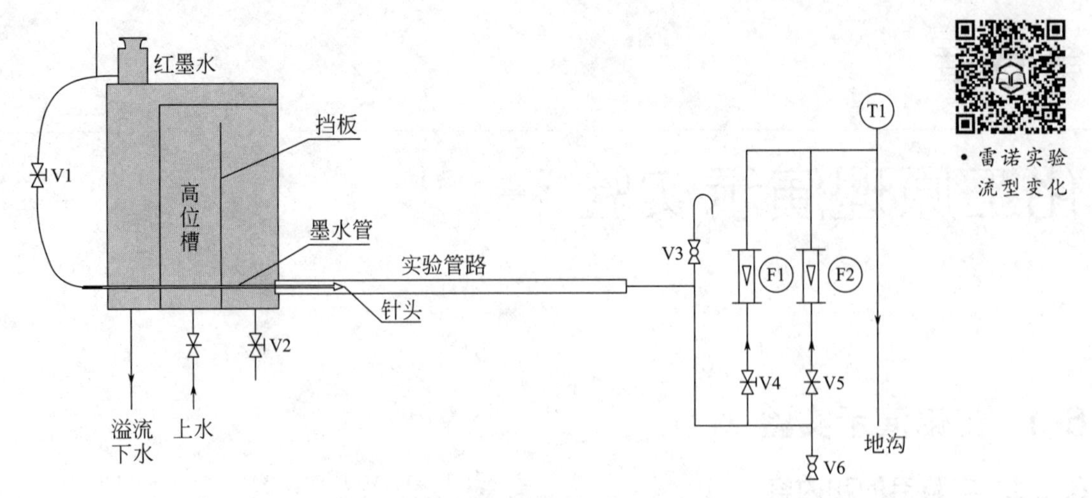

图 6-1　雷诺实验装置示意图

F1，F2—转子流量计；T1—测温仪表；V1—墨水流量调节阀；V2，V6—放水阀；V3—放气阀；V4，V5—流量调节阀

（2）雷诺实验过程

① 调节上水阀，维持尽可能小的溢流量。轻轻打开流量调节阀 V4 或 V5，让水缓慢流过实验管道，使水的流动状态呈层流流动。

② 缓慢且适量地打开墨水流量调节阀，红墨水在管道中心形成一条线，因进水和溢流造成的震动，有时会使实验管道中的红墨水流束偏离管道的中心线或发生不同程度的摆动，此时，可暂时关闭上水阀，过一会儿，即可看到红墨水流束会重新回到实验管道的中心线。

③ 逐步增大上水阀和流量调节阀的开度，在维持尽可能小的溢流量的情况下提高实验管道中的水流量，观察实验管道内水的流动状况。同时，记录流量计读数并计算出雷诺数。

（3）流体在圆管内流动速度分布演示实验

首先将上水阀打开，关闭流量调节阀。打开红墨水流量调节阀，使少量红墨水流入实验管入口端。再突然打开流量调节阀，在实验管路中可以清晰地看到红墨水流动所形成的如图 6-2 所示的速度分布。

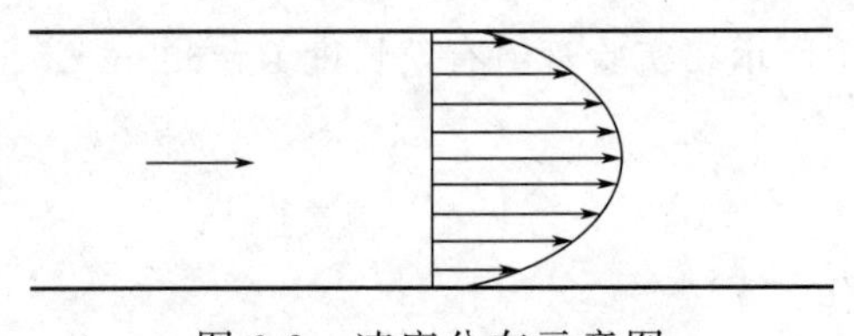

图 6-2　速度分布示意图

（4）实验结束时的操作

① 关闭墨水流量调节阀 V1，使红墨水停止流动。

② 关闭上水阀，使自来水停止流入高位槽。

③ 当实验管路中红色消失后，关闭流量调节阀 V4 或 V5。

④ 若实验装置较长时间不用，将装置内各处的存水放尽。

6.1.5　实验注意事项

进行层流流动时，为了使层流状况能较快地形成，而且能够保持稳定。第一，水槽的溢流应尽可能小。因为溢流大时，上水的流量也大，上水和溢流两者造成的震动都比较大，会影响观察实验现象。第二，应尽量不要人为地使实验装置产生任何震动。为减小震动，若条件允许，可对实验架进行固定。

6.1.6　思考题

① 若红墨水注入管不设在实验管道中心，能得到实验预期的结果吗？

② 如何计算某一流量下的雷诺数？

③ 层流和湍流的本质区别是什么？

④ 影响流动形态的因素有哪些？研究流动形态有何意义？

6.2　伯努利方程演示实验

6.2.1　实验目的和内容

① 了解流体在实验管内流动情况下，静压能、动能、位能之间相互转换关系，加深对伯努利方程的理解。

② 观察流体流经收缩、扩大、位置高低等管路时，各压头的变化规律。

6.2.2　实验原理

流体在流动时具有三种机械能，即位能、动能、静压能。这三种能量是可以相互转换的，当管路条件（如位置高低、管径大小）改变时它们会自行转化。如果是理想流体，因其不存在因摩擦和碰撞而产生机械能损失，因此同一管路的任何两个截面上，尽管三种机械能彼此不一定相等，但这三种机械能的总和是相等的。对实际流体来说，因为存在内摩擦，流动过程中会有一部分机械能因摩擦和碰撞而损失，即转化成为热能。转化为热能的机械能在管路中是不能恢复的，这样，对实际流体来说，两个截面上的机械能总和是不相等的，两者的差值即为机械能的损失。

位能、动能、静压能三种机械能都可以用液柱高度来表示，分别称为位压头 H_z、动压头 H_u 和静压头 H_p。任意两个截面上，位压头、动压头、静压头三者总和之差即为损失压头 H_f。观察流动过程中，随着实验测试管路结构与水平位置的变化及流量的改变，静压头、动压头的变化情况，并找出其规律，以验证伯努利方程。

6.2.3　实验装置流程

实验装置流程如图 6-3 所示。实验管路由不同直径、不同高度的玻璃管连接而成。在测试管路选择若干个测量点，每个测量点与垂直测压管连接。有的测压管测口在管壁处，其液柱高度反映测量点处静压头的大小，为静压头测量管；有的测压管测口在管中心处并正对水流方向，其液柱高度为静压头和动压头之和，称为冲压头测量管。测压管液柱高度由装置上刻度尺直接读出。水由高位槽流经实验管路、流量计回到水箱，水箱中的水用泵打到高位槽，保证高位槽始终处于溢流状态。

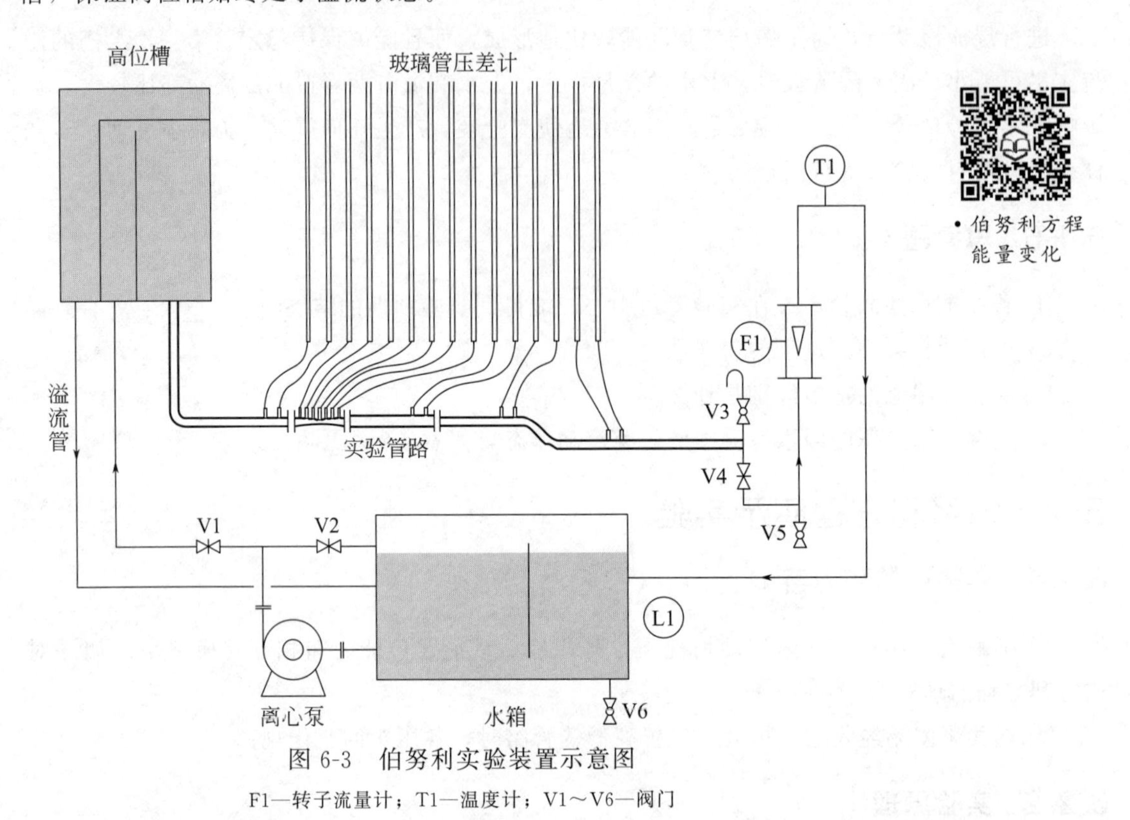

图 6-3　伯努利实验装置示意图

F1—转子流量计；T1—温度计；V1～V6—阀门

6.2.4　实验方法

① 在水箱中加入约 3/4 体积的去离子水，关闭离心泵出口调节阀 V1、回流阀 V2 及流量调节阀 V4，启动离心泵。

② 将实验管路上的回流阀 V2 打开，逐步开大离心泵出口调节阀 V1 至高位槽溢流管有水溢流，缓慢打开流量调节阀 V4 使流动过程稳定后，观察并读取此时各测压管的液位高度。

③ 调节 V4 改变流量，再观察同一测点及不同测点各测压管液位的变化。

④ 关闭流量调节阀 V4、离心泵出口阀 V1 和回流阀 V2 后，关闭离心泵，实验结束。

6.2.5　实验注意事项

① 不要将离心泵出口调节阀开得过大，以避免水从高位槽冲出和导致高位槽液面不稳定。

② 流量调节阀须缓慢地调节，以防止水击。

③ 必须排除实验管路和测压管内的气泡。

6.2.6　思考题

① 观察实验中如何测得某截面上的静压头和总压头？又如何得到某截面上的动压头？

② 对于不可压缩流体在水平不等径管路中流动，流速与管径的关系是什么？

③ 当流体在等直径水平管路中流动时，不同测压点静压头测压管读数是否一致？为什么？

6.3　流动边界层分离演示实验

6.3.1　实验目的和内容

观察流体流过孔板、喷嘴、文丘里、转子、三通、弯头、阀门等形体和流道突然扩大、突然缩小、弯曲以及不同排列方式的管束的流动状态，旋涡发生的区域以及边界层分离现象等，增强对流体流动特性的感性认识，理解流体能量损失的原因。

6.3.2　实验原理

实际流体沿着壁面流动，由于内部黏性作用，会在壁面处形成边界层。在实际工程中，物体的边界往往是曲面（流线型或非流线型物体）。当流体绕流物体时，一般会出现下列现象：物面上的边界层在某个位置开始脱离物面，并在物面附近出现与主流方向相反的回流，流体力学中称这种现象为边界层分离现象。

边界层分离时，在分离点的下游形成了流体的空白区，在逆压梯度作用下，必有倒流的流体来填充空白区，这些流体当然不能靠近处于高压下的分离点而被迫退回，产生旋涡。在回流区，流体质点进行强烈的碰撞与混合而消耗能量。这部分能量损失是由于固体表面形状而造成边界层分离所引起的，称为形体阻力。黏性流体绕过固体表面的阻力为摩擦阻力与形体阻力之和，两者之和称为局部阻力。

流体流经管件、阀门、管子进出口等局部的地方，由于流向的改变和流道的突然改变，都会出现边界层分离现象。工程上，为减小边界层分离造成的流体能量损失，常常将物体做成流线型。同时，这种旋涡（或称涡流）造成的流体微团的杂乱运动并相互碰撞混合也会使传递过程大大强化。因此，流体流线研究的现实意义就在于，可对现有流动过程及设备进行分析研究，强化传递，为开发新型高效设备提供理论依据，并对选择适宜的操作条件提供参考。

本演示实验采用气泡示踪法，把流体流过不同固体表面形状的边界层分离现象以及旋涡发生的区域和强弱等流动现象清晰地显示出来。

6.3.3　实验装置流程

实验装置流程如图 6-4 所示。离心泵将水箱中的水送入演示仪中，再通过演示仪溢流装置返回水箱。在每个演示仪中，水由狭缝式流道流过，并通过在水流中掺入气泡的方法，演示出不同形状边界条件下的多种水流现象。装置中每个演示仪均可组成独立的单元使用，也可以同时使用。为便于观察，每个演示仪由有机玻璃制成。

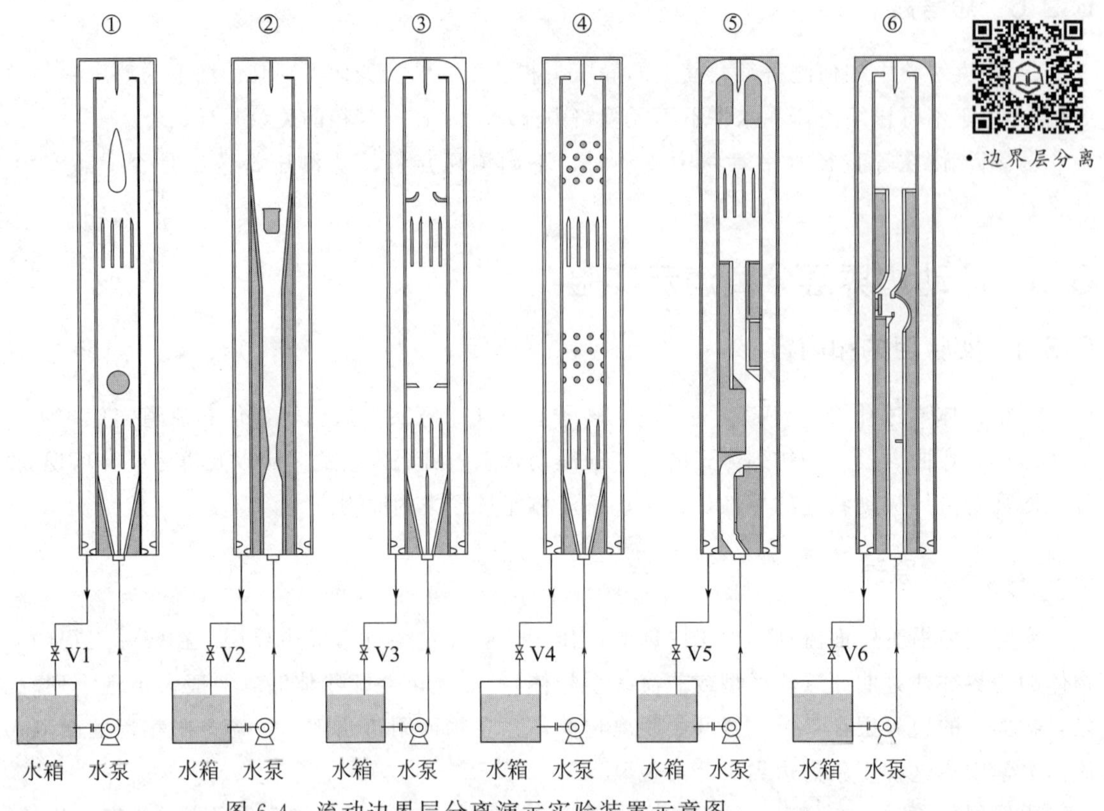

图 6-4 流动边界层分离演示实验装置示意图

V1～V6—回水阀

流线演示仪结构说明如下。

① 流体流过扩大段、稳流段、单圆柱体、稳流段、流线形体、直角弯道后流回水箱。

② 流体流过文丘里、转子、直角弯道后流回水箱。

③ 流体流过扩大段、稳流段、孔板、稳流段、喷嘴、直角弯道后流回水箱。

④ 流体流过扩大段、稳流段、正方形排列管束、稳流段、正三角形排列管束、直角弯道后流回水箱。

⑤ 流体流过 45°角弯道、圆弧形弯道、直角弯道、突然扩大、稳流段、突然缩小后流回水箱。

⑥ 流体流过凸起、阀门、突然扩大、直角弯道后流回水箱。

6.3.4 实验方法

① 实验前，将蒸馏水加入水箱中，至水位达到水箱高度的 2/3。

② 开启水泵调节泵的转速并打开阀门 V1 使回流的液体冲击挡板产生合适的气泡。

③ 带有气泡的液体进入到演示仪中能够清楚地观察到流动现象。

④ 为比较流体流过不同绕流体的流线形式和旋涡的形成，可同时选择几个流动演示仪进行实验。

⑤ 调节泵的转速，观察不同流速下的流线的变化形式与旋涡的大小。

⑥ 实验结束，关闭阀门，最后关闭水泵。

6.3.5 注意事项

① 回水阀开度要适中，以产生均匀的气泡，实验现象更明显。

② 缓慢调节水泵转速使水流量由小到大进入实验区域，避免水流冲击造成装置损坏。

③ 实验结束后，将水泵转速调回到零。

6.3.6 思考题

① 流体绕圆柱流动时，边界层分离发生在什么地方？边界层分离后流体的流动状态是怎样的？

② 边界层分离为什么会造成能量损失？

③ 在输送流体时，为什么要避免旋涡的形成？为什么在传热、传质过程中要形成适当旋涡？

6.4 离心泵气蚀演示实验

6.4.1 实验目的和内容

① 观察离心泵的气缚现象，进一步理解离心泵的工作原理。

② 观察离心泵的气蚀现象，了解离心泵气蚀现象产生的原因、危害及防止方法。

6.4.2 实验原理

离心泵启动时，如果泵内存有空气，由于空气密度很低，旋转后产生的离心力也很小，因而吸入口处所形成的低压不足以将贮槽内液体吸入泵内，虽启动离心泵也不能输送液体。这种现象就是气缚。为防止发生气缚，离心泵启动前必须向壳体内灌满流体，在吸入管底部安装带滤网的底阀，底阀为单向阀，防止灌入泵体内的液体流失，滤网防止固体颗粒吸入泵内。

由离心泵工作原理可知，在离心泵的叶片入口附近形成低压区。当叶片入口附近的最低压力等于或小于输送温度下液体的饱和蒸气压时，液体将在此处汽化并产生气泡。含气泡的液体进入叶轮后，因流道扩大压力升高，气泡在高压作用下迅速凝结而破灭，气泡的消失产生局部真空，周围的液体以高速涌向气泡中心，造成冲击和振动。在巨大冲击力反复作用下，使叶片表面材质疲劳，从开始点蚀到形成裂缝，导致叶轮或泵体破坏。这种现象称为气蚀。气蚀现象发生时，由于部分流道空间被气泡占据，致使泵的流量、压头及效率下降，严重时，吸不上液体。为避免气蚀的发生，就要使叶片入口附近的压力高于输送温度下液体的饱和蒸气压。根据泵的抗气蚀性能，合理确定泵的安装高度，是避免气蚀发生的有效措施。

6.4.3 实验装置流程

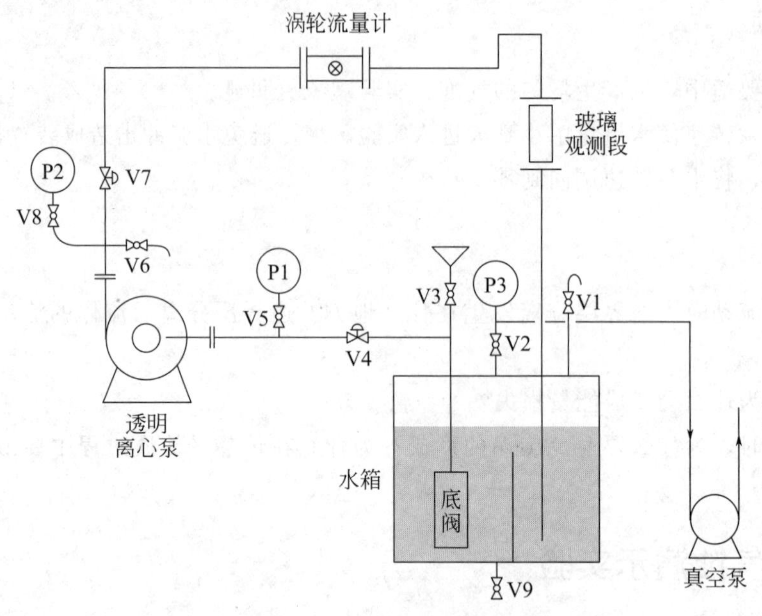

• 离心泵的气缚
• 离心泵的气蚀

图 6-5　离心泵气蚀实验装置流程示意图

P1—离心泵入口压力；P2—离心泵出口压力；P3—水箱内压力；V1～V9—阀门

6.4.4 实验方法

① 向水箱内灌水至 2/3 处，打开阀门 V1、V2、V4、V5、V8，其余阀门关闭。

② 离心泵气缚实验：启动离心泵，打开阀门 V7，观察透明离心泵叶轮转动但不能输送液体，说明气缚现象产生。关闭阀门 V7，停离心泵。

③ 打开阀门 V3、V6，从漏斗中向离心泵灌水，离心泵灌满水后关闭阀门 V3、V6。

④ 启动离心泵，慢慢打开流量调节阀 V7 至全开，离心泵正常工作。

⑤ 待离心泵工作稳定后，调节流量，待流量稳定后，启动真空泵，关闭真空放空阀 V1，真空表 P3 读数逐渐变大。

⑥ 当离心泵入口压力 P1 逐渐升高时，注意观察透明离心泵内流动现象，当离心泵出口压力急剧下降时出现了流量也逐渐减小，观测段液体流量减小，这时离心泵已经发生严重气蚀，这时应立即打开阀门 V1，水箱压力接近于 0，离心泵恢复正常操作。

⑦ 打开放空阀 V1，待压力 P3 回零后，停真空泵。

⑧ 关闭阀门 V7，停离心泵。将阀门 V4、V5、V8 关闭。

6.4.5 实验注意事项

① 放空阀 V1 未开时不要停真空泵，否则会将真空泵中液体抽回管道中。

② 当出现离心泵气蚀时应立即打开放空阀，避免长时间泵体在气蚀的冲击下损坏叶轮和透明泵壳。

6.4.6　思考题

① 分析离心泵的气缚、气蚀产生的原因。

② 离心泵的气蚀严重后果是什么?

6.5　气-固分离演示实验

6.5.1　实验目的和内容

① 演示含有不同直径固体颗粒的气体经过降尘室、旋风分离器及布袋过滤器的气-固分离现象，了解气-固分离设备的结构、特点和工作原理。

② 测定旋风分离器内静压强分布，了解出灰口或集尘室密封的必要性。

③ 测定进口气速对旋风分离器分离性能的影响，理解适宜操作气速的计算方法。

6.5.2　实验原理

(1) 重力沉降室

重力沉降室是借助于粉尘的重力沉降将粉尘从气体中分离出来的设备。粉尘靠重力沉降的过程是烟气从水平方向进入重力沉降设备，在重力的作用下，粉尘粒子逐渐沉降下来，而气体沿水平方向继续前进，从而达到除尘的目的。

在重力沉降设备中，气体流动的速度越低，越有利于沉降细小的粉尘，越有利于提高除尘效率。因此，一般控制气体的流动速度为 1～2m/s，除尘效率为 40%～60%。倘若速度太低，则设备相对庞大，投资费用增高，也是不可取的。在气体流速基本固定的情况下，重力沉降室设计得越长，越有利于提高除尘效率。

(2) 旋风分离器

含尘气体由旋风分离器圆筒部分的进气管切向进入，受器壁的约束由上向下作螺旋运动。气体和尘粒同时受到惯性离心力作用，因尘粒的密度远大于气体的密度，所以尘粒受到的惯性离心力远大于气体的。在惯性离心力作用下，尘粒被抛向器壁，再沿壁面落至锥底的排灰口而与气体分离。净化后的气流在中心轴附近由下而上作螺旋运动，最后由分离器顶部的排气管排出。通常把下行的螺旋形气流称为外旋流，上行的螺旋形气流称为内旋流（又称气芯）。图 6-6 描绘了气体在分离器内的运动情况。

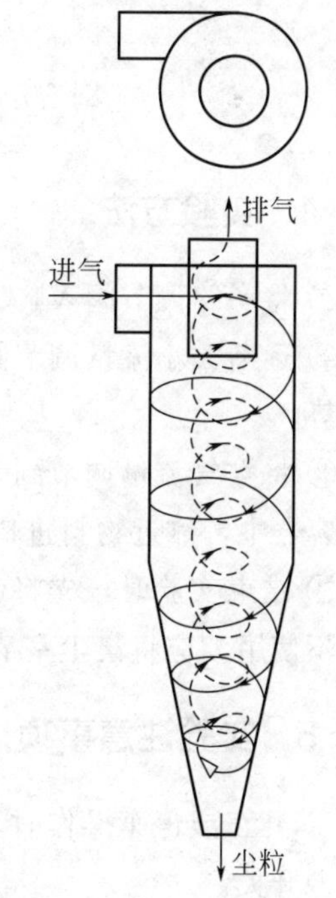

图 6-6　气体在旋风分离器内运动情况

旋风分离器内的静压强在器壁附近最高，仅稍低于气体进口处的压强，往中心处逐渐降低，在气芯处可降至气体出口压强以下。旋风分离器内的低压气芯由排气管入口一直延续到底部出灰口。因此，如果出灰口或集尘室密封不好，便易漏入气体，把已收集在锥底的粉尘重新卷起，严重影响分离效果。

（3）布袋除尘器

含尘气体从风口进入灰斗后，气流折转向上涌入箱体，当通过内部装有金属骨架的滤袋时，粉尘被阻留在滤袋的外表面。净化后的气体进入滤袋上部的清洁室汇集到出风管排出。

6.5.3 实验装置流程

实验装置流程如图 6-7 所示。实验装置由重力沉降室、旋风分离器、布袋除尘器及旋涡气泵等设备组成，含尘气体经过重力沉降室、旋风分离器、布袋除尘器后颗粒与气体分离，净化的气体排入大气。

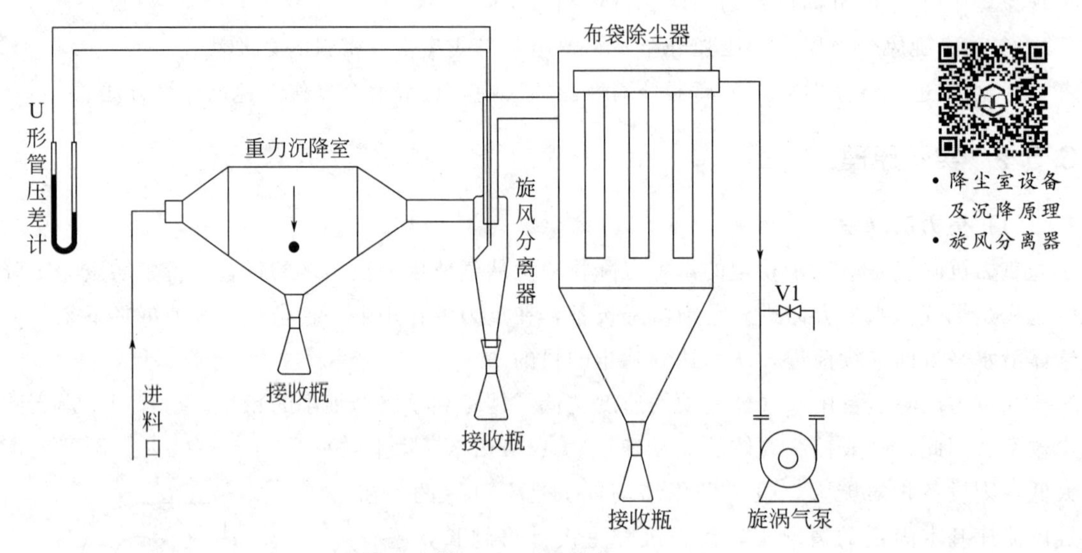

图 6-7　气-固分离实验装置示意图

6.5.4 实验方法

① 将旁路调节阀 V1 处于全开状态。接通旋涡气泵电源开关，启动旋涡气泵。

② 逐渐关小流量调节阀 V1，增大通过沉降室、旋风分离器的风量，了解气体流量的变化趋势。

③ 将空气流量调节到一定流量，将实验用的固体物料（玉米粉、洗衣粉、变色硅胶等）倒入容器中，靠近物料进口处，观察沉降室、旋风分离器中物料运动情况。

④ 结束实验时，先将流量调节阀全开，再切断旋涡气泵电源开关。若今后一段时间该设备不使用，应将集尘室清理干净。

6.5.5 实验注意事项

① 开车或停车操作时，要先将流量调节阀置于全开状态，然后再接通或切断旋涡气泵的电源开关。

② 旋风分离器的排灰管与集尘室的连接要严密，以免因内部负压漏入空气而将已分离下来的尘粒重新吹起被带走。

③ 实验时，若气体流量足够小，且固体粉粒比较潮湿，则会发生固体粉粒沿着向下螺旋运动轨迹贴附在器壁上的现象。若想去掉贴附在器壁上的粉粒，可加大进气流量，利用从含尘气体中分离出来的高速旋转的新粉粒，将贴附在器壁上的粉粒冲刷掉。

6.5.6　思考题

① 颗粒在旋风分离器内沿径向沉降的过程中，其沉降速度是否为常数？

② 离心沉降与重力沉降有何异同？

③ 评价旋风分离器的主要指标是什么？影响其性能的因素有哪些？

6.6　板式塔流体力学性能演示实验

6.6.1　实验目的和内容

① 了解塔设备和塔板（筛孔、浮阀、泡罩、舌形）的基本结构。

② 观察在正常操作时气、液两相在不同类型塔板上的流动与接触状况，观察漏液、雾沫夹带等现象，并进行塔板压降的测量。

6.6.2　实验原理

板式塔在精馏和吸收操作中应用非常广泛，是一种重要的气-液接触传质设备。塔板是板式塔的核心部件，它决定了塔的基本性能。为了实现气、液两相之间的物质传递和热量传递，要求塔板具有两个条件：①必须创造良好的气-液接触条件，造成较大的接触面积，而且接触面积应不断更新，以增加传质、传热的推动力；②从全塔总体上，应保证气-液逆流流动，防止返混和气-液短路。

塔是靠自下而上的气体和自上而下的液体在塔板上流动时进行接触而达到传质和传热目的，因此，塔板的传质、传热性能的好坏主要取决于板上的气、液两相流体力学状态。

（1）塔板上的气-液两相接触状况

当气体的速度较低时，气、液两相呈鼓泡接触状态。塔板上存在明显的清液层，气体以气泡形态分散在清液层中间，气、液两相在气泡表面进行传质。当气体速度较高时，气、液两相呈泡沫接触状态，此时塔板上清液层明显变薄，只有在塔板表面处才能看到清液，清液层随气速增加而减少，塔板上存在大量泡沫，液体主要以不断更新的液膜形式存在于泡沫之间，气、液两相在液膜表面进行传质。当气体速度很高时，气、液两相呈喷射接触状态，液体以不断更新的液滴形态分散在气相中间，气-液两相在液滴表面进行传质。

（2）塔板上不正常的流动现象

在板式塔操作过程中，塔内要维持正常的气-液负荷，避免发生以下的不正常操作状况。

漏液：当上升的气体速度很低时，气体通过塔板升气孔的动压不足以阻止塔板上液层的重力，液体将从塔板的开孔处往下漏而出现漏液现象。

雾沫夹带：当上升的气体穿过塔板液层时，将板上的液滴挟裹到上一层塔板引起液相返混的现象。

液泛：当塔内气-液两相之一的流量增大，使降液管内液体不能顺利流下，降液管内液体积累，当管内液体提高到越过溢流堰顶部时，两板间液体相连，并依次上升，这种现象称为液泛，也称淹塔。此时，塔板压降上升，全塔操作被破坏。

塔板的设计应力求结构简单、传质效果好、气-液通过能力大、压降低、操作弹性大。

6.6.3 实验装置流程

实验装置流程如图 6-8 所示。该流程含有 4 个塔，分别是泡罩塔、浮阀塔、舌形塔、筛板塔，这 4 个塔并联连接。空气由旋涡气泵经过孔板流量计计量后输送到板式塔塔底，向上经过塔板后，从塔顶流出；液体由离心泵输送，经过转子流量计计量后由塔顶进入塔内并与空气进行接触，从塔底流回水箱内。

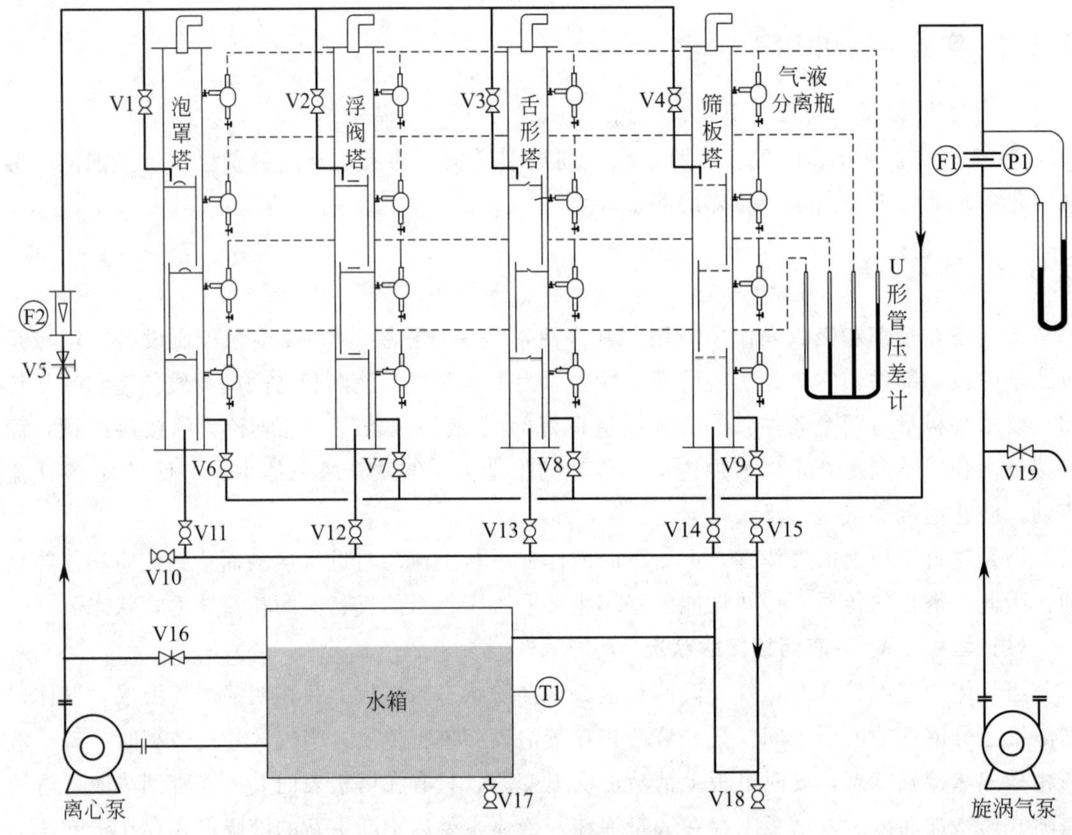

图 6-8 板式塔流体力学演示装置示意图

F1—节流式流量计；F2—转子流量计；V1～V19—阀门

塔体材料为有机玻璃，塔高 920mm，塔径 ϕ100mm×5.5mm，板间距 180mm。

• 塔板结构

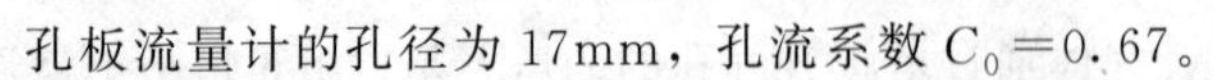

孔板流量计的孔径为 17mm，孔流系数 C_0＝0.67。

6.6.4 实验方法

① 向水箱内灌满蒸馏水，将空气流量调节阀置于全开的位置，关闭离心泵流量调节阀。

② 启动旋涡气泵，向其中一个塔内通入空气，同时打开离心泵向该塔输送液体，改变

不同的气-液流量，观察塔板上的气-液流动与接触状况，并记录塔压降、空气流量、液体流量。

③ 依次用同样的方法，测定与观察其他塔板的压降和气-液流动与接触状况。

④ 实验结束时先关闭水流量，待塔内液体大部分流回到塔底时再关闭旋涡气泵，防止设备和管道内进水。

6.6.5　实验注意事项

① 为保护有机玻璃塔的透明度，实验用水最好采用去离子水。

② 开车时先开旋涡气泵后开离心泵，停车反之，这样避免板式塔内的液体灌入旋涡气泵中。

③ 实验过程中每改变空气流量或水流量时，必须待其稳定后再观察其现象和测取数据。

④ 若 U 形管压差计指示液面过高时，将导压管取下用吸耳球吸出部分指示液。

⑤ V18 处的 U 形管路必须充满水，避免空气短路从塔的出水口流出。

6.6.6　思考题

① 评价塔板性能的指标是什么？讨论筛板、浮阀、泡罩、舌形等四种塔板各自的优缺点。

② 由传质理论可知，流动过程中接触的两相湍动程度越大，传质阻力就越小，如何提高两相的湍动程度？湍动程度的提高受不受限制？

③ 定性分析一下液泛和哪些因素有关？

附　录

附录1　实验室的防火、用电等安全知识简介

化工基础实验是一门实践性很强的基础课程，而且在实验过程不免要接触具有易燃、易爆、有腐蚀性和毒性或放射性等物质和化合物，同时还会遇到在高压、高温或低温或高真空条件下操作。此外，还要涉及用电和仪表操作等方面的问题，故要想有效地达到实验目的就必须掌握安全知识。

(1) 防火安全知识

实验室内应配备一定数量的消防器材，实验操作人员要熟习消防器材的存放位置和使用方法。

① 易燃液体（密度小于水），如汽油、苯、丙酮等着火，应该用泡沫灭火剂来灭火，因为泡沫比易燃液体轻且比空气重，可覆盖在液体上面隔绝空气。

② 金属钠、钾、钙、镁、铝粉、电石、过氧化钠等着火，应采用干沙灭火，此外还可用不燃性固体粉末灭火。

③ 电气设备或带电系统着火，应用四氯化碳灭火器灭火，但不能用水或二氧化碳泡沫灭火，因为后者导电，这样会造成扑火人触电事故。使用时要站在上风侧，以防四氯化碳中毒。室内灭火后应打开门窗通风一段时间，以免中毒。

④ 其他地方着火，可用水来灭火。

一旦发生火情，不要慌乱，要冷静地判断情况，采取措施，迅速找来灭火器和水龙头等进行灭火，并赶快报警。

(2) 用电安全知识

① 实验之前，必须了解室内总电闸与分电闸的位置，便于出现用电事故时及时切断电源。

② 接触或操作电器设备时，手必须干燥。所有的电器设备在带电时不能用湿布擦拭，更不能有水落于其上。不能用试电笔去试高压电。

③ 电器设备维修时必须停电作业。

④ 为启动电动机，合闸前先用手转动一下电机的轴，合上电闸后，立即查看电机是否已转动；若不转动，应立即拉闸，否则电机很容易烧毁。若电源开关是三相刀闸，合闸时一定要快速地猛合到底，否则易发生“跑单相”，即三相中有一相实际上未接通，这样电动机

极易被烧毁。

⑤ 电源或电器设备上的保护熔断丝或保险管都应按规定电流标准使用，不能任意加大，更不允许用铜丝或铝丝代替。

⑥ 若用电设备是电热器，在通电之前，一定要搞清楚进行电加热所需要的前提条件是否已经具备。比如在精馏塔实验中，在接通塔釜电热器之前，必须搞清釜内液面是否符合要求，塔顶冷凝器的冷却水是否已经打开。干燥实验中，在接通空气预热器的电热器之前，必须应打开空气鼓风机之后，才能给预热器通电。另外电热设备不能直接放在木制实验台上使用，必须用隔热材料垫，以防引起火灾。

⑦ 所有电器设备的金属外壳应接地线，并定期检查是否连接良好。

⑧ 导线的接头应紧密牢固，裸露的部分必须用绝缘胶布包好，或者用塑料绝缘管套好。

⑨ 在电源开关与用电器之间若设有电压调节器或电流调节器（其作用是调节用电设备的用电情况），这种情况下，在接通电源开关之前，一定要先检查电压或电流调节器当前所处的状态，并将它置于“零位”状态。否则，在接通电源开关时，用电设备会在较大功率下运行，有可能造成用电设备被损坏。

⑩ 在实验过程中，如果发生停电现象，必须切断电闸。以防操作人员离开现场后，因突然供电而导致电器设备在无人监视下运行。

(3) 使用高压钢瓶的安全知识

① 使用高压钢瓶的主要危险是钢瓶可能爆炸和漏气。若钢瓶受日光直晒或靠近热源，瓶内气体受热膨胀，以致压力超过钢瓶的耐压强度时，容易引起钢瓶爆炸。另外，可燃性压缩气体的漏气也会造成危险。应尽可能避免氧气钢瓶和可燃性气体钢瓶放在同一房间使用（如氢气钢瓶和氧气钢瓶），因为两种钢瓶同时漏气时更易引起着火和爆炸。如氢气泄漏时，当氢气与空气混合后体积分数达到4%～75.2%时，遇明火会发生爆炸。按规定，可燃性气体钢瓶与明火距离在10m以上。

② 搬运钢瓶时，应戴好钢瓶帽和橡胶安全圈，并严防钢瓶摔倒或受到撞击，以免发生意外爆炸事故。使用钢瓶时，必须牢靠地固定在架子上、墙上或实验台旁。

③ 绝不可把油或其他易燃性有机物黏附在钢瓶上（特别是出口和气压表处）；也不可用麻、棉等物堵漏，以防燃烧引起事故。

④ 使用钢瓶时，一定要用气压表，而且各种气压表不能混用。一般可燃性气体的钢瓶气门螺纹是反扣的（如 H_2，C_2H_2），不燃性或助燃性气体的钢瓶气门螺纹是正扣的（如 N_2，O_2）。

⑤ 使用钢瓶时必须连接减压阀或高压调节阀，不经这些部件让系统直接与钢瓶连接是十分危险的。

⑥ 开启钢瓶阀门及调压时，人不要站在气体出口的前方，头不要在瓶口之上，而应在瓶之侧面，以防万一钢瓶的总阀门或气压表冲出伤人。

附录 2　相关系数检验表

（摘自《数学手册》）

$n-2$	5%	1%	$n-2$	5%	1%	$n-2$	5%	1%
1	0.997	1.000	16	0.468	0.590	35	0.325	0.418
2	0.950	0.990	17	0.456	0.575	40	0.304	0.393
3	0.878	0.959	18	0.444	0.561	45	0.288	0.372
4	0.811	0.917	19	0.433	0.549	50	0.273	0.354
5	0.754	0.874	20	0.423	0.537	60	0.250	0.325
6	0.707	0.834	21	0.413	0.526	70	0.232	0.302
7	0.666	0.798	22	0.404	0.515	80	0.217	0.283
8	0.632	0.765	23	0.396	0.505	90	0.205	0.267
9	0.602	0.735	24	0.388	0.496	100	0.195	0.254
10	0.576	0.708	25	0.381	0.487	125	0.174	0.228
11	0.553	0.684	26	0.374	0.478	150	0.159	0.208
12	0.532	0.661	27	0.367	0.470	200	0.138	0.181
13	0.514	0.641	28	0.361	0.463	300	0.113	0.148
14	0.497	0.623	29	0.355	0.456	400	0.098	0.128
15	0.482	0.606	30	0.349	0.449	1000	0.062	0.081

附录 3　F 分布数值表

（摘自《数学手册》和《标准数学手册》）

(1) $\alpha=0.25$

f_2 \ f_1	1	2	3	4	5	6	7	8	9	10	12	15	20	60	∞
1	5.83	7.56	8.20	8.58	8.82	8.98	9.10	9.19	9.26	9.32	9.41	9.49	9.58	9.76	9.85
2	2.57	3.00	3.15	3.23	3.28	3.31	3.34	3.35	3.37	3.38	3.39	3.41	3.43	3.46	3.48
3	2.02	2.28	2.36	2.39	2.41	2.42	2.43	2.44	2.44	2.44	2.45	2.46	2.46	2.47	2.47
4	1.81	2.00	2.05	2.06	2.07	2.08	2.08	2.08	2.08	2.08	2.08	2.08	2.08	2.08	2.08
5	1.69	1.85	1.88	1.89	1.89	1.89	1.89	1.89	1.89	1.89	1.89	1.89	1.88	1.87	1.87
6	1.62	1.76	1.78	1.79	1.79	1.78	1.78	1.78	1.77	1.77	1.77	1.76	1.76	1.74	1.74
7	1.57	1.70	1.72	1.72	1.71	1.71	1.70	1.70	1.69	1.69	1.68	1.68	1.67	1.65	1.65
8	1.54	1.66	1.67	1.66	1.66	1.65	1.64	1.64	1.64	1.63	1.62	1.62	1.61	1.59	1.58
9	1.51	1.62	1.63	1.63	1.62	1.61	1.60	1.60	1.59	1.59	1.58	1.57	1.56	1.54	1.53
10	1.49	1.60	1.60	1.59	1.59	1.58	1.57	1.56	1.56	1.55	1.54	1.53	1.52	1.50	1.48
11	1.47	1.58	1.58	1.57	1.56	1.55	1.54	1.53	1.53	1.52	1.51	1.50	1.49	1.47	1.45
12	1.46	1.56	1.56	1.55	1.54	1.53	1.52	1.51	1.51	1.50	1.49	1.48	1.47	1.44	1.42
13	1.45	1.55	1.55	1.53	1.52	1.51	1.50	1.49	1.49	1.48	1.47	1.46	1.45	1.42	1.40
14	1.44	1.53	1.53	1.52	1.51	1.50	1.49	1.48	1.47	1.46	1.45	1.44	1.43	1.40	1.38
15	1.43	1.52	1.52	1.51	1.49	1.48	1.47	1.46	1.46	1.45	1.44	1.43	1.41	1.38	1.36

续表

f_2 \ f_1	1	2	3	4	5	6	7	8	9	10	12	15	20	60	∞
16	1.42	1.51	1.51	1.50	1.48	1.47	1.46	1.45	1.44	1.44	1.43	1.41	1.40	1.36	1.34
17	1.42	1.51	1.50	1.49	1.47	1.46	1.45	1.44	1.43	1.43	1.41	1.40	1.39	1.35	1.33
18	1.41	1.50	1.49	1.48	1.46	1.45	1.44	1.43	1.42	1.42	1.40	1.39	1.38	1.34	1.32
19	1.41	1.49	1.49	1.47	1.46	1.44	1.43	1.42	1.41	1.41	1.40	1.38	1.37	1.33	1.30
20	1.40	1.49	1.48	1.47	1.45	1.44	1.43	1.42	1.41	1.40	1.39	1.37	1.36	1.32	1.29
21	1.40	1.48	1.48	1.46	1.44	1.43	1.42	1.41	1.40	1.39	1.38	1.37	1.35	1.31	1.28
22	1.40	1.48	1.47	1.45	1.44	1.42	1.41	1.40	1.39	1.39	1.37	1.36	1.34	1.30	1.28
23	1.39	1.47	1.47	1.45	1.43	1.42	1.41	1.40	1.39	1.38	1.37	1.35	1.34	1.30	1.27
24	1.39	1.47	1.46	1.44	1.43	1.41	1.40	1.39	1.38	1.38	1.36	1.35	1.33	1.29	1.26
25	1.39	1.47	1.46	1.44	1.42	1.41	1.40	1.39	1.38	1.37	1.36	1.34	1.33	1.28	1.25
30	1.38	1.45	1.44	1.42	1.41	1.39	1.38	1.37	1.36	1.35	1.34	1.32	1.30	1.26	1.23
40	1.36	1.44	1.42	1.40	1.39	1.37	1.36	1.35	1.34	1.33	1.31	1.30	1.28	1.22	1.19
60	1.35	1.42	1.41	1.38	1.37	1.35	1.33	1.32	1.31	1.30	1.29	1.27	1.25	1.19	1.15
120	1.34	1.40	1.39	1.37	1.35	1.33	1.31	1.30	1.29	1.28	1.26	1.24	1.22	1.16	1.10
∞	1.32	1.39	1.37	1.35	1.33	1.31	1.29	1.28	1.27	1.25	1.24	1.22	1.19	1.12	1.00

(2) $\alpha=0.10$

f_2 \ f_1	1	2	3	4	5	6	7	8	9	10	12	15	20	60	∞
1	39.9	49.6	53.6	55.8	57.2	58.2	59.9	59.4	59.9	60.2	60.7	61.2	61.7	62.8	63.3
2	8.53	9.00	9.16	9.24	9.29	9.33	9.35	9.37	9.38	9.39	9.41	9.42	9.44	9.47	9.49
3	5.54	5.46	5.39	5.34	5.31	5.28	5.27	5.25	5.24	5.23	5.22	5.20	5.18	5.15	5.13
4	4.54	4.32	4.19	4.11	4.05	4.01	3.98	3.95	3.94	3.92	3.90	3.87	3.84	3.79	3.76
5	4.06	3.78	3.62	3.52	3.45	3.40	3.37	3.34	3.32	3.30	3.27	3.24	3.21	3.14	3.10
6	3.78	3.46	3.29	3.18	3.11	3.05	3.01	2.98	2.96	2.94	2.90	2.87	2.84	2.76	2.72
7	3.59	3.26	3.07	2.96	2.88	2.83	2.78	2.75	2.72	2.70	2.67	2.63	2.59	2.51	2.47
8	3.46	3.11	2.92	2.81	2.73	2.67	2.62	2.59	2.56	2.54	2.50	2.46	2.42	2.34	2.29
9	3.36	3.01	2.81	2.69	2.61	2.55	2.51	2.47	2.44	2.42	2.33	2.34	2.30	2.21	2.16
10	3.28	2.92	2.73	2.61	2.52	2.46	2.41	2.38	2.35	2.32	2.28	2.24	2.20	2.11	2.06
11	3.23	2.86	2.66	2.54	2.45	2.39	2.34	2.30	2.27	2.25	2.21	2.17	2.12	2.03	1.97
12	3.18	2.81	2.61	2.48	2.39	2.33	2.28	2.24	2.21	2.19	2.15	2.10	2.06	1.96	1.90
13	3.14	2.76	2.56	2.43	2.35	2.28	2.23	2.20	2.16	2.14	2.10	2.95	2.01	1.90	1.85
14	3.10	2.73	2.52	2.39	2.31	2.24	2.19	2.15	2.12	2.10	2.05	2.01	1.96	1.86	1.80
15	3.07	2.70	2.49	2.36	2.27	2.21	2.16	2.12	2.09	2.06	2.02	1.97	1.92	1.82	1.76
16	3.05	2.67	2.46	2.33	2.24	2.18	2.13	2.09	2.08	2.03	1.99	1.94	1.89	1.78	1.72
17	3.03	2.64	2.44	2.31	2.22	2.15	2.10	2.06	2.03	2.00	1.96	1.91	1.86	1.75	1.69
18	3.01	2.62	2.42	2.29	2.20	2.13	2.08	2.04	2.00	1.98	1.93	1.89	1.84	1.72	1.66
19	2.99	2.61	2.40	2.27	2.18	2.11	2.06	2.02	1.98	1.96	1.91	1.86	1.81	1.70	1.63
20	2.97	2.59	2.38	2.25	2.16	2.00	2.04	2.00	1.96	1.94	1.89	1.84	1.79	1.68	1.61

续表

f_2 \ f_1	1	2	3	4	5	6	7	8	9	10	12	15	20	60	∞
21	2.96	2.57	2.36	2.23	2.14	2.08	2.02	1.98	1.95	1.92	1.87	1.83	1.78	1.66	1.59
22	2.95	2.56	2.35	2.22	2.13	2.06	2.01	1.97	1.93	1.90	1.86	1.81	1.76	1.64	1.57
23	2.94	2.55	2.34	2.21	2.11	2.05	1.99	1.95	1.92	1.89	1.84	1.80	1.74	1.62	1.55
24	2.93	2.54	2.33	2.19	2.10	2.04	1.98	1.94	1.91	1.88	1.83	1.78	1.73	1.61	1.53
25	2.92	2.53	2.32	2.18	2.09	2.02	1.97	1.93	1.89	1.87	1.82	1.77	1.72	1.59	1.52
30	2.88	2.49	2.28	2.14	2.05	1.98	1.93	1.88	1.85	1.82	1.77	1.72	1.67	1.54	1.46
40	2.84	2.44	2.23	2.09	2.00	1.93	1.87	1.83	1.79	1.76	1.71	1.66	1.61	1.47	1.38
60	2.79	2.39	2.18	2.04	1.95	1.87	1.82	1.77	1.74	1.71	1.66	1.60	1.54	1.40	1.29
120	2.75	2.35	2.13	1.99	1.90	1.82	1.77	1.72	1.68	1.65	1.60	1.55	1.48	1.32	1.19
∞	2.71	2.30	2.08	1.94	1.85	1.77	1.72	1.67	1.63	1.60	1.55	1.49	1.42	1.24	1.00

(3) $\alpha = 0.05$

f_2 \ f_1	1	2	3	4	5	6	7	8	9	10	12	15	20	60	∞
1	161.4	199.5	215.7	224.6	230.2	234.0	236.9	238.9	240.5	241.9	243.9	245.9	248.0	252.2	254.3
2	18.51	19.00	19.16	19.25	19.30	19.33	19.35	19.37	19.38	19.40	19.41	19.43	19.45	19.48	19.50
3	10.13	9.55	9.28	9.12	9.01	8.94	8.89	8.85	8.81	8.79	8.74	8.70	8.66	8.57	8.53
4	7.71	6.94	6.59	6.39	6.26	6.16	6.09	6.04	6.00	5.96	5.91	5.86	5.80	5.69	5.65
5	6.61	5.79	5.41	5.19	5.05	4.95	4.88	4.82	4.77	4.74	4.68	4.62	4.56	4.43	4.36
6	5.99	5.14	4.76	4.53	4.39	4.28	4.21	4.15	4.10	4.06	4.00	3.94	3.87	3.74	3.67
7	5.59	4.74	4.35	4.12	3.97	3.87	3.79	3.73	3.68	3.64	3.57	3.51	3.44	3.30	3.23
8	5.32	4.46	4.07	3.84	3.69	3.58	3.50	3.44	3.39	3.35	3.28	3.22	3.15	3.01	2.93
9	5.12	4.26	3.86	3.63	3.48	3.37	3.29	3.23	3.18	3.14	3.07	3.01	2.94	2.79	2.71
10	4.96	4.10	3.71	3.48	3.33	3.22	3.14	3.07	3.02	2.98	2.91	2.85	2.77	2.62	2.54
11	4.84	3.98	3.59	3.36	3.20	3.09	3.01	2.95	2.90	2.85	2.79	2.72	2.65	2.49	2.40
12	4.75	3.89	3.49	3.26	3.11	3.00	2.91	2.85	2.80	2.75	2.69	2.62	2.54	2.38	2.30
13	4.67	3.81	3.41	3.18	3.03	2.92	2.83	2.77	2.71	2.67	2.60	2.53	2.46	2.30	2.21
14	4.60	3.74	3.34	3.11	2.96	2.85	2.76	2.70	2.65	2.60	2.53	2.46	2.39	2.22	2.13
15	4.54	3.68	3.29	3.06	2.90	2.79	2.71	2.64	2.59	2.54	2.48	2.40	2.33	2.16	2.07
16	4.49	3.63	3.24	3.01	2.85	2.74	2.66	2.59	2.54	2.49	2.42	2.35	2.28	2.11	2.01
17	4.45	3.59	3.20	2.96	2.81	2.70	2.61	2.55	2.49	2.45	2.38	2.31	2.23	2.06	1.96
18	4.41	3.55	3.16	2.93	2.77	2.66	2.58	2.51	2.46	2.41	2.34	2.27	2.19	2.02	1.92
19	4.38	3.52	3.13	2.90	2.74	2.63	2.54	2.48	2.42	2.38	2.31	2.23	2.16	1.98	1.88
20	4.35	3.49	3.10	2.87	2.71	2.60	2.51	2.45	2.39	2.35	2.28	2.20	2.12	1.95	1.84
21	4.32	3.47	3.07	2.84	2.68	2.57	2.49	2.42	2.37	2.32	2.25	2.18	2.10	1.92	1.81
22	4.30	3.44	3.05	2.82	2.66	2.55	2.46	2.40	2.34	2.30	2.23	2.15	2.07	1.89	1.78
23	4.28	3.42	3.03	2.80	2.64	2.53	2.44	2.37	2.32	2.27	2.20	2.13	2.05	1.86	1.76
24	4.26	3.40	3.01	2.78	2.62	2.51	2.42	2.36	2.30	2.25	2.18	2.11	2.03	1.84	1.73
25	4.24	3.39	2.99	2.76	2.60	2.49	2.40	2.34	2.28	2.24	2.16	2.09	2.01	1.82	1.71

续表

f_2 \ f_1	1	2	3	4	5	6	7	8	9	10	12	15	20	60	∞
30	4.17	3.32	2.92	2.69	2.53	2.42	2.33	2.27	2.21	2.16	2.09	2.01	1.93	1.74	1.62
40	4.08	3.23	2.84	2.61	2.45	2.34	2.25	2.18	2.12	2.08	2.00	1.92	1.84	1.64	1.51
60	4.00	3.15	2.76	2.53	2.37	2.25	2.17	2.10	2.04	1.99	1.92	1.84	1.75	1.53	1.39
120	3.92	3.07	2.68	2.45	2.29	2.17	2.09	2.02	1.96	1.91	1.83	1.75	1.66	1.43	1.25
∞	3.84	3.00	2.60	2.37	2.21	2.10	2.01	1.94	1.88	1.83	1.75	1.67	1.57	1.32	1.00

(4) $\alpha = 0.01$

f_2 \ f_1	1	2	3	4	5	6	7	8	9	10	12	15	20	60	∞
1	4052	4999.5	5403	5625	5764	5859	5928	5982	6022	6056	6106	6157	6209	6313	6366
2	98.50	99.00	99.17	99.25	99.30	99.33	99.36	99.37	99.39	99.40	99.42	99.43	99.45	99.48	99.50
3	34.12	30.82	29.46	28.71	28.24	27.91	27.67	27.49	27.35	27.23	27.05	26.87	26.69	26.32	26.13
4	21.20	18.00	16.99	15.98	15.52	15.21	14.98	14.80	14.66	14.55	14.37	14.20	14.02	13.65	13.46
5	16.26	13.27	12.06	11.39	10.97	10.67	10.46	10.29	10.16	10.05	9.89	9.72	9.55	9.20	9.02
6	13.75	10.92	9.78	9.15	8.75	8.47	8.26	8.10	7.98	7.87	7.72	7.56	7.40	7.06	6.88
7	12.25	9.55	8.45	7.85	7.46	7.19	6.99	6.84	6.72	6.62	6.47	6.31	6.16	5.82	5.65
8	11.26	8.65	7.59	7.01	6.63	6.37	6.18	6.03	5.91	5.81	5.67	5.52	5.36	5.03	4.86
9	10.56	8.02	6.99	6.42	6.06	5.80	5.61	5.47	5.35	5.26	5.11	4.96	4.81	4.48	4.31
10	10.04	7.56	6.55	5.99	5.64	5.39	5.20	5.06	4.94	4.85	4.71	4.56	4.41	4.08	3.91
11	9.65	7.21	6.22	5.67	5.32	5.07	4.89	4.74	4.63	4.54	4.40	4.25	4.10	3.78	3.60
12	9.33	6.93	5.95	5.41	5.06	4.82	4.64	4.50	4.39	4.30	4.16	4.01	3.86	3.54	3.36
13	9.07	6.70	5.74	5.21	4.86	4.62	4.44	4.30	4.19	4.10	3.96	3.82	3.66	3.34	3.17
14	8.86	6.51	5.56	5.04	4.69	4.46	4.28	4.14	4.03	3.94	3.80	3.66	3.51	3.18	3.00
15	8.68	6.36	5.42	4.89	4.56	4.32	4.14	4.00	3.89	3.80	3.67	3.52	3.37	3.05	2.87
16	8.53	6.23	5.29	4.77	4.44	4.20	4.03	3.89	3.78	3.69	3.55	3.41	3.26	2.93	2.75
17	8.40	6.11	5.18	4.67	4.34	4.10	3.93	3.79	3.68	3.59	3.46	3.31	3.16	2.83	2.65
18	8.29	6.01	5.09	4.58	4.25	4.01	3.84	3.71	3.60	3.51	3.37	3.23	3.08	2.75	2.57
19	8.18	5.93	5.01	4.50	4.17	3.94	3.77	3.63	3.52	3.43	3.30	3.15	3.00	2.67	2.49
20	8.10	5.85	4.94	4.43	4.10	3.87	3.70	3.56	3.46	3.37	3.23	3.09	2.94	2.61	2.42
21	8.02	5.78	4.87	4.37	4.04	3.81	3.64	3.51	3.40	3.31	3.17	3.03	2.88	2.55	2.36
22	7.95	5.72	4.82	4.31	3.99	3.76	3.59	3.45	3.35	3.26	3.12	2.98	2.83	2.50	2.31
23	7.88	5.66	4.76	4.26	3.94	3.71	3.54	3.41	3.30	3.21	3.07	2.93	2.78	2.45	2.26
24	7.82	5.61	4.72	4.22	3.90	3.67	3.50	3.36	3.26	3.17	3.03	2.89	2.74	2.40	2.21
25	7.77	5.57	4.68	4.18	3.85	3.63	3.46	3.32	3.22	3.13	2.99	2.85	2.70	2.36	2.17
30	7.56	5.39	4.51	4.02	3.70	3.47	3.30	3.17	3.07	2.98	2.84	2.70	2.55	2.21	2.01
40	7.31	5.18	4.31	3.83	3.51	3.29	3.12	2.99	2.89	2.80	2.66	2.52	2.37	2.02	1.80
60	7.08	4.98	4.13	3.65	3.34	3.12	2.95	2.82	2.72	2.63	2.50	2.35	2.20	1.84	1.60
120	6.85	4.76	3.95	3.48	3.17	2.96	2.79	2.66	2.56	2.47	2.34	2.91	2.03	1.66	1.38
∞	6.63	4.61	3.78	3.32	3.02	2.80	2.64	2.51	2.41	2.32	2.18	2.04	1.88	1.47	1.00

附录 4　常用正交表

（摘自《常用数理统计方法》）

（1）$L_4(2^3)$

试验号＼列号	1	2	3
1	1	1	1
2	1	2	2
3	2	1	2
4	2	2	1

（2）$L_8(2^7)$

试验号＼列号	1	2	3	4	5	6	7
1	1	1	1	1	1	1	1
1	1	1	1	2	2	2	2
3	1	2	2	1	1	2	2
4	1	2	2	2	2	1	1
5	2	1	2	1	2	1	2
6	2	1	2	2	1	2	1
7	2	2	1	1	2	2	1
8	2	2	1	2	1	1	2

$L_8(2^7)$表头设计

因素数＼列号	1	2	3	4	5	6	7
3	A	B	$A\times B$	C	$A\times C$	$B\times C$	
4	A	B	$A\times B$ $C\times D$	C	$A\times C$ $B\times D$	$B\times C$ $A\times D$	D
4	A	B $C\times D$	$A\times B$	C $B\times D$	$A\times C$	D $B\times C$	$A\times D$
5	A $D\times E$	B $C\times D$	$A\times B$ $C\times E$	C $B\times D$	$A\times C$ $B\times E$	D $A\times E$ $B\times C$	E $A\times D$

$L_8(2^7)$两列间的交互作用

列号＼列号	1	2	3	4	5	6	7
(1)	(1)	3	2	5	4	7	6
(2)		(2)	1	6	7	4	5
(3)			(3)	7	6	5	4
(4)				(4)	1	2	3
(5)					(5)	3	2
(6)						(6)	1
(7)							(7)

（3）$L_8(4\times 2^4)$

试验号＼列号	1	2	3	4	5
1	1	1	1	1	1
2	1	2	2	2	2
3	2	1	1	2	2
4	2	2	2	1	1
5	3	1	2	1	2
6	3	2	1	2	1
7	4	1	2	2	1
8	4	2	1	1	2

$L_8(4\times2^4)$ 表头设计

因素数 \ 列号	1	2	3	4	5
2	A	B	$(A\times B)_1$	$(A\times B)_2$	$(A\times B)_3$
3	A	B	C		
4	A	B	C	D	
5	A	B	C	D	E

(4) $L_9(3^4)$

试验号 \ 列号	1	2	3	4
1	1	1	1	1
2	1	2	2	2
3	1	3	3	3
4	2	1	2	3
5	2	2	1	1
6	2	3	3	2
7	3	1	3	2
8	3	2	1	3
9	3	3	2	1

注：任意两列间的交互作用为另外两列。

(5) $L_{12}(2^{11})$

试验号 \ 列号	1	2	3	4	5	6	7	8	9	10	11
1	1	1	1	1	1	1	1	1	1	1	1
2	1	1	1	1	1	2	2	2	2	2	2
3	1	1	2	2	2	1	1	1	2	2	2
4	1	2	1	2	2	1	2	2	1	1	2
5	1	2	2	1	2	2	1	2	1	2	1
6	1	2	2	2	1	2	2	1	2	1	1
7	2	1	2	2	1	1	2	2	1	2	1
8	2	1	2	1	2	2	2	1	1	1	2
9	2	1	1	2	2	2	1	2	2	1	1
10	2	2	2	1	1	1	1	2	2	1	2
11	2	2	1	2	1	2	1	1	1	2	2
12	2	2	1	1	2	1	2	1	2	2	1

(6) $L_{16}(2^{15})$

试验号 \ 列号	1	2	3	4	5	6	7	8	9	10	11	12	13	14	15
1	1	1	1	1	1	1	1	1	1	1	1	1	1	1	1
2	1	1	1	1	1	1	1	2	2	2	2	2	2	2	2
3	1	1	1	2	2	2	2	1	1	1	1	2	2	2	2
4	1	1	1	2	2	2	2	2	2	2	2	1	1	1	1
5	1	2	2	1	1	2	2	1	1	2	2	1	1	2	2
6	1	2	2	1	1	2	2	2	2	1	1	2	2	1	1
7	1	2	2	2	2	1	1	1	1	2	2	2	2	1	1
8	1	2	2	2	2	1	1	2	2	1	1	1	1	2	2

续表

试验号＼列号	1	2	3	4	5	6	7	8	9	10	11	12	13	14	15
9	2	1	2	1	2	1	2	1	2	1	2	1	2	1	2
10	2	1	2	1	2	1	2	2	1	2	1	2	1	2	1
11	2	1	2	2	1	2	1	1	2	1	2	2	1	2	1
12	2	1	2	2	1	2	1	2	1	2	1	1	2	1	2
13	2	2	1	1	2	2	1	1	2	2	1	1	2	2	1
14	2	2	1	1	2	2	1	2	1	1	2	2	1	1	2
15	2	2	1	2	1	1	2	1	2	2	1	2	1	1	2
16	2	2	1	2	1	1	2	2	1	1	2	1	2	2	1

$L_{16}(2^{15})$两列间的交互作用

列号＼列号	1	2	3	4	5	6	7	8	9	10	11	12	13	14	15
(1)	(1)	3	2	5	4	7	6	9	8	11	10	13	12	15	14
(2)		(2)	1	6	7	4	5	10	11	8	9	14	15	12	13
(3)			(3)	7	6	5	4	11	10	9	8	15	14	13	12
(4)				(4)	1	2	3	12	13	14	15	8	9	10	11
(5)					(5)	8	2	13	12	15	14	9	8	11	10
(6)						(6)	1	14	15	12	13	10	11	8	9
(7)							(7)	15	14	13	12	11	10	9	8
(8)								(8)	1	2	8	4	5	6	7
(9)									(9)	8	2	5	4	7	6
(10)										(10)	1	6	7	4	5
(11)											(11)	7	6	5	4
(12)												(12)	1	2	3
(13)													(13)	3	2
(14)														(14)	1

$L_{16}(2^{15})$表头设计

因素数＼列号	1	2	3	4	5	6	7	8	9	10	11	12	13	14	15
4	A	B	A×B	C	A×C	B×C		D	A×D	B×D		C×D			
5	A	B	A×B	C	A×C	B×C	D×E	D	A×D	B×D	C×E	C×D	B×E	A×E	E
6	A	B	A×B D×E	C	A×C D×F	B×C E×F		D	A×D B×E C×F	B×D A×E	E	C×D A×F	F		C×E B×F
7	A	B	A×B D×E F×G	C	A×C D×F E×G	B×C E×F D×G		D	A×D B×E C×F	B×D A×E C×G	E	C×D A×F B×G	F	G	C×E B×F A×G
8	A	B	A×B D×E F×G C×H	C	A×C D×F E×G B×H	B×C E×F D×G A×H	H	D	A×D B×E C×F G×H	B×D A×E C×G F×H	E	C×D A×F B×G E×H	F	G	C×E B×F A×G D×H

(7) $L_{16}(4\times2^{12})$

试验号 \ 列号	1	2	3	4	5	6	7	8	9	10	11	12	13
1	1	1	1	1	1	1	1	1	1	1	1	1	1
2	1	1	1	1	1	2	2	2	2	2	2	2	2
3	1	2	2	2	2	1	1	1	1	2	2	2	2
4	1	2	2	2	2	2	2	2	2	1	1	1	1
5	2	1	1	2	2	1	1	2	2	1	1	2	2
6	2	1	1	2	2	2	2	1	1	2	2	1	1
7	2	2	2	1	1	1	1	2	2	2	2	1	1
8	2	2	2	1	1	2	2	1	1	1	1	2	2
9	3	1	2	1	2	1	2	1	2	1	2	1	2
10	3	1	2	1	2	2	1	2	1	2	1	2	1
11	3	2	1	2	1	1	2	1	2	2	1	2	1
12	3	2	1	2	1	2	1	2	1	1	2	1	2
13	4	1	2	2	1	1	2	2	1	1	2	2	1
14	4	1	2	2	1	2	1	1	2	2	1	1	2
15	4	2	1	1	2	1	2	2	1	2	1	1	2
16	4	2	1	1	2	2	1	1	2	1	2	2	1

$L_{16}(4\times2^{12})$表头设计

因素数 \ 列号	1	2	3	4	5	6	7	8	9	10	11	12	13
3	A	B	$(A\times B)_1$	$(A\times B)_2$	$(A\times B)_3$	C	$(A\times C)_1$	$(A\times C)_2$	$(A\times C)_3$	$B\times C$			
4	A	B	$(A\times B)_1$ $C\times D$	$(A\times B)_2$	$(A\times B)_3$	C	$(A\times C)_1$ $B\times D$	$(A\times C)_2$	$(A\times C)_3$	$B\times C$ $(A\times D)_1$	D	$(A\times D)_3$	$(A\times D)_2$
5	A	B	$(A\times B)_1$ $C\times D$	$(A\times B)_2$ $C\times E$	$(A\times B)_3$	C	$(A\times C)_1$ $B\times D$	$(A\times C)_2$ $B\times E$	$(A\times C)_3$	$B\times C$ $(A\times D)_1$ $(A\times E)_2$	D $(A\times E)_3$	E $(A\times D)_3$	$(A\times E)_1$ $(A\times D)_2$

(8) $L_{16}(4^2\times2^9)$

试验号 \ 列号	1	2	3	4	5	6	7	8	9	10	11
1	1	1	1	1	1	1	1	1	1	1	1
2	1	2	1	1	1	2	2	2	2	2	2
3	1	3	2	2	2	1	1	1	2	2	2
4	1	4	2	2	2	2	2	2	1	1	1
5	2	1	1	2	2	1	2	2	1	2	2
6	2	2	1	2	2	2	1	1	2	1	1
7	2	3	2	1	1	1	2	2	2	1	1
8	2	4	2	1	1	2	1	1	1	2	2

续表

试验号 \ 列号	1	2	3	4	5	6	7	8	9	10	11
9	3	1	2	1	2	2	1	2	2	1	2
10	3	2	2	1	2	1	2	1	1	2	1
11	3	3	1	2	1	2	1	2	1	2	1
12	3	4	1	2	1	1	2	1	2	1	2
13	4	1	2	2	1	2	2	1	2	2	1
14	4	2	2	2	1	1	1	2	1	1	2
15	4	3	1	1	2	2	2	1	1	1	2
16	4	4	1	1	2	1	1	2	2	2	1

（9）$L_{16}(4^3 \times 2^6)$

试验号 \ 列号	1	2	3	4	5	6	7	8	9
1	1	1	1	1	1	1	1	1	1
2	1	2	2	1	1	2	2	2	2
3	1	3	3	2	2	1	1	2	2
4	1	4	4	2	2	2	2	1	1
5	2	1	2	2	2	1	2	1	2
6	2	2	1	2	2	2	1	2	1
7	2	3	4	1	1	1	2	2	1
8	2	4	3	1	1	2	1	1	2
9	3	1	3	1	2	2	2	2	1
10	3	2	4	1	2	1	1	1	2
11	3	3	1	2	1	2	2	1	2
12	3	4	2	2	1	1	1	2	1
13	4	1	4	2	1	2	1	2	2
14	4	2	3	2	1	1	2	1	1
15	4	3	2	1	2	2	1	1	1
16	4	4	1	1	2	1	2	2	2

（10）$L_{16}(4^4 \times 2^3)$

试验号 \ 列号	1	2	3	4	5	6	7	试验号 \ 列号	1	2	3	4	5	6	7
1	1	1	1	1	1	1	1	9	3	1	3	4	1	2	2
2	1	2	2	2	1	2	2	10	3	2	4	3	1	1	1
3	1	3	3	3	2	1	2	11	3	3	1	2	2	2	1
4	1	4	4	4	2	2	1	12	3	4	2	1	2	1	2
5	2	1	2	3	2	2	1	13	4	1	4	2	2	1	2
6	2	2	1	4	2	1	2	14	4	2	3	1	2	2	1
7	2	3	4	1	1	2	2	15	4	3	2	4	1	1	1
8	2	4	3	2	1	1	1	16	4	4	1	3	1	2	2

(11) $L_{16}(4^5)$

试验号＼列号	1	2	3	4	5	试验号＼列号	1	2	3	4	5
1	1	1	1	1	1	9	3	1	3	4	2
2	1	2	2	2	2	10	3	2	4	3	1
3	1	3	3	3	3	11	3	3	1	2	4
4	1	4	4	4	4	12	3	4	2	1	3
5	2	1	2	3	4	13	4	1	4	2	3
6	2	2	1	4	3	14	4	2	3	1	4
7	2	3	4	1	2	15	4	3	2	4	1
8	2	4	3	2	1	16	4	4	1	3	2

(12) $L_{18}(2\times3^7)$

试验号＼列号	1	2	3	4	5	6	7	8
1	1	1	1	1	1	1	1	1
2	1	1	2	2	2	2	2	2
3	1	1	3	3	3	3	3	3
4	1	2	1	1	2	2	3	3
5	1	2	2	2	3	3	1	1
6	1	2	3	3	1	1	2	2
7	1	3	1	2	1	3	2	3
8	1	3	2	3	2	1	3	1
9	1	3	3	1	3	2	1	2
10	2	1	1	3	3	2	2	1
11	2	1	2	1	1	3	3	2
12	2	1	3	2	2	1	1	3
13	2	2	1	2	3	1	3	2
14	2	2	2	3	1	2	1	3
15	2	2	3	1	2	3	2	1
16	2	3	1	3	2	3	1	2
17	2	3	2	1	3	1	2	1
18	2	3	3	2	1	2	3	1

(13) $L_{27}(3^{13})$

试验号＼列号	1	2	3	4	5	6	7	8	9	10	11	12	13
1	1	1	1	1	1	1	1	1	1	1	1	1	1
2	1	1	1	1	2	2	2	2	2	2	2	2	2
3	1	1	1	1	3	3	3	3	3	3	3	3	3

续表

试验号＼列号	1	2	3	4	5	6	7	8	9	10	11	12	13
4	1	2	2	2	1	1	1	2	2	2	3	3	3
5	1	2	2	2	2	2	2	3	3	3	1	1	1
6	1	2	2	2	3	3	3	1	1	1	2	2	2
7	1	3	3	3	1	1	1	3	3	3	2	2	2
8	1	3	3	3	2	2	2	1	1	1	3	3	3
9	1	3	3	3	3	3	3	2	2	2	1	1	1
10	2	1	2	3	1	2	3	1	2	3	1	2	3
11	2	1	2	3	2	3	1	2	3	1	2	3	1
12	2	1	2	3	3	1	2	3	1	2	3	1	2
13	2	2	3	1	1	2	3	2	3	1	3	1	2
14	2	2	3	1	2	3	1	3	1	2	1	2	3
15	2	2	3	1	3	1	2	1	2	3	2	3	1
16	2	3	1	2	1	2	3	3	1	2	2	3	1
17	2	3	1	2	2	3	1	1	2	3	3	1	2
18	2	3	1	2	3	1	2	2	3	1	1	2	3
19	3	1	3	2	1	3	2	1	3	2	1	3	2
20	3	1	3	2	2	1	3	2	1	3	2	1	3
21	3	1	3	2	3	2	1	3	2	1	3	2	1
22	3	2	1	3	1	3	2	2	1	3	3	2	1
23	3	2	1	3	2	1	3	3	2	1	1	3	2
24	3	2	1	3	3	2	1	1	3	2	2	1	3
25	3	3	2	1	1	3	2	3	2	1	2	1	3
26	3	3	2	1	2	1	3	1	3	2	3	2	1
27	3	3	2	1	3	2	1	2	1	3	1	3	2

$L_{27}(3^{13})$ 表头设计

因素数＼列号	1	2	3	4	5	6	7	8	9	10	11	12	13
3	A	B	$(A\times B)_1$	$(A\times B)_2$	C	$(A\times C)_1$	$(A\times C)_2$	$(B\times C)_1$			$(B\times C)_2$		
4	A	B	$(A\times B)_1$ $(C\times D)_2$	$(A\times B)_2$	C	$(A\times C)_1$ $(B\times D)_2$	$(A\times C)_2$	$(B\times C)_1$ $(A\times D)_2$	D	$(A\times D)_1$	$(B\times C)_2$	$(B\times D)_1$	$(C\times D)_1$

$L_{27}(3^{13})$ 两列间的交互作用

列号＼列号	1	2	3	4	5	6	7	8	9	10	11	12	13
(1)	(1)	3 4	2 4	2 3	6 7	5 7	5 6	9 10	8 10	8 9	12 13	11 13	11 12

续表

列号 \ 列号	1	2	3	4	5	6	7	8	9	10	11	12	13
(2)		(2)	1 4	1 3	8 11	9 12	10 13	5 11	6 12	7 13	5 8	6 9	7 10
(3)			(3)	1 2	9 13	10 11	8 12	7 12	5 13	6 11	6 10	7 8	5 9
(4)				(4)	10 12	8 13	9 11	6 13	7 11	5 12	7 9	5 10	6 8
(5)					(5)	1 7	1 6	2 11	3 13	4 12	2 8	4 10	3 9
(6)						(6)	1 5	4 13	2 12	3 11	3 10	2 9	4 8
(7)							(7)	8 12	4 11	2 13	4 9	3 8	2 10
(8)								(8)	1 10	1 9	2 5	3 7	4 6
(9)									(9)	1 8	4 7	2 6	3 5
(10)										(10)	3 6	4 5	2 7
(11)											(11)	1 13	1 12
(12)												(12)	1 11

(14) $L_{25}(5^6)$

试验号 \ 列号	1	2	3	4	5	6
1	1	1	1	1	1	1
2	1	2	2	2	2	2
3	1	3	3	3	3	3
4	1	4	4	4	4	4
5	1	5	5	5	5	5
6	2	1	2	3	4	5
7	2	2	3	4	5	1
8	2	3	4	5	1	2
9	2	4	5	1	2	3
10	2	5	1	2	3	4
11	3	1	3	5	2	4
12	3	2	4	1	3	5
13	3	3	5	2	4	1
14	3	4	1	3	5	2
15	3	5	2	4	1	3
16	4	1	4	2	5	3
17	4	2	5	3	1	4
18	4	3	1	4	2	5
19	4	4	2	5	3	1
20	4	5	3	1	4	2
21	5	1	5	4	3	2
22	5	2	1	5	4	3
23	5	3	2	1	5	4
24	5	4	3	2	1	5
25	5	5	4	3	2	1

附录 5　均匀设计表

（摘自《分析测试数据的统计处理方法》）

（1）$U_5(5^4)$

试验号＼列号	1	2	3	4
1	1	2	3	4
2	2	4	1	3
3	3	1	4	2
4	4	3	2	1
5	5	5	5	5

$U_5(5^4)$ 表的使用

因素数	列号			
2	1	2		
3	1	2	4	
4	1	2	3	4

（2）$U_7(7^6)$

试验号＼列号	1	2	3	4	5	6
1	1	2	3	4	5	6
2	2	4	6	1	3	5
3	3	6	2	5	1	4
4	4	1	5	2	6	3
5	5	3	1	6	4	2
6	6	5	4	3	2	1
7	7	7	7	7	7	7

$U_7(7^6)$ 表的使用

因素数	列号					
2	1	3				
3	1	2	3			
4	1	2	3	6		
5	1	2	3	4	6	
6	1	2	3	4	5	6

（3）$U_9(9^6)$

试验号＼列号	1	2	3	4	5	6
1	1	2	4	5	7	8
2	2	4	8	1	5	7
3	3	6	3	6	3	6
4	4	8	7	2	1	5
5	5	1	2	7	8	4
6	6	3	6	3	6	3
7	7	5	1	8	4	2
8	8	7	5	4	2	1
9	9	9	9	9	9	9

$U_9(9^6)$ 表的使用

因素数	列号					
2	1	3				
3	1	3	5			
4	1	2	3	5		
5	1	2	3	4	5	
6	1	2	3	4	5	6

（4）$U_{11}(11^{10})$

试验号＼列号	1	2	3	4	5	6	7	8	9	10
1	1	2	3	4	5	6	7	8	9	10
2	2	4	6	8	10	1	3	5	7	9
3	3	6	9	1	4	7	10	2	5	8
4	4	8	1	5	9	2	6	10	3	7

续表

试验号＼列号	1	2	3	4	5	6	7	8	9	10
5	5	10	4	9	3	8	2	7	1	6
6	6	1	7	2	8	3	9	4	10	5
7	7	3	10	6	2	9	5	1	8	4
8	8	5	2	10	7	4	1	9	6	3
9	9	7	5	3	1	10	8	6	4	2
10	10	9	8	7	6	5	4	3	2	1
11	11	11	11	11	11	11	11	11	11	11

$U_{11}(11^{10})$ 表的使用

因素数	列号									
2	1	7								
3	1	5	7							
4	1	2	5	7						
5	1	2	3	5	7					
6	1	2	3	5	7	10				
7	1	2	3	4	5	7	10			
8	1	2	3	4	5	6	7	10		
9	1	2	3	4	5	6	7	9	10	
10	1	2	3	4	5	6	7	8	9	10

(5) $U_{13}(13^{12})$

试验号＼列号	1	2	3	4	5	6	7	8	9	10	11	12
1	1	2	3	4	5	6	7	8	9	10	11	12
2	2	4	6	8	10	12	1	3	5	7	9	11
3	3	6	9	12	2	5	8	11	1	4	7	10
4	4	8	12	3	7	11	2	6	10	1	5	9
5	5	10	2	7	12	4	9	1	6	11	3	8
6	6	12	5	11	4	10	3	9	2	8	1	7
7	7	1	8	2	9	3	10	4	11	5	12	6
8	8	3	11	6	1	9	4	12	7	2	10	5
9	9	5	1	10	6	2	11	7	3	12	8	4
10	10	7	4	1	11	8	5	2	12	9	6	3
11	11	9	7	5	3	1	12	10	8	6	4	2
12	12	11	10	9	8	7	6	5	4	3	2	1
13	13	13	13	13	13	13	13	13	13	13	13	13

$U_{13}(13^{12})$ 表的使用

因素数	列号										
2	1	5									
3	1	3	4								
4	1	6	8	10							
5	1	6	8	9	10						
6	1	2	6	8	9	10					
7	1	2	6	8	9	10	12				
8	1	2	6	7	8	9	10	12			
9	1	2	3	6	7	8	9	10	12		
10	1	2	3	5	6	7	8	9	10	12	
11	1	2	3	4	5	6	7	8	9	10	12
12	1	2	3	4	5	6	7	8	9	10	11	12

（6）$U_{15}(15^{8})$

列号 试验号	1	2	3	4	5	6	7	8
1	1	2	4	7	8	11	13	14
2	2	4	8	14	1	7	11	13
3	3	6	12	6	9	3	9	12
4	4	8	1	13	2	14	7	11
5	5	10	5	5	0	10	5	10
6	6	12	9	12	3	6	3	9
7	7	14	13	4	11	2	1	8
8	8	1	2	11	4	13	14	7
9	9	3	6	3	12	9	12	6
10	10	5	10	10	5	5	10	5
11	11	7	14	2	13	1	8	4
12	12	9	3	9	6	12	6	3
13	13	11	7	1	14	8	4	2
14	14	13	11	8	7	4	2	1
15	15	15	15	15	15	15	15	15

$U_{15}(15^{8})$ 表的使用

因素数	列号							
2	1	6						
3	1	3	4					
4	1	3	4	7				
5	1	2	3	4	7			
6	1	2	3	4	6	8		
7	1	2	3	4	6	7	8	
8	1	2	3	4	5	6	7	8

参考文献

［1］ 费业泰．误差理论与数据处理［M］．7版．北京：机械工业出版社，2019．

［2］ 李德仁，袁修孝．误差理论与可靠性理论［M］．2版．武汉：武汉大学出版社，2012．

［3］ 李金海．误差理论与测量不确定度评定［M］．北京：中国计量出版社，2007．

［4］ 伍钦，邹华生，高桂田．化工原理实验［M］．广州：华南理工大学出版社，2014．

［5］ 周爱月，李士雨．化工数学［M］．北京：化学工业出版社，2011．

［6］ 何晓群，刘文卿．应用回归分析［M］．北京：中国人民大学出版社，2019．

［7］ 邱轶兵．试验设计与数据处理［M］．合肥：中国科学技术大学出版社，2008．

［8］ 徐文峰，廖晓玲．实验设计与数据处理：理论与实践［M］．北京：冶金工业出版社，2019．

［9］ 方开泰，马长兴．正交与均匀试验设计［M］．北京：科学出版社，2001．

［10］ 苏彦勋，梁国伟，盛健．流量计量与测试［M］．北京：中国计量出版社，2007．

［11］ 左锋，王玺．化工测量及仪表［M］．4版．北京：化学工业出版社，2020．

［12］ 厉玉鸣．化工仪表及自动化（化学工程与工艺专业适用）［M］．6版．北京：化学工业出版社，2019．

［13］ 张金利，郭翠梨．化工基础实验［M］．2版．北京：化学工业出版社，2006．

［14］ 张金利，郭翠梨，胡瑞杰，范江洋．化工原理实验［M］．2版．天津：天津大学出版社，2016．

［15］ 周爱东．化工专业基础实验［M］．北京：高等教育出版社，2018．